AKADEMIE DER WISSENSCHAFTEN DER DDR
ZENTRALINSTITUT
FÜR ALTE GESCHICHTE UND ARCHÄOLOGIE

BIBLIOTHECA

SCRIPTORVM GRAECORVM ET ROMANORVM

TEVBNERIANA

BSB B.G. TEUBNER VERLAGSGESELLSCHAFT

1989

PINDARI CARMINA

CVM

FRAGMENTIS

PARS II

FRAGMENTA. INDICES

EDIDIT

HERVICVS MAEHLER

BSB B. G. TEUBNER VERLAGSGESELLSCHAFT

1989

Bibliotheca

scriptorum Graecorum et Romanorum

Teubneriana

ISSN 0233–1160

Redaktor: Günther Christian Hansen

Redaktor dieses Bandes: Günther Christian Hansen

ISBN 3-322-00673-5

© BSB B. G. Teubner Verlagsgesellschaft, Leipzig, 1989

1. Auflage

VLN 294/375/12/89 · LSV 0886

Lektor: Manfred Strümpfel

Printed in the German Democratic Republic

Gesamtherstellung: INTERDRUCK Graphischer Großbetrieb Leipzig,

Betrieb der ausgezeichneten Qualitätsarbeit, III/18/97

Bestell-Nr. 666 509 1

04000

PRAEFATIO

Bruno Snell quantum in Pindaro recensendo consecutus sit omnes viri docti sciunt semperque laudabunt. editioni quam Otto Schroeder 'minorem' olim nominaverat[1]) nova Pindari carminum fragmenta in papyris servata inseruit earumque frustula coniunxit et lacunarum supplementa proposuit multa multosque locos ubi verba poetae papyri laceratione obscurabantur elucidavit. postquam ipse fragmenta Pindari ter edidit (a. 1953, [2]1955, [3]1964), curam editionis renovandae mihi mandavit. quod munus grato animo suscipiens operam dabam ut indolem atque speciem prioris editionis quoad effici posset servarem. e qua retinendos duxi metrorum conspectum quem B. Snell confecerat atque nominum propriorum et verborum a W. J. Slater in lexicon Pindaricum[2]) non receptorum et fontium indices.

In hac nova fragmentorum editione conficienda rationem qua olim Otto Schroeder in editione sua quam 'maiorem' vocant[3]) necnon Alexander Turyn[4]) usi sunt hactenus secutus sum ut non modo ipsa verba poetae sed etiam contextum auctorum a quibus commemorantur exscriberem. qua in re brevitati operam dedi quam maximae ea tantum adferens quae ad textum constituendum vel explanandum aliquid conferre possent. fragmentorum ordinem a Theodoro Bergk secundum Aristophanis librorum Pindaricorum indicem institutum et ab Ottone Schroeder et Brunone Snell aliisque viris doctis qui post Bergkium fragmenta Pindari ediderunt servatum et nunc quidem universe receptum ac prorsus usitatum immutare nolui. fragmenta in papyris reperta recepi omnia frustulis tantum laciniisque exiguis exceptis, quas si quis accuratius investigare sibi proponet in papyrorum editionibus inveniet.

Augetur haec editio duorum papyrorum fragmentis compluribus quorum unum quod fines X versuum paeanis decimi tertii continet in

---

1) Pindari carmina cum fragmentis selectis edidit Otto Schroeder, Lipsiae 1908, [2]1914, [3]1930.
2) W. J. Slater, Lexicon to Pindar, Berolini 1969.
3) Pindari carmina recensuit Otto Schroeder, Lipsiae 1900.
4) Pindari carmina cum fragmentis edidit Alexander Turyn, Cracoviae 1948.

collectionibus museorum Berolinensium inveni[1]), cetera quae reliquias aliorum quorundam paeanum continent Edgar Lobel edenda curavit.[2])

Quod ad prosodiam attinet inter omnes constat apud Pindarum vocales breves quas litterae mutae liquidis coniunctae sequuntur plerumque sed non semper produci. igitur illas tantum litteras mutas liquidis coniunctas lineolis curvis insignivi quae antecedentes vocales non producunt. quod in servatis quidem Pindari fragmentis ca. LX locis efficitur, quorum ca. XXXV sunt in initio verbi, VIII autem post augmentum, reduplicationem, praepositionem etc. (e. g. $\widehat{κικλ}ήσκοισιν$ fr. 33c, 5; $κατακλ\widehat{ύ}σαισα$ pae. 9, 19), IX in nominibus propriis.

In fragmentis Pindari edendis praecipue fructus sum consilio atque doctrina Brunonis Snell amici humanissimi qui qua fuit liberalitate mecum sua communicavit et ut usurparem quae ipse in exemplari suo adnotaverat benevole permisit magno textus poetae commodo. adiuvit me amicus quoque Mediolanensis Ludovicus Lehnus qui et menda quartae editionis anno 1975 foras datae correxit[3]) et doctis indaginibus de textu Pindari optime meritus est.

Londinii, 10. II. 1987   H. M.

PAPYRI PINDARI FRAGMENTA
HVIVS VOLVMINIS CONTINENTES[4])

Pack[5])	sigl.	ed. princeps	continet	asservatur
1361	$Π^4$	P. Oxy. 5, 841	pae. 1 – 10	Lond. Mus. Brit. 1842v
1362	$Π^5$	PSI 2, 147	pae. 6, 61 – 70; 104 – 111; 125 – 7a, 13	Florent. Bibl. Laurent.
1364	$Π^6$	P. Oxy. 15, 1791	pae. 8, 63 – 81	Oxonii
1363	$Π^7$	P. Oxy. 15, 1792; P. Oxy. 26 p. 13 – 25; P. Oxy. 37 p. 104	pae. 12, alia	Oxonii
		hic	pae. 22(k),1 – 10	Berol. 11677
		ZPE 3, 1968, 97	pae. 22 (k), 10 – 19	Berol. 21114

1) P. Berol. 21239 Hermupoli reperta eiusdem voluminis pars est ac P. Berol. 13411 (= $Π^8$), vide p. VII.
2) P. Oxy. vol. LVI 3822.
3) Paideia 31, 1976, 194 – 199.
4) Indicem accuratiorem singulorum fragmentorum invenies in p. 215sqq.
5) Roger A. Pack, The Greek and Latin Literary Texts from Greco-Roman Egypt, 2nd edition, Ann Arbor 1965.

Pack	sigl.	ed. princeps	continet	asservatur
1365	Π^8	Zuntz, Aegyptus 15, 1935, 282 hic	pae. 13 pae. 13 (k)	Berol. 13411 Berol. 21239
1367	Π^9	P. Oxy. 13, 1604; cf. Π^{30}	dith. fr. 70a－c	Oxonii
1371	Π^{10}	P. Oxy. 4, 659	parth. fr. 94a－b	Lond. Mus. Brit. 1533
1373	Π^{11}	P. Oxy. 3, 408	fr. 140a－b	P. Yale 18
1375	Π^{12}	P. Ryl. 1, 14	fr. 173	Manch. Bibl. Ryl.
1376	Π^{13}	P. Harr. 21	fr. 260	Birmingh. Bibl. Colleg. 'Selly Oak'
1378	Π^{14}	Compt. rend. Ac. Inscr. 1877 S. 4, t. 5 p. 95	fr. 333	Paris. 'Mus. du Louvre' E. 7734
1379	Π^{15}	PSI 2, 145	fr. 334	Florent. Bibl. Laur.
1380	Π^{16}	PSI 2, 146	fr. 335	Florent. Bibl. Laur.
1904	Π^{18}	P. Harr. 8	fr. 337	Birmingh. Bibl. Colleg. 'Selly Oak'
1905	Π^{19}	P. Oxy. 4, 674	fr. 338	Dublin. Pap. F. 11
1382	Π^{20}	Zuntz, Cl. Rev. 49, 1935, 4	fr. 339	Berol. 13875
1385	Π^{23}	hic	fr. 169b (344)	Florent.
1359	Π^{24}	P. Oxy. 26, 2439	Isthm. 8, 7－14; 36－38 fr. 1a－c	Oxonii
1358	Π^{25}	P. Oxy. 26, 2451	Σ Isthm. fr. 6a－f	ib.
1360	Π^{26}	P. Oxy. 26, 2442	hymn. 1, pae. 7b al.	ib.
1919	Π^{27}	P. Oxy. 26, 2444	fr. 33a, 51f	ib.
1366	Π^{28}	P. Oxy. 26, 2440	pae. 7a/b; 16	ib.
1370	Π^{29}	P. Oxy. 26, 2441	*pae. 14－15	ib.
1368	Π^{30}	P. Oxy. 26, 2445 $= \Pi^2$?	dith. 4	ib.
1372	Π^{31}	P. Oxy. 26, 2446	fr. 111	ib.
1374	Π^{32}	P. Oxy. 26, 2447	thren. 1－6	ib.
1369	Π^{33}	P. Oxy. 26, 2450	fr. 169	ib.
1377	Π^{34}	P. Oxy. 26, 2448	fr. 215	ib.
1949	Π^{36}	PSI 14, 1391	fr. 346	Florent.
1383	Π^{37}	P. Oxy. 26, 2449	fr. 348	Oxonii
－	Π^{44}	P. Oxy. 32, 2622	fr. 346	ib.
－	Π^{45}	P. Oxy. 56, 3822	pae. 8, 1－4; pae. 8b	ib.

PAPYRORVM LECTIONES

hoc modo distinguuntur:

Π^i	in linea
Π^s	supra lineam
Π^m	in margine
$\Pi^{\gamma\varrho}$	add. $\gamma\varrho(\dot{\alpha}\varphi\varepsilon\tau\alpha\iota)$
Π^{ac}	ante correctionem
Π^{pc}	post correctionem
Π^{cc}	e correctione, ubi quid ante corr. obscurum
Π^{lit}	in litura
Π^a, Π^b	a prima, a recentiore manu
Π^l	in lemmate scholiorum
Π^{cl}	et in carminis contextu et in lemmata schol.
Σ	scholia

De signis metricis v. p. 178 et 184.

Bgk. = Bergk, Bl. = Blass, Boe. = Boeckh, G.-H. = Grenfell-Hunt, Herm. = Gottfr. Hermann, Hey. = Heyne, Mo. = Tycho Mommsen, E. Schmid = Erasmus Schmid, Schr. = O. Schroeder, Sn. = Snell, Wackern. = Wackernagel, Wil. = Wilamowitz

FRAGMENTA[1])

γέγραφε δὲ βιβλία ἑπτακαίδεκα· ὕμνους, παιᾶνας, διθυράμβων β′, προσοδίων β′, παρθενείων β′· φέρεται δὲ καὶ γ′ ὃ ἐπιγράφεται κεχωρισμέν⟨ον τ⟩ῶν (suppl. Sn.) παρθενείων· ὑπορχημάτων β′, ἐγκώμια, θρήνους, ἐπινίκων δ′. Vit. Ambr. p. 3, 6ss. Dr.

δ]ιῄρηται δὲ αὐτ[οῦ] τ[ὰ ποιήματα ὑπ᾽ Ἀριστοφάν]ους εἰς βιβλία ιζ̄· διθ[υ]ράμβων β̄, [προσοδίω]ν β̄, παιάνων ᾱ, πα[ρ]θεν[εί]ων γ̄, [ἐπινικίω]ν δ̄, ἐγκωμίων ᾱ ἐν [ᾧ] καὶ [σκόλιά τινα, ὕμ]νων ᾱ, ὑ[π]ορχημάτων ᾱ, θρ[ήνων ᾱ. P. Oxy. 2438, 35 – 39 (38 suppl. Gallo)

...]πλην εχ[ἐπι]γρ(άφεται) τὰ κεχωρισμ(έν)α τ(ῶν)
π[αρθε]νείων ἐφω[.].. το. [   ]φανται· ἔδει γ(άρ), φη(σί),
τῶν [δαφνηφο]ρικῶν παρθενείω[ν   ] λεκτέον ὅτι κἀκε[ῖνα
παρ]θένεια ἐπιγρ(άφεται), οὐ δαφνη[φορικὰ] παρθένεια· οὗτοι (δὲ) οἱ
[χοροὶ] σύμμικτοι ἀνδρῶν ἦ[σαν κ(αὶ)] παρθένων. P. Oxy. 2438a (ed. Lobel, Ox. Pap. XXVI p. 6)

ΕΠΙΝΙΚΟΙ ΙΣΘΜΙΟΝΙΚΑΙΣ

1 Bergkii et Schroederi (4 Boeckhii) = Isthm. IX

1 a

]ν[.]ντιφ[
. . . . . .] . υπανια[

1a II²⁴ fr. 2

1a 2]Є pot. qu.] c | ὑπ᾽ ἀνια[Lobel

---

1) Stellula notantur ea fragmenta quae certo libro e coniectura adscribuntur, duabus stellulis quae sine poetae nomine afferuntur. post numerum fragmentorum (qui est Bergkii et Schroederi) uncis inclusus est numerus fragmentorum editionis Boeckhianae.
Supplementa nomine non insignita editorum principum sunt.

1

PINDARVS

```
          .]ą[. . . .] . φερει λαιλ[α
          χαν νᾶα κύματος αϰ. [
     5    εν ὀρϑῷ δρόμῳ βαϑ[
          ἔσφαλ᾿ ὅλῳ νόῳ
          πτε[ϱ]οε[. . . . . .] . μο[
          ϰαϱγν . [
          .]φιμε . [
    10    .]οιϱε[
          φο[
          . . .
```

1 b   1 c

```
    . . .                        . . .
    ] . σ[][                     ] . ε̣ . [
    ]                            ]ϱι . . [
    ]οι Νεμεα ϰ[                 ]ε̣σα[
    ] .                          ]υμα . [
 5  ]ϱλαμ[                    5  ]δ . [
    ἀ]γλαϱ . [                   . . .
    . . .
```

2. 3 (26)

ΚΑΣΜΥΛΩΙ ΡΟΔΙΩΙ ΠΥΚΤΗΙ

metrum incertum

2   ὁ δ᾿ ἐθέλων τε καὶ δυνάμενος ἁβρὰ πάσχειν
    τὰν Ἀγαμήδεϊ Τρεφωνίῳ ϑ᾿ Ἑκαταβόλου
    συμβουλίαν λαβών . . .

1b Π²⁴ fr. 3 ‖ 1c Π²⁴ fr. 4 ‖ 2 schol. (Arethae ?) Lucian. dial. mort. 10 p. 255 sq.
R. τοῦτον γοῦν τὸν Τροφώνιον καὶ τὸν ἄλλον (ἀδελφὸν ci. Rabe) μέμνηται Πίνδαρος
ἐν τῇ ᾠδῇ τῶν Ἰσθμιονικῶν τῇ εἰς Κασμύλον (κασμηλον cod. : Rohde) Ῥόδιον πύ-
κτην· ἱστορεῖ δὲ οὕτως (οὗτος cod. : Rohde)· ὁ δ᾿ ἐθέλων – λαβών; huc trahen-
dum vid. fr. 23

3 init. Φ[, Ψ[sim. ‖ 3 sq. δολι]χὰν Sn. ‖ 4 fort. P[‖ 5 ἐν vel πλέ-]εν sim. (Lobel) ‖
6 Λ᾿ vel Χ ‖ ὁλοῷ v. Groningen ‖ 7 suppl. Lobel ‖]Α,]Δ,]Λ,]Μ ‖ 8 non ΚΛ ‖ ΟΝ
vel ΟΜ ‖ 9 propter spatium Ι] pot. qu. Є] ? ‖ Τ[, Π[? ‖ 1b 1]Є,]C ‖ 4]Ν,]Ω ? ‖
5 ΟΛ, ΩΧ sim. ? ‖ 6 Ι[sim. ‖ 1c 1]Γ,]Τ ‖ Ι[? ‖ 2 ΟΙC vel ΟΙЄ ‖ Κ[? ‖ 4 Λ[, Μ[
sim. ‖ 5 Υ[? ‖ 2 2 τροφ. : Schr.

2

*3 περὶ Ἀγαμήδους καὶ Τροφωνίου φησὶ Πίνδαρος, τὸν νεὼν τὸν ἐν Δελφοῖς οἰκο-
δομήσαντας αἰτεῖν παρὰ τοῦ Ἀπόλλωνος μισθόν, τὸν δ' αὐτοῖς ἐπαγγείλασθαι εἰς
ἑβδόμην ἡμέραν ἀποδώσειν, ἐν τοσούτῳ δ' εὐωχεῖσθαι παρακελεύσασθαι· τοὺς δὲ
ποιήσαντας τὸ προσταχθὲν τῇ ἑβδόμῃ νυκτὶ κατακοιμηθέντας τελευτῆσαι.

4 (199)

$$M\langle E\rangle IΔ\langle I\rangle AI \quad AIΓINHTHI$$

κεῖ μοί τιν' ἄνδρα τῶν θανόντων   _E_

sc. Pytheam Aeginetam eundemque in Isthmo olim victorem

6.5 (1)

6   Melicertes Ἀθαμαντιάδας, filius Ἰνοῦς

5   cho ia ba ‖
                                                                         sp ia ba |
                                                                         ∧pherᵈ | ?

χορεύουσαι αἱ Νηρεΐδες ἐπεφάνησαν τῷ Σισύφῳ,

              Αἰολίδαν δὲ Σίσυφον κέλοντο
              ᾧ παιδὶ τηλέφαντον ὄρσαι
              γέρας φθιμένῳ Μελικέρτᾳ

sc. ἄγειν τὰ Ἴσθμια.

3 Plut. consol. Apoll. 14 p. 109 A ‖ 4 schol. Pind. Isthm. 5 inscr. b (3, 241 Dr.)
ἔνιοι ... φασὶ τὸν Πυθέαν μὴ νενικηκέναι Ἴσθμια ... λανθάνει δὲ αὐτούς· ἐν γὰρ
τῇ γεγραμμένῃ ᾠδῇ μίδα (D, μιᵈ ᾠδῇ B) ὡς οἰκείῳ αὐτοῦ (αὐτῷ codd. : Schr.)
ἱστορεῖ ὅτι καὶ ὁ Πυθέας Ἴσθμια ἐνίκησε· λέγει δὲ ἤδη τετελευτηκότα τὸν Πυθέαν·
κεῖ μοι – θανόντων. ad Isthm. 9 pertinere videtur, ~ v. 8 ‖ 5 Apollon. synt.
2, 114 p. 213, 14 Uhl.; id. de pron. p. 48, 20 Schn. ἀλλὰ καὶ τὸ ἐν Ἰσθμιονίκαις
Πινδάρου ἐτάραξε τοὺς ὑπομνηματισαμένους· Αἰολίδαν – Μελικέρτᾳ; *schol. Pind.
Isthm. argum. a (3, 192 Dr.) χορεύουσαι τοίνυν ποτὲ αἱ Νηρεΐδες ἐπεφάνησαν τῷ
Σισύφῳ καὶ ἐκέλευσαν εἰς τιμὴν τοῦ Μελικέρτου ἄγειν τὰ Ἴσθμια ‖ 6 Apollon. loc.
cit. ἀπορoῦσι πῶς ὃν εἶπεν Ἀθαμαντιάδαν καὶ Σίσυφον παρίστησεν

4 M⟨E⟩IΔ⟨I⟩AI Wil., ⟨Ἀλκι⟩μίδαι? ‖ 5 2 pro ᾧ etiam ᾦ = ὡς vel οἳ γράφεται
(Apollon.) ‖ 3 ἐπιφθιμένῳ pron.: φθιμένῳ synt.

6a

]ῼΙ ΜΕΓΑΡΕΙ ΣΤΑΔΙΕΙ

metrum: dactyloepitr. ? (h) _e_D

(a) σύριγγες οι . [.]εσπ[. . .]π . τ[. . .]ξ . [
(b) νὺξ μὲν ἦν, ὁ δ᾽ Ἀλέξ[ανδρος (ll. ca. 20)]νοπαις τ(ῶν)
     θρεμμάτ(ων) κοι[μω]μ(έν)ων, ὁ δ᾽ Ἑρμῆς[
(c)   ἄκασκα
(d) γόμενε δ᾽ ἐρισφαιραγ[. . . . .] . ι πατ[ρ
(e) ἀλλ᾽ ἦ μακ[ρ]ότερον καθετ . [ ] . [ ] . [
                    * * *
               ἔμβολον
                    * * *
          ] Μοῖσ᾽, ἀνέγειρ᾽ ἐμέ
(f)   χιέρσον ἔσω
     ἱέντ᾽ ε . [
(g) δοκήισεις οὐ πὰρ σκοπόν
(h) εἴπερ τριῶν Ἰσθμ[οῖ], Νεμ⟨έ⟩α⟨ι δ⟩ὲ δυ[οῖν

6a (a–g) Π²⁵ B fr. 14 col. I (schol. ad Isthm.) ‖ inscr. fr. 14, 1; sequitur νο-
μευ[]κι[, i. e., initium carminis ? lacuna litt. ca. 20, tum]ιαι· ὅλον τὸ διήγημα
τοῦ[το] της . . [ll. ca. 16 ?]ν π(αρα)φέρει. ὅτι δ᾽ οἱ Π[έ]λοπος φ[..]τ[. . . .]οι κ(αί)
τ[ll. ca. 12 ?] ἐκτίσθη τοῦ Πέλοπος ἐ[π]εργήσαντος (vel ἐνεργ. Mette) εν . . ισ[‖
Καλλί]μαχος ἐν τῷ β᾽ τ(ῶν) Αἰτίω[ν· ο]ὗτος γ(ὰρ) τον[‖].ῳ ὡμοιωμ(έν)ος ‖
(a) fr. 14, 7 ‖ (b) fr. 14, 8 ἡ δ(ὲ) διάνοια· νὺξ — Ἑρμῆς ‖ (c) fr. 14, 10; Eust.
prooem. Pind. 21 (3, 294, 7 Dr.) τὸ ἀκασκᾶ, ὃ δηλοῖ τὸ ἡσύχως (= fr. 28); cf. Ael.
Dion. α 61 Erbse ‖ (d) fr. 14, 11; Eust. prooem. Pind. 16 (3, 291, 19 Dr.) καὶ Δία
εὐρύζυγον (fr. *14) . . . καὶ ἐρισφάραγον (καλεῖ Πίνδαρος) (= fr. 15) ‖ (e) fr.
14, 15 ‖ (f) fr. 14, 20 ‖ (g) fr. 14, 22 ‖ (h) fr. 14, 24

6a inscr.]ῳι pot. qu.]Νι ‖ (a) ΟΙΛ[.] vel ΟΙΜ̇; (ΟΙΜ̇ = οἶμον ? Sn.) spatio magis
convenire videtur οἶμ(ον) ἐς π[quam οἶμ(ον) [θ]εσπ[έσι(ον)] |]ΠΥΤ[? ‖ (b) Ἀλέξ-
[ανδρος ἤσθη ταῖς τῶν αὐλῶν ἐ]νοπαῖς (Sn.) | Ἑρμῆς [ca. 12 ll.]. θ[ε ἵ]να κρίνη⟨ι⟩
(sc. τὰς θεάς) (Lobel) ‖ (c) schol. ακασκα· τὸν [μηδὲ]ν κακ[ὸ]ν ποιοῦντ(α) [Ὅμηρος
ἀκάκητα λέγει, ὅθεν . . . vel sim. Lobel ‖ (d) ἐρισφαράγ[ου βουλ]ᾶι πατ[ρὸς Lobel |
schol. 13 κ(αί) τῷ δεκάτῳ [ἔ]τει πορθήσ⟨ε⟩ι τὴν Ἤλι[ον Lobel ‖ (e) schol. v.
16sqq. κ[α]τηγορίαν ἑαυτ[οῦ ποιεῖται, ὅτι μακρό]τερον τὸ ἔμβολον τῆς νεὼς ἐπέ-
[βη (Sn.)   ]τος σύ με, ὦ Μοῖσα, ἀνέγειρε .ν.[   ].ρον ἐφ᾽ οὗ ἑστηκ[ότ]ες γαυ-
μαχ[οῦσιν   ]ν κ(αί) ἀπὸ Πίσης ὄντας] ‖ (f) :ἔσω ἕρτε . [   ] : [.]ιέντα τῇ
ἑαυτοῦ διανοί[α] . . ν . [30 χ]έρσον ἔσω· χερρόνησον λ[εγ   ]αυτην[(sc. τὴν Ἰσθμ̇όν?
Lobel) ‖ (g) schol. ἀλληγορεῖ ὡς ε . . [   ]δοκήσεις καθάπ(ερ) ἀπὸ τόξου βέλος
μ . . α . [.]ι[‖ (h) schol. στε]φάνου ἀπὸ μ[ὲ]ν Ἰσ[θμοῦ τριῶν] ἀπὸ δ(ὲ) Νεμέας
[δυοῖν

6a (e) 1 καθευδ[οντα Lobel, καθ᾽ ἕτα[ς Sn. (ad aspirationem cf. pae. 6, 10 Π⁴) |
schol. suppl. Lobel (ἐπέβη Sn.) | 3 cf. fr. 151 ‖ (f) 2 fort. C[? ‖ (g) δοκήισεις
Lobel e schol. | schol. fin. Μεγαρ[.]ι[pot. qu. μαται[.]ι sec. Lobel ‖ (h) suppl.
Lobel

4

(i)   Ἀλάτο[υ Λα]κεδαιμ[ον

(k)   ]λέγοντι προβώμιον

(l)   εὑρίσκει χρυσεισεπεκ[

6b

metrum: dactyloepitr.?

(a)   ]νδε τοι οἴκοθεν

(b)   μάτηρ ἀκόντων

(c)   ]ν γίνεται _ _ ὑποδέξωνται

(d)   ἐπικράνοισι γὰρ ἂν κιόνων

(e)   ἀριστεύοντα γὰρ ἐν . . υιαι . ασι . [

(f)   ]ἄρδοντ᾽ ἀοιδαῖς [

          ]γενναίων ἄωτος νεκταιρ͵έας αι . [

          ] . καρπὸν δρέποντες ·

(g)   φροντίδες

6c

− − Α Θ] Ḥ ṆΑΙΩΙ ΩΣΧΟΦ[ΟΡΙΚΟΝ

6d

ἔρυξαν

6a (i) fr. 14, 27sq. ‖ (k) fr. 14, 29 ‖ (l) fr. 14, 31 ‖ **6b** Π²⁵ B fr. 16 (a + b) ‖ (a) fr. 16, 1 ‖ (b) fr. 16, 3sq. ‖ (c) fr. 16, 5sq. ‖ (d) fr. 16, 6sq. ‖ (e) fr. 16, 8—10 ‖ (f) fr. 16, 10—12 ‖ (g) fr. 16 (c), 4—6 ‖ **6c** Π²⁵ B fr. 17, 6 ‖ **6d** Π²⁵ B fr. 9, 2

6a (i) — (l) in marg. inf. litteris paullo minoribus addita; itaque incertum quo loco inserenda ‖ (i)]παγκρατιασταῖς Ελωνιο( ) π[   ] . σ( ) [ἀπὸ] ὁ Ἰσθμὸς ὑπὸ Ἀλάτο[υ Λα]κεδαιμ[| 32]τῷ Ἀλήτῃ Λακεδαιμ[ο]νί[ῳ (suppl. Lobel) ‖ (k)]λέγοντι προβώμιον ἀν(τὶ τοῦ) ἄ[δ]ουσι π[ρὸ] τοῦ β[ωμοῦ (suppl. Lobel) ‖ (l) :εὑρίσκει κτλ. ‖ **6b** (a)]νδε τοι οἴκοθεν ἄρχει[   ]εἰς οἰκίαν · ἡ δὲ διάνοια ε[‖ (b)] . . ιμου ἀγαθὸς ὅπλων μη[τ   ]αμείβεσθαι, μητέρα δ᾽ ἀκόντ(ων) τ(ὸν)[‖ (c)] . ρ []ν ˙γίνεται᾽ ἕως ˊὑποδέξωνται᾽[ ] . . ζητει: ‖ (d) post lemma supra allatum :[˙ ἐν] γ(ὰρ) ταῖς τ(ῶν) στύλων κορυφαῖς ἔστηκ[ε ‖ (e) : ἀριστ . . ονταγεν . . υιαι . ασι . [π]λουσιώτατον εἶναι ἢ ἑορτῇ〈ι〉 ἀρχομ[‖ (f) post lemma supra allatum : ἡ διάν[οι]α · τὸ τω[   ] . . . π . [. . .]ως τὸν τῆς ν[εκ]ταρέ[ας? ‖ (g)]φροντίδες ἐλπίδ[ες   ]σταις φροντίσ[ι] κ(αὶ) ὁ θη[ ] . ταύτ[η]ς ὢν τῆς ἡλικί[ας ‖ **6d**]ς ἔρυξαν [κα]τέσχον[

6a (l) corruptum ut vid. ‖ **6b** (a) οἰκό]νδε i. c. οἴκαδε in textu Pind. ? | schol. ΑΡΧΕΙ[pot. qu. ΑΡΧΑΙ[‖ (b) schol. Κασ]μίλου et [ἀμενέσθαι·] Mette cf. fr. 23 ‖ (e) vel ἄριστον ὄντα? | OCYI ? | Λ[, Μ[, Ν[? ‖ (g) vel φροντίσι? ‖ **6c** inscriptioni praecedit carminis prioris carminis ὦσρτ[et haec verba interpretationis :]τοῖς χ〈ε〉ιμαζ[ομένοις? | ἀστ]έρες τῶν Διοσ[κούρων |] . Ἑλένης . [(e. g. Lobel); sequitur descriptio ut vid. oschophoriorum | suppl. Lobel (vel Φ[ΟΡΩΙ)

6e

Χάρισι πάσαι[ς

6f

κίνδυνος (Θησέως?)

7 (2)

ὅστις δὴ τρόπος ἐξεκύλισέ νιν　　　　]__D◡_[

8

τρία κρᾶτα

9 = fr. 65 Schr. vid. ad pae. 13

*10

ἐλπίσιν ἀθανάταις ἁρμοῖ φέρονται　　　　D |_e_|

*11

οὐ ψεῦδος ἐρίξω

*12

ἐνίκασαν οἵ

*13

ἵππος κρατησίπους

6e Π²⁵ B fr. 10, 11 ‖ 6f Π²⁵ B fr. 10, 18 ‖ 7 Apollon. de pron. p. 84, 8 Schn.
ἔτι καὶ ἡ νιν τάσσεται ἐπὶ πλήθους· ὅστις — νιν· Πίνδαρος Ἰσθμιονίκαις ‖ 8 Eu-
stath. Od. p. 1715, 63 ὅτι δοκεῖ τὸ τοιοῦτον κατὰ γένος εἰρῆσθαι οὐδέτερον, ὡς ἐμ-
φαίνει Πίνδαρος ἐν Ἰσθμιονίκαις εἰπὼν τρία κρᾶτα ἤτοι κράατα ‖ 10 Eustath. pro-
oem. Pind. c. 21 (3, 294, 19 Dr.) μάλιστα δὲ ἄτριπτον εἰς συνήθη γνῶσιν τὸ ἁρμῷ
ἤγουν ἄρτι, ὃ παρ᾽ ἑτέροις ἁρμοῖ λέγεται ... οἷον ἐλπίσιν — φέρονται ~ Isth. 9, 5 ? ‖
11 id. 21 (3, 294, 3 Dr.) τὸ μέντοι ἐρίξαι ἤγουν εἰς ἔριν κινῆσαι, οἷον οὐ ψ. ἐρίξω ‖
12 id. 11 (3, 290, 9 Dr.) (παράδειγμα) τοῦ τάσσειν ἀσυνήθως καθ᾽ ὑποταγὴν τῶν
ὀφειλόντων προτάττεσθαι τὸ ἐνίκησαν οἵ, ἤγουν οἵτινες ἐνίκησαν ‖ 13 id. 16 (3, 291,
12 Dr.) καὶ ἐπιθέτων δὲ πόριμος ἐπινοητὴς ὁ αὐτὸς διεκπέφηνεν, ὡς ὅτε (λέγει) ...
ἵππον κρατησίποδα; fort. = P. 10, 16 (Farnell II p. 216)

6f schol. l. 20 Τροιζῆνος (?) | l. 21 τὸν Θησέα ‖ 7 ἐξεκυλίσθη : Bekker ‖ 8 Eust.
nulla Pindari carmina praeter epinicia legit (Sn.) ‖ 10 ἁρμῷ : Schneidewin

*14

Ζεὺς εὐρύζυγος

15 = 6a (d)

*16

κρατησιβίαν χερσί

*17

ἁρμασίδουπος

*18

Ποσειδῶν ἐλασίχθων

*19. *20

ἀγὼν μνασιστέφανος et μναστὴρ στεφάνων

*21

Ἀὼς λιτά

*22

τόσσαι (= ἐπιτυχεῖν) καλῶν

*23

ἀμεύσεσθαι Νάξιον Τείσανδρον

14 id. 16 (3, 291, 18 Dr.) καὶ Δία εὐρύζυγον (λέγει) ‖ **16–18** id. 16 (3, 291, 22 Dr.) καὶ κρατησιβίαν χερσὶ τὸν ῥωμαλέον, καὶ ἁρμασιδούπους τοὺς ἱππικωτάτους, καὶ ἐλασίχθονα Ποσειδῶνα ‖ **19.20** id. 16 (3, 291, 25 Dr.) καὶ ἀγῶνα δὲ μνασιστέφανον, ὃν καὶ ἑτέρως κατὰ λόγον δριμύτατον μναστῆρα στεφάνων εἶπεν ‖ **21** id. 16 (3, 292, 7 Dr.) καὶ λιτὰν δὲ Ἀὼ τὴν εὐκταίαν ‖ **22** id. 21 (3, 293, 22 Dr.) (Πίνδαρος αἰολίζει) τὸ ἐπιτόσσας (P. 10, 33) . . . καὶ τόσσαι καλῶν ἤγουν ἐπιτυχεῖν ‖ **23.24** id. 21 (3, 293, 23 Dr.) καὶ τὸ ἀμεύσασθαι, ὅ ἐστι παρελθεῖν καὶ νικῆσαι, οἷον ἀμεύσεσθαι Νάξιον Τείσανδρον, ὅθεν καὶ ἀμευσιεπῆ φροντίδα φησὶ τὴν ταχέως εὑρετικὴν διάνοιαν; 23 ad fr. 2 trahi potest, nam Tisander pugilis nobilissimus s. VI (Paus. 6, 13, 8)

19. 20 μνησιστέφανον, μνηστῆρα cod. : Schneidewin ‖ **21** λιτὴν δὲ Ἠῶ cod. : Schr. ‖ **23** ἀμεῦσαι cod. : Bgk. (cf. Hesych. α 3623), sed dixisse vid. poeta : Casmylum (?) spero superaturum esse Tisandrum; cf. fr. 2 et ad fr. 6b (b)

PINDARVS

*24

ἀμευσιεπῆ φροντίδα

*25 – *27

πέδοικος et πεδὰ στόμα φλέγει et πεδασχεῖν

28 = 6 a (c)

25 – 27 id. 21 (3, 294, 1 Dr.) καὶ τὸ πέδοικος, ὅ ἐστι μέτοικος, καὶ τὸ πεδὰ στόμα
φλέγει ἀντὶ τοῦ κατὰ στόμα, καὶ τὸ πεδασχεῖν ἤτοι μετασχεῖν

YMNOI

I = fr. 29—35, 87, 88, 145, 147, 178, 216

⟨ΘΗΒΑΙΟΙΣ ΕΙΣ ΔΙΑ?⟩

metrum: dactyloepitr.

ΣΤΡ _e_D|²_e_D_|³_D_e_D||
    ⁴_e_D×e_D_D_|⁵_e_d¹|⁶E|⁷_D_|⁸D_D_|[
    fr. 34 et 35b: ×e×D_e_|; fr. 33 et 35c: ⌣E_D|

29 (5)   Α' Ἰσμηνὸν ἢ χρυσαλάκατον Μελίαν
        ἢ Κάδμον ἢ Σπαρτῶν ἱερὸν γένος ἀνδρῶν
      ³ ἢ τὰν κυανάμπυκα Θήβαν
            ἢ τὸ πάντολμον σθένος Ἡρακλέος
      5 ἢ τὰν Διωνύσου πολυγαθέα τιμὰν
        ἢ γάμον λευκωλένου Ἁρμονίας
            ὑμνήσομεν;

                *   *   *

32 (8)   (Κάδμος ἤκουσε τοῦ Ἀπόλλωνος)
      ⁴? μουσικὰν ὀρθὰν ἐπιδεικνυμένου

                *   *   *

*30 (6) ⟨Musae (?) cantant:⟩
        πρῶτον μὲν εὔβουλον Θέμιν οὐρανίαν

29 [Lucian.] encom. Demosth. 19 (III p. 371 J.) Πίνδαρος ἐπὶ πολλὰ τῷ νῷ τρα-
πόμενος οὕτω πως ἠπόρηκεν· Ἰσμηνὸν — ὑμνήσομεν; schol. p. 225, 27 R. ἀρχαὶ ταῦ-
τα τῶν Πινδάρου . . . ὕμνων; schol. Pind. N. 10, 1 (III p. 165 Dr.) ἐν τῇ ᾠδῇ ἧς ἡ
ἀρχή· Ἰσμηνὸν — Μελίαν; vv. 1. 2. 4 et 5 init. Plut. glor. Ath. 4 p. 348 A; vv. 1 et 2
init. Dio Prus. or. 33, 4 || 32 Aristid. 3, 620 (1, 498 L.-B.) κἂν τοῖς ὕμνοις διεξιὼν περὶ
τῶν ἐν ἅπαντι τῷ χρόνῳ συμβαινόντων παθημάτων τοῖς ⟨θεοῖς καὶ? Christ⟩ ἀνθρώποις
καὶ τῆς μεταβολῆς τὸν Κάδμον φησὶν ἀκοῦσαι τοῦ Ἀπόλλωνος μουσικὰν — ἐπιδεικνυ-
μένου; eadem Plut. Pyth. orac. 6 p. 397 A; id. anim. procr. 33, 6 p. 1030 A || 30 Clem.
Alex. strom. 5, 14, 137, 1 Πίνδαρος δὲ ἄντικρυς καὶ σωτῆρα Δία συνοικοῦντα Θέμιδι,
βασιλέα σωτῆρα δίκαιον ἑρμηνεύων ὦδέ πως· πρῶτον — ἀγαθὰ σωτῆρας; Heph.
51, 6 C. πρῶτον — οὐρανίαν (sequitur fr. 35)

29—35c coniunxerunt Boe., Bgk., Wil., Sn. || 29 4 πάντολμον] πάνυ Plut.

PINDARVS

χρυσέαισιν ἵπποις Ὠκεανοῦ παρὰ παγᾶν
³ Μοῖραι ποτὶ κλίμακα σεμνὰν
ἆγον Οὐλύμπου λιπαρὰν καθ᾽ ὁδόν
5 σωτῆρος ἀρχαίαν ἄλοχον Διὸς ἔμμεν·
ἁ δὲ τὰς χρυσάμπυκας ἀγλαοκάρ-
πους τίκτεν ἀλαθέας Ὥρας.

*   *   *

*33 (133)   ἄνα⟨κτα⟩ τὸν πάντων ὑπερ-
βάλλοντα Χρόνον μακάρων

*   *   *

33 a   ⟨Hercules pugnans contra Meropas in insula Coo habitantes⟩

³⟨ _ _ ∪∪ _ κορύναν _⟩
col. 1   _∪_ _]τον χερὶ τανδιεραν
⁴ _ _∪ _ _]κῶν, ἐπὶ δὲ στρατὸν ἄϊσ-
σ_∪_ ᵕ_∪]ος οὔτε θαλασ-
5   σ_ _∪∪ _∪∪]μοισιν
⁵ _ _∪_]ε . [_ ᵕᵕ_]τηρ

. . .

*   *   *

33 Plut. quaest. Plat. 8, 4, 3 p. 1007 B τὴν δ᾽ οὐσίαν (τοῦ χρόνου) καὶ τὴν δύνα-
μιν οὐ συνορῶντες, ἣν ὅ γε Πίνδαρος ἔοικεν οὐ φαύλως ὑπονοῶν εἰπεῖν· ἄνα — μα-
κάρων ‖ **33 a** 1 suppl. Sn. e schol. v. 2 ‖ 2 − 6 Π²⁶ fr. 1 col. 1, 1 − 5 | Lobel haud
sine dubio huc trahit Quint. instit. 8, 6, 71 (exemplum hyperboles crescentis ex
hymnis Pindari haustum): *Herculis impetum adversus Meropas, qui in insula Coo
dicuntur habitasse, non igni nec ventis nec mari, sed fulmini similem fuisse* (fr. 50)
et Strab. 7 epit. Vat. = 2, 91, 9 Kr. = fr. 57 p. 380 Jones: (ἐν τοῖς ὕμνοις Πίνδαρος)
οἱ μεθ᾽ Ἡρακλέους ἐκ Τροίας πλέοντες διὰ παρθένιον Ἕλλας πορθμόν, ἐπεὶ τῷ Μυρ-
τῴῳ συνῆψαν, εἰς Κῶν ἐπαλινδρόμησαν Ζεφύρου ἀντιπνεύσαντος (fr. 51)

30 7 ἀγαθὰ σωτῆρας: ἀλαθέας Ὥρας ex Hesychio (a 2733) Boe. ‖ **33** ἄνα: Hey. ‖
33 a 2 ῙΕ schol. i. m. οὕ(τως) εἴ[ρ(ηκε)] τὸ ῥόπαλον. ἱερὰν τὴ(ν) μεγάλην. ἔνι(οι) διε-
ράν, ὅτι . . . υγρον (ἦν δίνυγρον vel ἦν ὑγρόν). cf. schol. *H* 141, Sud. *K* 2125 etc. κο-
ρύνη· ῥόπαλον (itaque κορ. suppl. Sn. v. 1). − cf. schol. *Π* 407 etc. ἱερόν . . . μέ-
γαν . . . οἱ δὲ διερόν et Hes. δ 1641 etc. διερόν· ὑγρόν, δ 1643 etc. διερούς· δι-
ύγρους | τὰν δ᾽ ἱεράν an τάνδ᾽ ἱεράν an τὰν διεράν? ‖ 3 ὧ̑ | fort. Κῶν (Lobel) |
ΑΙϹ ‖ 4]Ο,]Θ sim. | sententia fuisse vid. sec. testim. Quintiliani: ἄϊσ[σ᾽ οὐκ ἴσος
σθένει πυρ]ὸς οὔτε θαλάσ[σας κύμασιν οὔτ᾽ ἀνέ]μοισιν (suppl. Lobel, Sn.) ‖ 6 κ]ε-
ρ[αυνελά]τήρ Sn. ‖ ante hoc fr. fort. Π²⁷ fr. 14 (b)]παλιν̣δ[ρομ trahendum esse
vid. Lobel propter Strabonis testimonium. cum e Π²⁶ fr. 14 (= pae. 7 b) appareat
singulas columnas huius papyri continuisse versus ca. 39, inter fr. 33 a, 6 et fr.
33 d, 1 deesse versus ca. 28 conicias; sed vix in eodem volumine scripti erant hymni
et paeanes

10

*33b = 147 (114)   ἐν χρόνῳ δ᾽ ἔγεντ᾽ Ἀπόλλων

*   *   *

33c = 87   χαῖρ᾽, ὦ θεοδμάτα, λιπαροπλοκάμου
παίδεσσι Λατοῦς ἱμεροέστατον ἔρνος,
³πόντου θύγατερ, χθονὸς εὐρεί-
ας ἀκίνητον τέρας, ἅν τε βροτοί

5   Δᾶλον κικλήσκοισιν, μάκαρες δ᾽ ἐν Ὀλύμπῳ
τηλέφαντον κυανέας χθονὸς ἄστρον.

*   *   *

*33d = 88   ³ἦν γὰρ τὸ πάροιθε φορητὰ
κυμάτεσσιν παντοδαπῶν ἀνέμων
ῥιπαῖσιν· ἀλλ᾽ ἁ Κοιογενὴς ὁπότ᾽ ὠδί-
νεσσι θυίοισ᾽ ἀγχιτόκοις ἐπέβα

5   νιν, δὴ τότε τέσσαρες ὀρθαί
πρέμνων ἀπώρουσαν χθονίων,

col. 2   ⁶ἅν ₍δ᾽ ἐπικράνοις σχέθον
πέτραν ₍ἀδαμαντοπέδιλοι
⁸κίονες, ἔν₍θα τεκοῖ-

10   σ᾽ εὐδαί₍μον᾽ ἐπόψατο γένναν.
.]..ισ[
...

*   *   *

**34 (9)   ⟨Ζεὺς⟩
ὃς καὶ τυπεὶς ἁγνῷ πελέκει τέκετο ξαν-
θὰν Ἀθάναν

*   *   *

33b Clem. Alex. strom. 1, 21, 107, 2 (2, 69 St.) Πίνδαρος γράφει· ἐν χ. − Ἀπόλ-
λων; eadem Euseb. praep. ev. 10, 12, 27 ‖ **33c** Theophr. phys. opin. fr. 12 (Doxogr.
p. 487 Diels) ap. Ps.-Philon. π. ἀφθαρσίας κόσμου 23 (6, 109 C.-W.) Πίνδαρος ἐπὶ
τῆς Δήλου φησί· χαῖρ᾽ ὦ − ἄστρον ‖ **33d** 1−10 Strab. 10, 5, 2 p. 485 ἦν γὰρ τὸ π.
φ., φησὶν ὁ Πίνδαρος, − γένναν ‖ 1−3 Favorin. π. φυγῆς col. 23, 13 καὶ γὰρ ἡ σὴ
ναῦς φθαρτὴ καὶ φορητὴ κύμασιν παντοδαπῶν ἀνέμω[ν ῥ]ιπαῖσι; schol. κ 3 περὶ τὴν
Δῆλον ἱστορεῖ Πίνδαρος λέγων οὕτως· ἦν γὰρ − ῥιπαῖς ‖ 7−11 Π³⁶ fr. 1 col. 2,
1−5 ‖ **34** Heph. p. 51, 16 C. ἀντεστραμμένον δέ ἐστι τούτῳ (τῷ Πλατωνικῷ) τὸ
Πινδαρικὸν καλούμενον· ὃς καὶ − Ἀθάναν (sequitur fr. 35b)

33b ἐγένετ᾽ : Boe. ‖ **33c** 1 -δμήτα M, -τμητα U, -τίμητε HP ‖ 2 παῖδ᾽ οἱ M,
παῖδες οἱ UHP : Boe. ‖ 6 τηλέφατον : Bgk. ‖ **33d** 2 τ᾽ post παντοδ. add. Schnei-
der, non habent Strab., Fav., Σ Hom. ‖ 3 κοιογενὴς V, καιογενὴς cett. ‖ 4 ἐπέβα
νιν V, ἐπιβαίνειν cett. ‖ 11 ε]βρισ[pot. qu. ν]βρισ[, sed B incert. (Lobel)

**35 (10)   ⟨οἱ Τιτᾶνες δεσμῶν⟩

κείνων λυθέντες σαῖς ὑπὸ χερσίν, ἄναξ

*   *
*

*31 (7)   Πίνδαρος . . . ἐν Διὸς γάμῳ καὶ τοὺς θεοὺς αὐτούς φησιν ἐρομένου τοῦ Διός, εἴ του δέοιντο, αἰτῆσαι ποιήσασθαί τινας αὐτῷ θεούς, οἵτινες τὰ μεγάλα ταῦτ' ἔργα καὶ πᾶσάν γε τὴν ἐκείνου κατασκευὴν {κατα} κοσμήσουσι λόγοις καὶ μουσικῇ.

*   *
*

*35a = 145   Ζεὺς . . . αὐτὸς ἂν μόνος εἰπὼν ἃ χρὴ περὶ αὐτοῦ, θεὸς ἅτε

πλέον τι λαχών

*   *
*

*35b = 216   σοφοὶ δὲ καὶ τὸ μηδὲν ἄγαν ἔπος αἴνη-

σαν περισσῶς

*   *
*

*35c = 178   νόμων ἀκούοντες θεόδματον κέλαδον

36 (11) ΕΙΣ ΑΜΜΩΝΑ

⊗ Ἄμμων Ὀλύμπου δέσποτα   _E |?

37 (12) ΕΙΣ ΠΕΡΣΕΦΟΝΗΝ

⊗ Πότνια θεσμοφόρε χρυσάνιον   D_e |

---

35 Heph. p. 51, 7 C. (post fr. 30, 1) κείνων – ἄναξ ‖ **31** Aristid. 2, 470 (1, 277 L.-B.); cf. Choric. Gaz. or. 13, 1 (p. 175 Foerst.), qui Iovem τὸ πᾶν ἄρτι κοσμήσαντα deos haec interrogavisse dicit. ad Musarum ortum spectare videntur ‖ **35a** Aristid. 2, 346 sq. Keil ‖ **35b** Plut. consol. Apoll. 28 p. 116 D ὁ δὲ Πίνδαρος · σοφοὶ – περισσῶς; eadem Heph. 51, 18 C.; schol. Eur. Hipp. 264 ‖ **35c** Heliod. ap. Priscian. Gr. Lat. 3, 428 K. idem (Heliodorus) ostendit Pindarum etiam trisyllabos in fine versus posuisse, νόμων – κέλαδον ‖ **36** schol. Pind. P. 9, 90 c τὴν Λιβύην Διὸς κῆπον λέγει (P. 9, 53) . . . διὰ τὸ τὸν Ἄμμωνα Δία νομίζεσθαι · Ἄμμων – δέσποτα; cf. Paus. 9, 16, 1 ‖ **37** vit. Ambr. (1, 2, 9 Dr.) ἡ Δημήτηρ ὄναρ ἐπιστᾶσα αὐτῷ ἐμέμψατο ὅτι μόνην τῶν θεῶν οὐχ ὕμνησεν · ὁ δ' εἰς αὐτὴν ἐποίησε ποίημα οὗ ἡ ἀρχή · πότνια – χρυσάνιον; eadem Eustath. prooem. 27 (3, 299, 21 Dr.); cf. Paus. 9, 23, 3 (Πίνδαρος) ὕμνον ᾖσεν ἐς Περσεφόνην . . . ἐν τούτῳ τῷ ᾄσματι ἄλλαι τε εἰς τὸν Ἅιδην εἰσὶν ἐπικλήσεις καὶ ὁ χρυσήνιος, δῆλα ὡς ἐπὶ τῆς Κόρης τῇ ἁρπαγῇ

35 ⟨δεσμῶν⟩ vel sim. Wil. | λυθέντων cod. interpol. ‖ **31** κατακοσμ.: Wil. Il. u. Hom. 469 ‖ **37** ⟨Θηβαίοις εἰς Δήμητρα θεσμοφόρον⟩ Lehnus, cf. vit. Ambr. | χρυσάννιόν cod. A : χρυσανίου Ἅιδου ⟨δάμαρ⟩ Boe.

*38 (16)

ἐν ἔργμασιν δὲ νικᾷ τύχα,
οὐ σθένος

*39 (14)

Τύχα φερέπολις

*40 (15)

Τύχα ἀπειθὴς et δίδυμον στρέφοισα πηδάλιον

*41 (13)

Μοιρῶν μίαν εἶναι τὴν Τύχην καὶ ὑπὲρ τὰς ἀδελφάς τι ἰσχύειν

42 (171)

metrum: dactyloepitr.

d¹ (vel_e)_e_d¹ |²e_D|³∪E_|⁴E_|
⁵D_D_...(?)|⁶E|_e_|

... ἀλλοτρίοισιν μὴ προφαίνειν, τίς φέρεται
μόχθος ἄμμιν· τοῦτό γέ τοι ἐρέω·
³ καλῶν μὲν ὦν μοῖράν τε τερπνῶν
ἐς μέσον χρὴ παντὶ λαῷ
5 δεικνύναι· εἰ δέ τις ἀνθρώ-
ποισι θεόσδοτος †ἀτληκηκότας
⁶ προστύχῃ, ταύταν σκότει κρύπτειν ἔοικεν.

*43 (173)

metrum: dactyloepitr.

e | E_|²D|³e_D_|⁴D_e|⁵E

38 Aristid. 3, 466 (1, 451 L,-B.) πάνυ γὰρ μετ᾽ ἀληθείας (Πίνδαρος) ὕμνησεν· ἐν — σθένος ‖ fr. **38–41** rationibus nisus haud certis Boeckh ad ὕμνον εἰς Τύχην coniunxit ‖ **39** Paus. 4, 30, 6 ᾖσε δὲ Πίνδαρος ... ἄλλα τε ἐς τὴν Τύχην καὶ δὴ καὶ φερέπολιν ἀνεκάλεσεν αὐτήν; cf. Plut. de Rom. fort. 10 p. 322 C ‖ **40** Plut. de Rom. fort. 4 p. 318A οὐ μὲν γὰρ ἀπειθὴς κατὰ Πίνδαρον οὐδὲ δίδυμον στρέφουσα πηδάλιον (ἡ Τύχη), ἀλλὰ μᾶλλον κτλ. ‖ **41** Paus. 7, 26, 8 ‖ **42** Stob. flor. 4, 45, 1 (5, 993 W.-H.) Πινδάρου ὕμνων ‖ **43** Athen. 12, 7 p. 513C (cf. 7, 102 p. 317A) τοιοῦτός ἐστιν καὶ (Ἀμφιάραος) ὁ παραινῶν Ἀμφιλόχῳ τῷ παιδί· ὦ τέκνον — φρόνει; cf. Philod. rhet. 2 fr. 12 (2, 74, 1 Sudh.)

42 6 ἄτα {κακότας} byz., ἀτλάτα κακότας Boe., ἀτηρὰ κακ. Wil., ἀτρύτα κακ. Schr.

PINDARVS

ὦ τέκνον, ποντίου θηρὸς πετραίου
χρωτὶ μάλιστα νόον
³προσφέρων πάσαις πολίεσσιν ὁμίλει·
τῷ παρεόντι δ᾽ ἐπαινήσαις ἑκών
5 ἄλλοτ᾽ ἀλλοῖα φρόνει.᾽

*44 (23)

†᾽Ωγυγιωςϲ† δὲ εὗρεν †ΟΠΟΝΝΗ τη⟨λ⟩εφανέσσι †ΝΗΥΗΑ

45 (20)

ἀρχαιέστερον

46 (21)

ἄγριος ἔλαιος

47 (18)

ἐρίφων μεθομήρεον

48 (17)

ἐν ὕμνοις μέμνηται Πίνδαρος ὅτι τὸν Εὐρυτίωνα, τὸν τοῦ Ἴρου τοῦ Ἄκτορος παῖδα,
ἕνα ὄντα τῶν Ἀργοναυτῶν, συνθηρεύοντα ἄκων ἀπέκτεινε Πηλεύς ... συγγενὴς τού-
του ἦν· Πηλεὺς γὰρ πρὸ Θέτιδος θυγατέρα Ἄκτορος τὴν Πολυμήλαν εἶχε γυναῖκα

49 (19)

Δαμοδίκα Phrixi noverca

43 1–3 Plut. de sollert. animal. 27 p. 978 E τῶν δὲ πολυπόδων τῆς χρόας τὴν
ἄμειψιν ὅ τε Πίνδαρος περιβόητον πεποίηκεν εἰπών· ποντίου − ὁμίλει; qu. nat. 19
p. 916 C πρὸς ὃ καὶ Πίνδαρος ἐποίησε· ποντίου − ὁμίλει (om. πετραίου) ‖ 44 Lac-
tant. comment. Stat. Theb. 2, 85 Jahnke (Ogygii Thebani) sic et Pindarus in hymnis
(somniis codd.: Boe.)· opireiως − HYHA ‖ 45 Antiatt., Bekker An. gr. 1, 80, 8
ἀρχαιέστερον· Πίνδαρος ὕμνοις ‖ 46 Phot. Berol. s. v. ἄγριος ἔλαιος p. 24, 15 R. ἦν
οἱ πολλοὶ ἀγριέλαιον καλοῦσιν· ἔστι παρὰ Πινδάρῳ ἐν ὕμνοις (ex Ael. Dion. a 25) ‖
47 Et. M. 821, 59 Πίνδαρος δὲ ἐν ὕμνοις· ἐρίφων μεθομήρεον, οἷον ὁμοῦ καὶ μετ᾽
αὐτῶν πορευόμενον; eadem Et. Gud. 578, 42 ‖ 48 Aristid. 3, 37 (1, 304 L.-B.) c. schol.
p. 463 ‖ 49 schol. Pind. P. 4, 288 a ἐκακώθη γὰρ (Phrixus) διὰ τὴν μητρυιὰν ἐρα-
σθεῖσαν αὐτοῦ καὶ ἐπεβουλεύθη, ὥστε φυγεῖν. ταύτην δὲ ὁ μὲν Πίνδαρος ἐν ὕμνοις
Δαμοδίκαν φησίν

43 3 προστρέπων Philod. ‖ 44 opireiως M, opitieως L : Boe. e contextu Lac-
tant. ‖ ΟΡΟΝΝΗ M, ΟΠΟΝΝΗ L ‖ ⟨λ⟩ Buecheler ‖ ΕΦΑΝ M, ΕΤΑΝ L ‖ 47 sc.
Pana ? (Boe.) ‖ 49 Δημωτικὴν B, Δημοτικὴν CVEGH : Boeckh ‖ cf. ad pae. 18
(e), 4

14

50 (22) = 33a

51 = 33a

51a–d (70) *ΕΙΣ ΑΠΟΛΛΩΝΑ ΠΤΩΙΟΝ*

metrum: dactyloepitr.

.. —⟩_e_ |²e ⟨_⟩ e_ |³D ? d² d² ?_ |⁴e_D_e_

51a *Ἀπόλλων*
    προ[.]ινηθεὶς ἐπῆεν
    γᾶν τε καὶ ⟨__⟩ θάλασσαν
    ³*καὶ σκοπιαῖσιν [ἄκρ]αις ὀρέων ὕπερ ἔστα*
    καὶ μυχοὺς διζάσατο βαλλόμενος κρηπῖδας ἀλσέων.
        ** * **

51b   *καί ποτε τὸν τρικάρανον*
       ⁴*Πτωΐου κενθμῶνα κατέσχεθε κοῦ[ρος]*

51c   sc. Ptous, filius *Ἀπόλλωνος καὶ τῆς Ἀθάμαντος θυγατρὸς Ζευξίππης*
           ** * **

51d   *τὸν Τήνερον*
    ³? ⟨ _∪∪ ?⟩ *ναοπόλον μάντιν δαπέδοισιν ὁμοκλέα*

51a Strab. 9, 2, 33 p. 412 (ex Apollodoro) *οἱ δὲ ποιηταὶ κοσμοῦσιν ἄλση καλοῦντες τὰ ἱερὰ πάντα κἂν ᾖ ψιλά· τοιοῦτόν ἐστι καὶ τὸ τοῦ Πινδάρου περὶ τοῦ Ἀπόλλωνος λεγόμενον· ⟨..⟩ινηθεὶς — ἀλσέων* || **51b** Strab. 9, 2, 33 p. 413 *τὸ δὲ Τηνερικὸν πεδίον ἀπὸ Τηνέρου προσηγόρευται· μυθεύεται δ᾽ Ἀπόλλωνος υἱὸς ἐκ Μελίας, προφήτης τοῦ μαντείου κατὰ τὸ Πτῷον ὄρος, ὅ φησιν εἶναι τρικόρυφον ὁ αὐτὸς ποιητής· καί ποτε — κου[; Herodian. ap. Reitzenstein, Gesch. d. gr. Etymologika 305, 16 Πτῶιον ὄρος σὺν [τῶι ι Πίνδαρος· κα]ί ποτε τὸν τρικάρα[νον Πτωίου κενθ]μῶνα κατέσχε κού[ρα* || **51c** schol. Paus. 9, 23, 6 *Πίνδαρος δὲ ἐν ὕμνοις Ἀπόλλωνος καὶ τῆς Ἀθάμαντος θυγατρὸς Ζευξίππης (υἱὸν εἶναί φησι τὸν Πτῶιον)* (e Steph. Byz. ?) ||
51d Strab. ibid. *καὶ τὸν Τήνερον καλεῖ ναοπόλον — ὁμοκλέα· ὑπέρκειται δὲ τὸ Πτῷον τοῦ Τηνερικοῦ πεδίου καὶ τῆς Κωπαΐδος λίμνης πρὸς Ἀκραιφίῳ*

51a 1 *προ[......]ις* V, [. . . .]*ινηθεὶς* A, *πε(ρι)κινηθεὶς* A^im^; fort. *περιδινηθείς*, cf. Hesych. *περιδινεῖσθαι· περικινεῖσθαι* | *ἐπῆει* : Schr. || 2 ⟨*πᾶσαν*⟩ Meineke; *γᾶν τε* ⟨*πᾶσαν*⟩ *καὶ* Turyn ex Ephori fr. 31b Jac. ap. Strab. 9, 3, 12 p. 422 || 3 om. V, [. . .]*αις* Λ, suppl. Meineke || 4 *διννάσατο* V, *δεινάσατο* A : Meineke, Wil. ||
51b 2 *κού[ρα* Reitz., *κοῦ[ρος* Sn.; sed fort. hoc fr. non ad Ptoum, sed ad Tenerum spectat neque coniungendum est cum fr. 51c

15

PINDARVS

51 e?

Ἡράκλειος ψώρα

*51 f

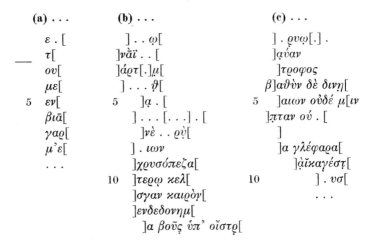

(a) . . .

ε . [
— τ[
ου[
με[
5 εν[
βιᾱ[
γαρ[
μ᾿ε[
. . .

(b) . . .

] . . ω[
]νᾱϊ . . [
]άρτ[.]μ[
] . . . ϑ[
5]α . [
] . . . [. . .] . [
]νὲ . . ρὺ[
] . ιων
]χρυσόπεζα[
10]τερῳ κελ[
]σγαν καιρὸγ[
]ενδεδονημ[
]α βοῦς ὑπ᾿ οἴστρ[

(c) . . .

] . ρυῳ[.] .
]αύαν
]τροφος
β]αϑὺν δὲ δινῃ[
5]αιων οὐδέ μ[ιν
]πταν οὐ . [
]
]α γλέφαρα[
]ἀϊκαγέστ[
10] . υσ[
. . .

51e Paroemiogr. cod. S (L. Cohn, Bresl. phil. Abh. II 2 p. 61 = Corp. paroem. Gr. Suppl. I, Hildesiae 1961) *Ἡράκλειος ψώρα· ἐπὶ τῶν Ἡρακλείων λουτρῶν δεομένων καὶ θεραπείας· Ἀθηνᾶ γὰρ τῷ Ἡρακλεῖ πολλαχοῦ ἀνῆκε θερμὰ λουτάρια καὶ ἀνάπαυλαν τῶν πόνων, ὡς μαρτυρεῖ καὶ Πίνδαρος ἐν Ὕμνοις* (cf. O. Crusius, Paroemiographica = Corp. par. Gr. Suppl. V p. 77); cf. Dicaearch. fr. 101W. ‖ **51f** **(a)** Π²⁷ fr. 1 ‖ **(b)** fr. 3 ‖ **(c)** fr. 4 ‖ fr. **51f** **(a) – (c)** quamvis dubitanter huc traxit Sn. cum Π²⁷ fr. 14 ad fr. 33a videretur pertinere

51f **(a)** 1 A[, Λ[, X[‖ 6 i. e. *βία*? ‖ 7 *γὰρ* vel *γᾱρ*[υ ‖ **(b)** 1]AC,]M ‖ 2 TΩ[, ΓΩ[? ‖ 4 fort.] . AXΘ[‖ 5 Π[, [T ‖ 6]€Π . [,]CΠ . [,]C . . . [‖]Φ[,]Ψ[sim. ? ‖ 7 · € vel · Θ ‖ 8]A,]Λ,]M ‖ 9 CÓ ‖ sc. Ιο, cf. v. 12 sq. ‖ 11]ς γ᾿ ἂν? ‖ 12 *δεδονημ[ένα* ‖ 12 sq. cf. Aesch. Suppl. 573 *οἰστροδόνητον Ἰώ* et alia ‖ 13 ῨΠ´ΌΙ ‖ [ῳ vel [ου ‖ **(c)** 1]A,]Δ ? ‖]A ? ‖ 4 sq. suppl. Lobel ‖ 5]Ἄΐ ‖ post ΩN vestigia accentus vel lit. sscr. vel interpunctio ? ‖ ÉN[sscr. M[‖ 6 post AN accentus, littera, interpunctio ? ‖ ÓY ‖ Π[vel T[‖ 10]O,]C sim.

16

ΠΑΙΑΝΕΣ

52 = pae. 6, 118

I = fr. 52a

[ΘΗΒΑΙΟΙΣ ΕΙΣ ΙΣΜΗΝΙΟΝ]

metrum: iambi, aeolica

1	⏑⏑— ⏑—⏑—[⏑—]⏑— |	cr ia ia |
2	—⏑— —⏑— ⏑— ⏑— |	cr cr ia |
3	⏑—⏑⏑⏑⏑⏑̆(⏑)⏑— |	ia ia ? |
4	⏑⏑— ⏑ ⏑— ||	ʌchodim ||

ΕΠ?

5	⏑—⏑— —⏑— ⏑—⏑⏑—⏑ |	ia cr ʌpher ||
6	——⏑⏑ ⏑—|	sp ia |
7	——⏑— ⏑—— ⏑——|	ia ba ba |
8	⏑—— ⏑—⏑⏑—	ba (ia) cr ba |
	—⏑⏑⏑ ⏑——|	
9	——⏑— —⏑⏑— —⏑⏑——|	ia cho (ʌpher) |
10	(⏑)—⏑⏑—⏑⏑—⏑⏑— |||	(ʌchodim)⏑⏑— |||

col. 1

πρὶν ὀδυνηρὰ γήραος σ[. . . . . μ]ολεῖν,
πρίν τις εὐθυμίᾳ σκιαζέτω
νόημ' ἄκοτον ἐπὶ μέτρα, ἰδών
δύναμιν οἰκόθετον.
[—]
5 ἰ]ὴ ἰή, νῦν ὁ παντελὴς Ἐνιαυτός
Ὧρα[ί] τε Θεμίγονοι
πλάξ]ιππον ἄστυ Θήβας ἐπῆλθον
Ἀπόλ]λωνι δαῖτα φιλησιστέφανον ἄγοντες·

52a Π⁴ col. 1

52a 1 ὀδυναρὰ Schr. \|σ[χεδὸν μ] G.-H., σ[ταθμὰ Wil. \|\| 7 Housman

Παιὰ]ν δὲ λαῶν γενεὰν δαρὸν ἐρέπτοι
(.)...]φρονος ἄνθεσιν εὐνομίας. ⊗

II = fr. 52b (post 480)

[ΑΒΔΗΡΙΤΑΙΣ]

metrum aeolicum Α' – Γ'

ΣΤΡ

1	_∪ _∪∪_| ᵘ⌣ _∪_ ∪ _ _| ⁷³	∧∧chodim ? | ia ba |
2	⌣ _ ⌣_∪_| ² ²	(∧gl) |
3	∪∪∪ _∪∪_∪_ _⌣_ ∪∪ _ _|| ⁵¹	gl pher ||
4	_ _∪∪_ _ ⌣_ ∪∪ _ _∪ _|| ⁵²	∧pher ∧pher∪_ ||
5	_ ∪_∪∪_| ∪∪ ∪_ ∪∪ _ _|	pher∪∪ ∧pher |
6	_ _∪∪_∪_| _∪_ ∪∪ _ _|	∧gl | pher |
7	_ _∪∪ _ _ ∪_|∪∪_∪ _ _|||	∧pher ∧hipp |||

ΕΠ

1	_ _∪∪_ _∪∪_ ∪∪∪∪ _∪ _ _||	∧hipp²ᶜ ||
2	_∪∪_ _∪ _∪∪_ _∪_||	cho pher∪_ ||
3	_ _ _ _ _∪∪_ _|	sp pher |
4	∪∪ _∪∪_ ∪∪ _∪_||	∧glᵈ ||
5	∪∪ ∪∪_ ∪_ _ ∪_∪∪_∪∪∪_ _||	ia ba ∧pher∪∪ ba ||
6	∪ ∪∪_∪∪ _ _ ⌣_∪∪ _ _∪_|| ³¹	pher ∧pher∪_ ||
7	_ _ ∪_∪∪_∪ _ _||	sp ∧hipp ||
8	_∪_∪∪_∪_ _ _∪∪_ _||	gl ∧pher ||
9	∪_∪∪_ _| ∪_∪∪ _ _	3 ∧pher |||
	∪_∪∪ _ _|||	

colometria corrigenda erat in str. 4/5, nam dividitur in pap. post syllabam decimam, est autem anceps post syll. decimam quartam, et in epod. 2/3, ubi dividitur in pap. post syllabam decimam, est autem finis periodi post syll. decimam tertiam

Α' Ναΐδ]ος Θρονίας Ἄβδηρε χαλκοθώραξ
    Ποσ]ειδᾶνός τε παῖ,
    ³σέθ]εν Ἰάονι τόνδε λαῷ
    παι]ᾶνα [δι]ώξω

52b Π⁴ col. 1−8

52a 9 D' Alessio \|\| 10 σαό]φρ. D' Alessio \|\| 52b 1 Bury \|\| 3 suppl. e Σ

5   Δηιρηνὸν Ἀπόλλωνα πάρ τ' Ἀφρο[δίταν ‿＿

(desunt str. 5—7 cum antistropho = vv. 6–22 = col. 2)

col. 3   [13 ll.] . κα[. .]

. .]α τινα [τάνδε] ναίω
25 Θ[ρ]αϊκίαν γ[αῖ]αν ἀμπελό[εσ]σάν τε καί
³εὔκαρπον· μή μοι μέγας ἕρπων
κάμοι ἐξοπίσω χρόνος ἔμπεδος.
νεόπολίς εἰμι· ματρὸς
δὲ ματέρ' ἐμᾶς ἔτεκον ἔμπαν
30 ⁶πολεμίῳ πυρὶ πλαγεῖ-
σαν. εἰ δέ τις ἀρκέων φίλοις
ἐχθροῖσι τραχὺς ὑπαντιάζει,
μόχθος ἡσυχίαν φέρει
καιρῷ καταβαίνων.
35 ⁹ἰὴ ἰὲ Παιάν, ἰὴ ἰέ· Παιὰν
col. 4   δὲ μήποτε λείπιοι.

B'   ＿‿＿‿‿＿] ἀλκαὶ δὲ τεῖχος ἀνδρῶν
ὕψιστον ἵσταται
³‿‿ ＿‿]ρα· μάρναμαι μὰν
40 ‿＿‿‿ δάοιις·
＿＿‿ Ποσ]ειδάνιο[ν γ]ένος [＿＿‿＿
τῶν γὰρ ἀντομένων
‿‿‿＿‿] φέρεσθαι
⁶＿＿‿‿]ως ἑκὰς
45 ＿‿＿πο]τικύρσῃ

5 schol. Lycophr. Al. 440 p. 161, 26 Scheer Δήραινος τόπος οὕτω καλούμενος ἐν Ἀβδήροις, ἔνθα Δηραίνου Ἀπόλλωνος ἱερόν ἐστιν, οὗ μνημονεύει Πίνδαρος ἐν παιᾶσι (= fr. 63)

5 Δηραιν. Σ Lycophr. |]PHNON pap. | fin. μολών Sitzler, ἰών Turyn ‖ 23 schol. θαρρουσανῳ[; fort. θαρσέοισα in textu ‖ 23sq. οὔτ]ε vel οὐδ]ὲ κα[κί-ον]ά τινα e. g. Sn.; propter colometriam diversam vix huc trahendum Π⁷ fr. 3 Lobel (P. Ox. 26 p. 15):]οὔτε βί[ ]μεδοντ[ ]ε ναίω[‖ 25 Θρηϊκίαν Diehl (cf. Pyth. 4, 205) ‖ 29 ἔπιδον G.-H., ἔταφον Arnim, ἔτρεφον Pfeiffer ‖ 32 -άξει Πˢ ‖ 37 ΑΛΚΑΙ, schol. -κᾶι Θέων ‖ 38 et 40 suppl. e Σ (ἵσταται Bury) ‖ 41 [ἵππων Bury | Σ : τὸ νόημα τοιοῦτο· ἐν οἷς γὰρ διαφέρειν δοκοῦσιν οἱ ἀντίπαλοι κατὰ πόλεμον, ταῦτα ἐκπονεῖν ἀγαθὰς ὑποτίθεται νίκης ἐλπίδας. ἢ ἡ ἵππος εὐθετεῖ πρὸς τὴν τῶν ἀντιπάλων παντοδαπὴν ἔφοδον, οἷον ἐάν τε πεζεύωσιν ἐάν τε μεθ' ἵππων παρατυγχάνωσιν, τρεφόμεθα αὐτοὺς τῷ ἱππικῷ ‖ 44]σέλας G.-H.

19

PINDARVS

```
_ _◡◡ κα]ὶ μανίει
_     ◡◡_◡_ _]
   _◡_◡◡_◡_◡ λ]αὸν ἀστῶν
   ×_×_◡_]
```

50 ³◡◡◡_◡◡]ρι· τὸ δ᾽ εὐβου-

col. 5   λίᾳ τε καὶ α[ἰδ]οῖ
ἐγκείμενο[ν] αἰεὶ θάλλει μαλακαῖς ε[ὐ]δίαι[ς·]
καὶ τὸ μὲν διδότω
θεός· [ὁ δ]᾽ ἐχθρὰ νοήσαις

55 ⁶ἤδη φθόνος οἴχεται
τῶν πάλαι προθανόντων·
χρὴ δ᾽ ἄνδρα τοκεῦσι⟨ν⟩ φέρειν
βαθύδοξον αἶσαν.

τοὶ σὺν πολέμῳ κτησάμ[ενοι
60   χθόνα πολύδωρον, ὄλ[βον
ἐγκατέθηκαν πέραν Ἀ[θόω] Παιόνων
³αἰχματᾶν [λαοὺς ἐλάσαντε]ς
ζαθέας τροφοῦ· ἀλλὰ [βαρεῖα μέν
ἐπέπεσε μοῖρα· τλάντ[ω]ν
65   δ᾽ ἔπειτα θεοὶ συνετέλεσσα[ν.

col. 6   ⁶ὁ δὲ καλόν τι πονή[σ]αις
εὐαγορίαισι φλέγει·
κείνοις δ᾽ ὑπέρτατον ἦλθε φέγγος
ἄντα δ[υ]σμενέων Μελαμ-
70   φύλλου προπάροιθεν.
⁹ἰὴ ἰὲ Παιάν, ἰὴ ἰέ· Παιὰν
δὲ μήποτε λείποι.

)—
Γ′ ᾽ἀ]λλά μιν ποταμῷ σχεδὸν μολόντα φύρσει
βαιοῖς σὺν ἔντεσιν
75 ³ποτὶ πολὺν στρατόν᾽· ἐν δὲ μηνὸς
πρῶτον τύχεν ἆμαρ·
ἄγγελλε δὲ φοινικόπεζα λόγον παρθένος
εὐμενὴς Ἑκάτα
τὸν ἐθέλοντα γενέσθαι.

---

46 Σ : φθονεῖ ‖ 48 Σ : εἴη ὑβρίσαι τοὺς ἐν τῇ πόλει στασιάζοντας {δὲ} καὶ ⟨δια⟩-
πολιτεύοντας πολλῷ μᾶλλον τοὺς ἐπήλυδας ⟨ἢ⟩ ἐπιτίθεσθαι ἂν {ἢ} ὀξέως (corr.
Arnim, Sn.) ‖ 52 ἀεὶ Π et Σ : Πˢ ‖ 54 ×Θ fere certum; Ρ vel Γ; Α vel Λ, Μ ‖
61 suppl. Arnim e Σ ‖ 62]C pot. qu.]Є, suppl. Arnim ‖ 63 Jurenka, Arnim ‖
67 CIN : Πᵖᶜ ‖ 75 ἐν δὲ Π (Aristophanes ?), ἐν δὲ Σ ‖ 77 ἄγγειλε Leo

20

80　⁶ν]ῦν δ᾽ αὖ γ[λ]υκυμάχανον

___ (desunt str. vv. 7 – 9 cum antistropho = vv. 81 – 94 = col. 7)

95　[__ __ᴗᴗ __ __ᴗᴗ __]

col. 8　. ͜. .]ε καλέοντι μολπαί

Δᾶλο]ν ἀν᾽ εὔοδμον ἀμφί τε Παρ[νασ]σίαις

³πέτραις ὑψηλαῖς θαμὰ Δ[ελφ]ῶν

λιπαρ]άμπυ[κε]ς ἱστάμεναι χορόν

100　ταχύ]ποδα π[αρ]θένοι χαλ-

κέα] κελαδ[έον]τι γλυκὺν αὐδᾷ

⁶τρόπ]ον· ἐμρ[ὶ δ᾽ ἐπ]έ[ω]ν ἐσ[.]

. . . ε]ὐκλέα [.͞. .͞.]ν χά[ρ]ιν,

Ἄβδ]ηρε, καὶ στ[ρατὸν] ἱπποχάρμαν

105　σᾷ] βίᾳ πολέ[μ]ῳ τελευ-

ταί]ῳ προβι[β]άζοις.

⁹ἰὴ ἰὲ Παιάν, ἰₗὴ ἰέ· Παιὰν

δὲ μήποτε λεί₁ποι. ⊗

III = fr. 52 c

⊗　[　10 ll.　]ον ἀγλαο-

　　[　11 ll.　]ναι Χάριτε[ς　]

col. 9　. [

ιειρσ[. .]οξ[

5　ἀγλαϊᾶν τ[

ματέρ[

52c Π⁴ col. 8 – 15

52c Himer. or. 46, 44 Col. : τὰ δὲ σὰ νῦν δέον καὶ αὐτῷ τῷ Μουσηγέτῃ (προε[σ-βίστῳ] pap. Osl. 1478, Class. et Med. 17, 1956, 25) εἰκάζεσθαι, οἷον αὐτὸν καὶ Σαπφὼ (fr. 208 L.-P.) καὶ Πίνδαρος ἐν ᾠδῇ (ᾠδαῖς pap.) κόμῃ τε χρυσῇ (cf. v. 13) καὶ λύραις (-ρᾳ Castigl.) κοσμήσαντες, κύκνοις ἔποχον εἰς Ἑλικῶνα πέμπουσιν (cf. v. 16), Μούσαις Χάρισί τε (cf. v. 2) ὁμοῦ συγχορεύσαντα (cf. v. 12); huc traxit Schroeder (= fr. 56b)

80 νῦν Arnim | ΝΟΝ pot. qu. ΝΩΙ | γλυκυμ. sc. ὕμνον (Sn.) vel χρησμὸν (Page) ‖ **96** περί[κλυτ]ε lacunam expleret ‖ **97** Housman ‖ **99** Sn., ἐλικ]άμπυκες brevius spatio,]κωπι[legi non potest ‖ **100** ΧΑ[.]Α vel ΧΑΜ potius quam ΧΑΛ, vix ΧΛΑ ‖ **101** ΚΕΙΑΙ] in pap. fuisse vid. |]Κ vel]Χ | **102** τρόπον Sn. (Σ : τὴν ᾠδήν); νόμον brevius spatio |]Τ[,]Γ[,]Π[,]Ε[, accentus acutus ad hanc, non ad sequentem litteram pertinere videtur ‖ **102**sq. ἐσ-[λῶν Bury ‖ **103** πρᾶξο]ν Arnim, πέμ-γο]ν Turyn, κραίνω]ν Bury ‖ **104** δαφν]ηρέ Radt ‖ **105** ΒΙΑΙ,]ΝΑΙ,]ΑΙΑΙ | suppl. Bury ‖ **108** fort. huc trahendum Π⁷ fr. 84, 1 Παι]ὰν δ[ε?? (Sn.) ‖ **52c** 1]ο pot. qu.]ω | fort. huc trahendum Π⁷ fr. 84, 3 Δε]ῦρ᾽ Ἀπ[ολλ]ον (Sn.) ‖ 1sq. ἀγλαό-[θρονοί τε σεμ]ναὶ Sn. ‖ 3 Π[, Γ[, Ρ[,][sim. ‖ 4 ΙΤ[, ΓΙ[sim. |]ΟΞ[pot. qu.]ΟΖ[?

21

νᾱὸν ρ[
καὶ θυόε[ντα
βωμὸν [
10 ὀκτὼ κ[
ὑψόθεν [
ἀοιδαῖς ἐν εὐπλε[κέσσι __ μελι-
γάρυϊ, τ[ὶ]ν δέ, χρυσο[
ὥριον ποτὶ χρόνον [
15 θεᾶς θ᾽ ἑλικάμπυκ[ος
ἐλαύν[ε]ις ἀν᾽ ἀμβροτ[
φαεννὸς αἰθήρ
(desunt vv. 18−92 = col. 10−14)

col. 15   ]ν σθένος ἱεράν
                           χαλκ]έοπ᾽ αὐλῶν ὀμφάν
     95   ]λος
                           ]θυόντων
                           ]
                           ] .
                           ]ρλατ[. . .]
    100   ]τύπτηι[.]
                           ]δα[.]ε χορόν
                           ]   ⊗

IV = fr. 52d (post 458?)

[ΚΕΙΟΙΣ ΕΙΣ ΔΗΛΟΝ]

metrum: aeolica, iambi A′−B′

ΣΤΡ

1   ∪∪ _ ∪∪ _ ∪∪ _ ∪ _| ∧glᵈ |

2   _ _ ∪ _ _ ∪∪ _ ∪ _|| sp gl ||

10 κ[ύκν(οι)? Sn. ‖ 12 vel ἐνπλεκέσιν, tum φωνᾷ (vel ὀπὶ) μελιγ. G.-H. ‖ 13 [ἱ]
propter spatium certum | Χρυσο]κόμα vel sim. G.-H. ‖ 14sqq. ὥριον ποτὶ χρόνον
ἄστρων ὁπότ᾽ ἐν φάει θεᾶς θ᾽ ἑλικάμπυκος Σελάνας ἐπερχόμενος ἐλαύνεις ἀν᾽ ἄμ-
βροτον κέλευθον, ἀμφὶ δὲ λάμπει φαεννὸς αἰθήρ e. g. G.-H., Schr. ‖ 15 θ᾽ corr. e τε ‖
93 PĀN ‖ 94]:ΟΠ᾽ | ΛΩΝ e ΛΟΝ corr. Πˢ ‖ 95 Σ : [.]ιλου μόρια ὑπεργανάει τῷ πυ[ρὶ
__ __] λάμπει, ἐξ οὗ τὰ ἀγαθὰ σημ[αίνεται ‖ 96 Σ : ἡ ἀνάδοσις τοῦ καπνοῦ ‖ 100
]ΤΥΠΤΗΙ vel]ΓΥΝΤΗΝ ‖ si revera inter v. 17 et 93 desunt vv. 75 et totum carmen
continuit vv. 102, exspectari potest et strophas et epodas 17 vv. continuisse; et
revera v. 17 finis primae strophae videtur esse (Sn.)

```
3  __ ⏑_   _⏑⏑  ⏑_                    4 ia × __⏑_ ‖
   _⏜ ⏑_   _⏑⏑  ⏑_ 35.45 ⏑ __⏑_‖

4  ⏑ _ ⏑_                                   ia glᵈ |
   36
   ⏑ _   _⏑⏑_⏑⏑_⏑ _‖

5  __   _⏑⏑_⏑⏑_⏜_|                       (glᵈ) = 5 da |

6  ⏑⏑_ ⏑_|  _⏑⏑_⏑ __⏑⏑_⏑⏑_             2 chodim

   _⏑⏑_   _⏑⏑_                          2 cho ∧glᵈ ‖‖

   ⏑⏑_⏑⏑_⏑⏑_⏑ _‖‖‖
```

EΠ

```
1     ⏑_⏑⏑_⏑⏑_|                          chodim |

      __⏑⏑_   _⏑_⏜⏜_⏑⏑_|              ∧pher chodim |

2  __  ⏑_        __⏑_  ⏑_              ia sp ia ∧gl ‖

   _         _⏑⏑_ ⏑ _‖

3  __⏑⏑_   _⏑⏑_⏑⏑_|                    chotrim |

4     ⏑⏑_⏑⏑_⏑⏑_ ⏑ _‖                   ∧glᵈ ‖

5  ⏑_ ⏑_                                   ia glᵈ ‖

   ⏑_   _⏑⏑_⏑⏑_ ⏑_‖

6  _ ⏑⏑⏑      _ ⏑__⏑_|                 3 cr |

7  ⏑_ ⏑⏑⏑        ⏑__ __|               ia ba sp |

8  ⏑⏑⏑ _    _⏑⏑_ ⏑_‖                   ⏑⏑gl ‖

9  ⏑_ ⏑_   _⏑⏑__‖‖‖                    ⏑_pher ‖‖‖
```

A'   ⏑⏑_⏑⏑_⏑⏑   ]Ἄρτεμιν·

      __⏑__⏑⏑   ]υσομαι
    ³__⏑__⏑⏑   ]ος αὐδάν·

      ⏑⏑⏑__⏑⏑ γυν]αικῶν ἐδνώσεται

    5 ⏑_⏑_×_   ]ῳδ' ἐπέων δυνατώτερον·

col. 16   ___⏑⏑]ᾱ κατὰ πᾶσαν ὁδόν

      ⁶⏑⏑_⏑_ῆ]συχίαν Κέῳ

      _⏑⏑_⏑⏑_]

      _⏑⏑__⏑⏑_]

   10 ⏑⏑_⏑⏑_⏑⏑]άλλεται

      ⏑⏑_⏑⏑_]ν χρόνον ὀρνύει

      __⏑_] Δᾱλον ἀγακλέα

52d Π⁴ col. 15—19

52d 2 χορε]ύσομαι Bl. ‖ 4 Σ : (ἐδνώ)σατο· ἀντί τοῦ ὑμνήθη [‖ 5 ΕΝΕΩΝ : Πˢ ‖ 7 σοφίας ⏑_] Sitzler ‖ 10 β]άλλεται G.-H., ἀγ]άλλεται Sitzler ‖ 11 ἐς ζάθεο]ν Sitzler

PINDARVS

³ ＿◡＿＿] Χάρισι· Κάρϑαι-
　α μὲν ◡＿＿ ἐλα]χύνωτον στέρνον χϑονός
15　◡＿◡＿×＿　]ριν Βαβυλῶνος ἀμείψομαι
　＿＿＿◡◡＿　]έχεται πεδίων
⁶◡◡＿◡＿＿◡◡　]οι· ϑεῶν
　＿◡◡＿◡◡＿　]
　＿◡◡＿＿◡◡　]ρη·
20　◡◡＿◡◡＿◡◡　]ν ἰχϑύσιν

col. 17　ἤτοι καὶ ἐγὼ σ[κόπ]ελον ναίων δια-
　γινώσκομαι μὲν ἀρεταῖς ἀέϑλων
　Ἑλλανίσιν, γινώσκ[ο]μα[ι] δὲ καὶ
　μοῖσαν παρέχων ἅλις·
25 ³[ε]ἰ καί τι Διω[νύσ]ου ἄρο[υρ]α φέρει
　βιόδωρον ἀμαχανίας ἄκος,
　ἄνιππός εἰμι καὶ βουνομίας ἀδαέστερος·
⁶ἀλλ᾽ ὅ γε Μέλαμπος οὐκ ἤϑελεν
　λιπὼν πατρίδα μο[να]ρχε[ῖν] Ἄργει
30　ϑέμενος οἰ[ω]νοπόλον γέρας.
⁹ἰὴ ἰή, ὦ ἰὲ Πα[ιάν.]
)—
B'　τὸ δὲ οἴκοϑεν ἄστυ κα[ὶ ＿◡＿
　καὶ συγγένει᾽ ἀνδρὶ φ[◡＿◡＿
　³στέρξαι· ματ[αί]ων δὲ [◡◡＿＿
35　ἑκὰς ἐόντων· λόγο[ν ἄν]αρκτος Εὐξαν[τίου
　{σ} ἐπαίνεσα [Κρητ]ῶν μαιομένων ὃς ἀνα[ίνετο
col. 18　αὐταρχεῖν, πολίων δ᾽ ἑκατὸν πεδέχει[ν
　⁶μέρος ἕβδομον Πασιφ[ά]ας ⟨σὺν⟩ υἱ-
　οῖ]σι· τέρας δ᾽ ἐὸν εἶ-
40　πέν σφι· 'τρέω τοι πόλεμον
　　Διὸς Ἐννοσίδαν τε βαρ[ύ]κτυπον.
　χϑόνα τοί ποτε καὶ στρατὸν ἀϑρόον
　πέμψαν κεραυνῷ τριόδοντί τε
　³ἐς τὸν βαϑὺν Τάρταρον ἐμὰν μα-
45　τέρα λιπόντες καὶ ὅλον οἶκον εὐερκέα·

13 σὺν] G.-H. ‖ 14 ἀραιᾶς Schr. ‖ 15 ὅμως δὲ πλούτων οὔ] G.-H., Sn. ‖ 16 ἔχειν
(G.-H.) legi non potest; ἐνδ]έχεται Sn. | Σ :]...αις..μει τίϑεται | [οὐδὲν γὰρ
ὑπάρχ]ει πεδίων ἐπὶ τῶν νήσων (e. g. suppl. Sn.) ‖ 25 Διων. Nairn ‖ 28 ΜΕΛΑΜΠΟΣ ‖
32 ἑστία Wil. ‖ 33 φ[ερέργυνα Wil. ‖ 34 ματαίων δ᾽ ἔπλετ᾽ ἔρως τῶν Housman;
μάταιον δ᾽ ἔρον ἐπισχὼν Wil., sed]ΩΝ certum et interpungitur in pap. post ἐόν-
των ‖ 35sq. fort. Εὐξαν[τίοι-]]ρ ‖ 36 Κρ. Housman | ἀνά[νατο Wil. ‖ 38 add.
Housman ‖ 39 ἐσ]σι longius spatio ‖ 41 Ἐννοσίδα Wil.

24

ἔπειτα πλούτου πειρῶν μακάρων τ᾽ ἐπιχώριον
τεθμὸν π[ά]μπαν ἐρῆμον ἀπωσάμενος
⁶μέγαν ἄλλοθι κλᾶρον ἔχω; λίαν
μοι [δέο]ς ἔμπεδον εἴ-
50   η κεν. ἔα, φρήν, κυπάρισ-
σον, ἔα δὲ νομὸν Περιδάϊον.
col. 19   —— ₗἐμοὶ δ᾽ ὀλίγον δέₗδοται θά[μνου ∪∪,
    ₗοὐ πενθέων δ᾽ ἔλαχον, ⟨οὐ⟩ στασίωνⱼ
    (desunt 54–57)
58 ⁵[∪—∪—∪— κεάριον (?) ἥρῶ ∪—∪—] πέρι
    (desunt 59–61)
62 ⁹ἰₗὴ ἰή, ₗὦ ἰὲ Παιάν. ⊗

V = fr. 52e (post annum 478?)

[ΑΘΗΝΑΙΟΙΣ (?) ΕΙΣ ΔΗΛΟΝ]

metrum: dactyloepitr. A′ – H′

    ¹ ∪D_|²D∪|³e_D_ ‖⁴D_|⁵DD_ ‖‖

A′ ⊗ Ἰήϊε Δₗάλι᾽ Ἄπολλον
    (desunt vv. 2–15)
col. 20 Γ′ ⁴πą[∪∪_∪∪__
    17 Δαλ[∪∪_∪∪_
    —— σὺν δ[∪∪_∪∪__
Δ′ ἰⱼήϊε Δₗάλι᾽ Ἄπολλον
    20 [_∪∪_∪∪_×]
col. 21   ³[_∪___∪∪_∪ ₗἐρίπναι]ς
    (desunt vv. 22–34)

52e Π⁴ col. 19–22

52d **50–53** Plut. de exil. 9 p. 602F τὰ Πινδαρικὰ ... ἐλαφρὰν κυπάρισσον φιλέ-
ειν, ἐὰν δὲ νομὸν Κρήτας περιδαίων. ἐμοὶ δ᾽ ὀλίγον μὲν γᾶς δέδοται, ὅθεν ἄδρυς,
πενθέων δ᾽ οὐκ ἔλαχον στασίων (= Pind. fr. 154)

46 τ᾽ suppl. Πˢ ‖ 49 Housman; [πῶ]ς (Bury) brevius lacuna ‖ 51 περιδάϊον
G. Hermann ‖ 52 Σ : ΔΕ]ΔΟΤΑΙ ΘΑ[, ubi θά[μνος Bl., -νου, -νοιο, -νων Sn., tum μέ-
ρος Erbse, πέδον Sn. ‖ 53 οὐ transp., alterum οὐ inser. Bl. | Σ : λάχο[ν, λάθο[ν Σˢ ‖
58 Σ : Ζη(νόδοτος)· ΚΕΑΡΙΟΝ ΗΡΩ (quid sit obscurum, κεδνὸν ἥρω G.-H.) ‖ 60 Σ :
—]ς τῶν Εὐξαντίου πα[ίδω]ν τὴν Κέων [κατ]ῴκισαν (-ΚΗCΑΝ : Wil.) ‖ 61 Σ : κεαρ .
[. . .] υἱὸ(ς) Τηλ[. .] . . ονειπ[‖ 61a Σ : ἀ]ν(τὶ τοῦ) οἴχομαι ‖ 52e 16 ΠΑ[, ΙΓΑ[vel
sim. ‖ 18 Δ[vel Λ[‖ 21 suppl. e Σ

35 ^{5} [⏑⏑ ‒ ⏑⏑ Εὔ-]

col. 22   βοιαν ἕλον καὶ ἔνασσαν·

$\overline{H'}$ ἰήϊε Δάλι᾽ Ἄπολλον·

    καὶ σποράδας φερεμήλους

  ^{3}ἔκτισαν νάσους ἐρικυδέα τ᾽ ἔσχον

40   Δᾶλον, ἐπεί σφιν Ἀπόλλων

    δῶκεν ὁ χρυσοκόμας

    Ἀστερίας δέμας οἰκεῖν·

$\overline{Θ'}$ ἰήϊε Δάλι᾽ Ἄπολλον·

    Λατόος ἔνθα με παῖδες

45 ^{3}εὐμενεῖ δέξασθε νόῳ θεράποντα

    ὑμέτερον κελαδεννᾷ

    σὺν μελιγάρυϊ παι-

    ᾶνος ἀγακλέος ὀμφᾷ. ⊗

VI = fr. 52f

ΔΕΛΦΟΙΣ ΕΙΣ ΠΥΘΩ

metrum: aeolica, iambi A' – Γ'

ΣΤΡ

1	⏑⏑‒⏑‒	ᵕia ia ∧hipp |
	⏑‒⏑‒ ⏑‒⏑⏑‒ ⏑‒‒|	
2	‒ ⏑‒⏑⏑‒‒	pher ia ba ||
	⏑‒⏑‒ ⏑‒‒||	
3	‒⏑⏑‒ ⏑‒‒ ⏑‒||	cho ba ⏑‒ ||
4	⏑‒⏑‒ ‒⏑⏑‒ ⏑$\overset{149}{\underset{}{⏓}}$‒|	ia cho ba |
5	⏗⏗⏗⏗ ‒⏑⏑‒	4 cho |
	⏗⏗‒| ‒⏑⏑‒|	
6	‒⏗‒	cho pher ||
	‒ ⏑‒⏑⏑$\overset{131}{⏓}$ ‒||	
7	$\overset{71}{⏔}$‒ ⏑‒⏑⏑‒ ⏑‒‒	× _2 ∧hipp ||
	$\overset{72}{⏔}$‒⏑⏑‒ ⏑‒‒||	
8	‒⏗⏗‒| ‒⏑⏑‒ ⏑⏑‒‒	cr pher^d 4 da∧
	‒⏑⏑‒⏑⏑‒|⏑⏑‒	

35 sc. οἱ ἀπ᾽ Ἀθηνῶν Ἴωνες (ἀπ᾽ Ἀθηναίων Σ, cf. Σ ad 45 Πάνδωρο⟨ν⟩ Ἐρεχ-(θέως), Αἴκλον) ‖ **38** πολυμάλους Σ, -μήλους Σˢ

	‿‿ ‿‿⏑ ‿‿ — —	*4 da 3 da*∧ *2 cr* ‖
	—⏑‿‿ ‿‿ —	
	ᴗ‿ — ‿⏑ —‖	
9	‿‿ ⏑ ‿ ⏑	⏑*ia ia (pher)* ‖
	⏑ ‿ ⏑ —	
	— ⏑⏑ ‿‿ —‖	
10	‿‿‿‿ ‿⏑ —	*(∧gl) ia cho* ‖
	⏑ ‿⏑ — ‿‿‿‿ —‖	
11	‿⏑‿⏑ ‿‿⏑ —‖	*chodim* ‖
12	‿‿‿ ‿⏑ — — ‖‖‖	*cho ba* ‖‖‖

EΠ

1	‿‿‿ ⏑ ‿⏑ ‿⏑ —‖	*(∧gl) ia* ‖
2	— — ⏑ ‿‿‿ ‿⏑ — —⏑	*sp ∧hipp* ⏐
3	ᴗ ⏑ ‿‿‿ ‿⏑ — ‿‿ —[—]‖	*gl io* ⏐
4	— — ‿‿⏑ ⏐	*sp cho* ⏐
5	‿‿⏑ — ‿⏑ ‿‿ — — ⏐	*cho pher* ⏐
6	⏑ ‿‿⏑ — ‿⏑ ‿‿ — —‖	*2 ∧pher* ‖
7	— — ⏑ ‿‿⏑ — ⏑ — —‖	*sp ∧hipp* ‖
8	‿ᴗ ‿‿ᴗ ᴗ ᴗ ‿⏑ — ⏐	*gl³ᵈ* ⏐
9	⏑ — ⏑ ‿‿⏑ ⏐	∧*chodim* ⏐
10	⏑ — — ⏑ ‿‿⏑ ᴗ ‿⏑ ‿⏑ ‿ ‿‿⏑ — ⏐	*ba* ∧*glᵈ ia io* ⏐
11	‿‿⏑ ‿ᴗ —⏑ ‿‿⏑ ⏑ ‿⏑ ‿‿⏑ — —	*(∧gl) (∧glᵈ)* ∧*pher* ⏐
12	— ⏑ ‿‿⏑ ‿⏑ —‖	*gl* ‖
13	‿ᴗᴗᴗ — — ⏑ ‿‿⏑ — —	*pher* ∧*pher*
	⏑ — ⏑ —	*ia* ∧*pher* ∧*chodim* ‖‖‖
	⏑ ‿‿⏑ — ‿ᴗ‿⏑ ‿‿⏑ —‖‖‖	

colometria correcta in str. 8/9, nam primae V syllabae v. 9 ad praecedentem versum trahuntur in pap.; dividitur in Π⁴ 71/72: *Πυ-⏐θωνόθεν*, in Π⁷ 134–136 . . . *Ἀσωποῦ*⏐ . . . *παρθένον*?, in Π⁴ 137/38: *ἀ-⏐έρος*

Α′   Πρὸς Ὀλυμπίου Διός σε, χρυˌσέˌα
        κλυτόμαντι Πυθοῖ,
        λίσσομαι Χαρίτεσ-
col. 23   σίν τε καὶ σὺν Ἀφροδίτᾳ,

52f Π⁴ col. 22–34; Π⁵ frr. Iʳ–VIᵛ, XIʳ–XIIᵛ; Π⁷ fr. 15 Lobel (P. Oxy. 26 p. 17); Π⁷ fr. 16 (v. 134–136)

52f 1–6 Aristid. or. 28, 58 (2, 160 K.) (*Πίνδαρος*) *ἑτέρωθι δὲ ἔτι λαμπρότερον·* *πρὸς Ὀλυμπ. – προφάταν* (= fr. 90)

PINDARVS

5   ³ἐν ζαθέῳ με δέξαι χρόνῳ
    ἀοίδιμον Πιερίδων προφάταν·
    ὕδατι γὰρ ἐπὶ χαλκοπύλῳ
    ψόφον ἀϊὼν Κασταλίας
    ⁶ὀρφανὸν ἀνδρῶν χορεύσιος ἦλθον
10 ἔταις ἀμαχανίαν ἀ[λ]έξων
    τεοῖσιν ἐμαῖς τε τιμ[α]ῖς·
    ἦτορι δὲ φίλῳ παῖς ἅτε ματέρι κεδνᾷ
    πειθόμενος κατέβαν στεφάνων
    καὶ θαλιᾶν τροφὸν ἄλσος Ἀ-
15 πόλλωνος, τόθι Λατοΐδαν
    θαμινὰ Δελφῶν κόραι
    ⁹χθονὸς ὀμφαλὸν παρὰ σκιάεντα μελπ[ό]μεναι
    ποδὶ κροτέο[ντι γᾶν θο]ῷ
    (desunt 19–49 = str. 19–21, antistr., ep. 1–7)
col. 26 50 καὶ πόθεν ἀθαν[άτων ἔρις ἄ]ρξατο.
    ταῦτα θεοῖσι [μ]έν
    ⁹πιθεῖν σοφοὺ[ς] δυνατόν,
    βροτοῖσιν δ᾽ ἀμάχανο[ν εὑ]ρέμεν·
    ἀλλὰ παρθένοι γάρ, ἴσθ᾽ ὅτ[ι], Μο[ῖ]σαι,
55 πάντα, κε[λαι]νεφεῖ σὺν
    πατρὶ Μναμοσ[ύν]ᾳ τε
    τοῦτον ἔσχετ[ε τεθ]μόν,
    ¹²κλῦτε νῦν· ἔρα[ται] δέ μο[ι]
    γλῶσσα μέλιτος ἄωτον γλυκὺν [∪∪__
60 ἀγῶνα Λοξία{ι} καταβάντ᾽ εὐρὺν
    ἐν θεῶν ξενίᾳ.

B' θύεται γὰρ ἀγλαᾶς ὑπὲρ Πανελ-
    λάδος, ἅν τε Δελφῶν
    ἔθ[ν]ος εὔξατο λι-
col. 27 65 μοῦ θ[∪_∪_∪__
    ³ἐκδι[∪_∪__∪_

6 ἀοιδίμων Π⁸ | Πιερίων Aristid. ‖ 8 ἀϊων G.-H. : Wil. ‖ 10 ΕΤΑΙϹ, sed cf.
Latte, Hermes 66, 1931, 34 | Α[.]ΕΞΩΝ Π, ἀ[ρ]ήξων Π⁸, ἀέξων Πⁱᵐ ‖ 11 schol.
κατὰ κοιν[ο]ῦ ἐμαῖς τιμ(αῖς) ἀλέξων ἀμαχ(ανίαν) (ἔλεξεν μέντ(οι) G.-H.) ἵνα δηλονότι
ἔντιμος ὦ ‖ 14 κλυτὸν ἄλσος Πⁱᵐ ‖ 17 CΚΙΟΕΝΤΑ : Housman ‖ 18].ᵒ! ‖ 50 Bury;
πόνος longius spatio ‖ 52 πείθειν Π⁸, πι[Πⁱᵐ ‖ 54 Jurenka, Radt ‖ 55 schol. Z]η-
(νόδοτος) [μ]ελα[ννεφεῖ] suppl. Pfeiffer (κ]ελα[ινεφέϊ G.-H.) ‖ 57 κόσ]μον Slater ‖
59 καταλείβειν Wil., καταχεῦαι Kamerbeek ‖ 60 secl. G.-H., def. Radt ‖ 65 θ[ύειν
Sn. ‖ 66 εκδ[Π⁴ (nonΕΥΔ[), ΕΚΔ! · [Π⁵

28

φιλει[ᴗ＿＿ᴗᴗ＿ᴗ☾＿
Κρόν[ιε ᴗᴗᴗ＿ᴗᴗ＿
    πρύτα[νι ᴗ＿＿ᴗᴗ＿
70 ⁶τοὶ πα[ᴗ＿＿ᴗ＿ᴗᴗ☾＿
    χρησ[τ]η[ρι ＿ᴗᴗ＿ᴗ＿＿
    Πυ]θωνόθ[εν ＿ᴗ＿＿
    καί ποτε [ᴗᴗ＿＿ω＿ω＿＿
    παν θοὸ[ν ＿ω＿ᴗᴗ＿
75   δ᾽ ἐς Τροΐα[ν ω＿ᴗᴗ
    ἤνεγκε̄[ν ᴗᴗ＿ θρασυμή-
    δεα πάϊς [＿ᴗ＿
    ⁹ᴗᴗ＿ᴗ＿] ὃν ἐμ-
    βα[λ ＿＿ᴗ＿ᴗᴗ＿
    Πάριος ἑ[καβόλος βροτη-
col. 28 80   σίῳ δέμαϊ θεός,
    Ἰλίου δὲ θῆκεν ἄφαρ
—   ¹²ὀψιτέραν ἅλωσιν,
    κυανοπλόκοιο παῖδα ποντίας
    Θέτιος βιατάν,
85   πιστὸν ἕρκος Ἀχαι-
    ῶν, θρασεῖ φόνῳ πεδάσαις·
    ³ὅσσα τ᾽ ἔριξε λευκωλένῳ
    ἄκναμπτον Ἥρᾳ μένος ἀν[τ]ερείδων
    ὅσα τε Πολιάδι. πρὸ πόνων
90   δέ κε μεγάλων Δαρδανίαν
    ⁶ἔπραθεν, εἰ μὴ φύλασσεν Ἀπό[λ]λ[ω]ν·
    νέφεσσι δ᾽ ἐν χρυσέοις Ὀλύμποι-
    ο καὶ κορυφα[ῖσι]ν ἵζων
    μόρσιμ᾽ ἀνα[λ]ύεν Ζεὺς ὁ θεῶν σκοπὸς οὐ τόλ-
col. 29 95   μα· περὶ δ᾽ ὑψικόμῳ [Ἑ]λένᾳ
    χρῆν ἄρα Πέργαμον εὐρὺ[ν] ἀ-

---

73 sqq. cf. schol. B Hom. Τ 326 χρησμοῦ δὲ δοθέντος μὴ ἁλώσεσθαι τὴν Ἴλιον χωρὶς Ἀχιλλέως, ἐπέμφθησαν ὑφ᾽ Ἑλλήνων πρὸς Πηλέα Ὀδυσσεὺς Φοῖνιξ καὶ Νέστωρ

67 φιλεῖ[ς γὰρ Sn. ‖ **68** βαρύοπα στεροπᾶν Tosi ‖ **74** sq. Sn. (sc. Achillem; alia temptaverunt alii) ‖ **76** Housman ‖ **77** Λαερτίου Sn. (vix Νηλέως) ‖ **78** ἐμβα- [λὼν ἰὸν G.-H., tum ἀφάνισεν vel sim. ‖ **79** Ε̣[‖ **81** ΙΛΙΩΙ : Πˢ ‖ **83** κυανοκόμοιο Πⁱᵐ ‖ **84** Θέτιδος : Πᵖᶜ ‖ **88** ἄκαμπτον Schr. ‖ **89** schol. v. l. ὅσσα ‖ **91** ἔπραθον Bury ‖ **92** δὲ χρ. G.-H. falso ‖ **93** ο add. Πᵖᶜ ‖ **96** ΜΟ̣Ν vel ΜΑ̣Τ sim. ‖ **96** sq. εὐρὺν ἀ-|ιστῶσαι Schr.

29

PINDARVS

ιστῶσαι σέλας αἰθομένου
πυρός· ἐπεὶ δ᾽ ἄλκιμον
⁹νέκυν [ἐ]ν τά[φῳ] πολυστόνῳ θέντο Πηλεΐδαν,
100 ἁλὸς ἐπὶ κῦμα βάντες [ἦ]λ-
θον ἄγγελο[ι] ὀπίσω
Σκυρόθεν Ν[ε]οπτόλεμο[ν
—¹²εὐρυβίαν ἄγοντες,
ὃς διέπερσεν Ἰλίου πόλ[ιν·
105 ἀλλ᾽ οὔτε ματέρ᾽ ἔπειτα κεδνάν
³εἶδεν οὔτε πατρωΐαις ἐν ἀρού[ραις
ἵππους Μυρμιδόνων,
χαλκοκορυ[στ]ὰν [ὅ]μιλον ἐγε[ίρ]ων.
⁶σχεδὸν δ[ὲ Το]μάρου Μολοσσίδα γαῖαν
110 ἐξίκετ᾽ οὐδ᾽ [ἀ]νέμους ἔ[λ]α̣[ϑ]εν
col. 30 ο̣ὐδὲ τὸν [ε]ὐ̣ρυφαρέτραν ἑκαβόλον·
ᾤ[μο]σε [γὰρ ϑ]εός,
⁹γέ[ρον]ϑ᾽ ὅ[τι] Πρίαμον
π[ρ]ὸς ἑρκεῖον ἤναρε βωμὸν ἐ[π-
115 εν]ϑορόντα, μή νιν εὔφρον᾽ ἐς οἶ[κ]ον
μήτ᾽ ἐπὶ γῆρας ἐξέ-
μεν βίου· ᾳ̩μφιπόλοις δὲ
κ]υρ̣ι̩ᾶν̩ περὶ τιμᾶν
¹²δηρι]αζόμενον κτάνεν
120 ⟨ἐν⟩ τεμέ]νεϊ φίλῳ γᾶς παρ᾽ ὀμφαλὸν εὐρύν.
⟨ἰὴ⟩ ἰῆτε̩ νῦν, μέτρα παιηό-
ν]ων ἰῆ̩τε̩, νέο̩ι̩.

117 sq. schol. Pind. N. 7, 94 a (Αἰγινῆται) ᾐτιῶντο τὸν Πίνδαρον ὅτι γράφων
Δελφοῖς τὸν παιᾶνα ἔφη· ἀμφιπόλοισι μαρνάμενον μυρίαν περὶ τιμᾶν ἀπολωλέναι·
ἀπολογούμενος γάρ τι ἀντεισήγαγε τοῦτο ὃ Πίνδαρος (= fr. 52)

97 ἰCTῶCAI | MENOC : G.-H. || 99 AN[, vix AI[| Πηλεΐδα G.-H. || 108]AN,
i. e. acc. sing. | ΛΕΝ vel ΛΟΝ, non ΛΕΙ || 109]MAP. OY legit Radt, i. e.]μαριον,
]μαργον,]μαρτον || 110]Ᾰ[vel]Ῐ[, sed propter spatium vix]Ῠ[|| 111 ΕΤΡΑΝ ||
112 γὰρ Housman || 113]ΘΟ[,]ΕC[,]ΟΘ[sim., suppl. Sn. (idem Turyn) || 114 sq.
Ε-|[ΠΕΝ]Θ. || 115 MIN : NIN Πˢ | οἶκον Housman || 117 ἀμφιπ. δὲ] ἀμφιπόλοισι
schol. Nem. || 118 ·]ΥΡ[.]Ᾱ[.] Π, schol. Z(ηνόδοτος) Πυϑιᾶν, κυριᾶν Housman, μυ-
ριᾶν Verrall (μυρίαν π. τιμᾶν scholl. in Nem. cod. B, μυριᾶν π. τιμᾶν cod. D) || 119
ΚΤΑΝΕῖΝ Π, schol. Z(ηνόδοτος) κτανεμεν (i. e. κτάνεν ἐν?), γρ(άφεται) [κταν]έν ||
121 schol. γρ(άφεται) ιηιητε || 122 IH̅[ΤΕ], schol. γρ(άφεται) [ι]ηιητενεοι (cf. Wak-
kernagel, Kl. Schr. 2, 883)

30

Γ′   ὀνο₁μακλύτα γ᾽ ἔνεσσι Δωριεῖ
    μ[ε]δέοισα [πό]ντῳ
125   νᾶσος, [ὦ] Διὸς Ἑλ-
col. 31   λανίου φαεννὸν ἄστρον.
   ³ οὕνεκεν οὔ σε παιηόνων
    ἄδορπον εὐνάξομεν, ἀλλ᾽ ἀοιδᾶν
    ῥόθια δεκομένα κατερεῖς,
130   πόθεν ἔλαβες ναυπρύτανιν
   ⁶ δαίμονα καὶ τὰν θεμίξενον ἀρετ[άν.
    ὁ πάντα τοι τά τε καὶ τὰ τεύχων
    σὸν ἐγγυάλιξεν ὄλβον
    εὐρύο[πα] Κρόνου παῖς, ὑδάτ⟨εσσ⟩ι δ᾽ ἐπ᾽ Ἀσ[ω-
135   ποῦ π[οτ᾽ ἀ]πὸ προθύρων βαθύκολ-
    ποῦ ἀγρέψατο παρθένον
    Αἴγιναν· τότε χρύσεαι ἀ-
    έρος ἔκρυψαν κόμ[α]ι
   ⁹ ἐπιχώριον κατάσκιον νῶτον ὑμέτερον,
140   ἵνα λεχέων ἐπ᾽ ἀμβρότων
col. 32   φ[◡ — ◡◡◡◡ —]·
    αισ[◡ — ◡ — ◡◡]αι
   ¹² Μυρ[μιδον — ◡ — —]
    τὸν[◡ — ◡ — ◡ σωφρο]νέστατον
145   Διὸς [— ◡ — —   ]
    πεύ[◡ — ◡◡ —   ]
    πō[◡ — ◡ — ◡ —   ]ον
   ³ πᾱ[◡◡ — ◡ — — ◡]ων·
    ξε[ν — ◡ — — ◡◡]έμμεν ἁλίῳ
150   κυ[◡◡◡◡◡ — ◡   ]ν δε-
    ξα[◡◡◡ — — ◡   ]τία
   ⁶ νρ[◡◡ — —   ]εμον . . ναιδων·

---

123 schol. T Hom. X 51 (ὀνομάκλυτος Ἄλτης) . . . ἔστι γοῦν παρὰ Πινδάρῳ τὸ θηλυκὸν αὐτοῦ ἐν παρωνύμῳ χαρακτῆρι· ὀνομακλύτα γάρ ἐστιν (= fr. 312)

123 γάρ ἐστι schol. Hom. ‖ **133** -λιξον Π⁴ˢΠ⁵ ‖ **134** ΥΔΑΤΙ Π⁴, Π⁵ : G.-H. ‖ **136**]ΕΡΕΨ Π⁴,]Ε,]C sim.,]A legi non potest;]ΕΨ Π⁷; ἀνερείψατο? (Sn.) ‖ **138** ΕΚΡΥΨΑΤΑΝ Π⁴ : G.-H. ‖ **139** ἀμέτερον W. M. Calder ‖ **141**sqq. φίλον γόνον ἔτεκεν αἰσίᾳ σὺν εὐτυχίᾳ, Μυρμιδόνων ἄνακτα e. g. Sn. ‖ **143** Wil. ‖ **144**sqq. τὸν ἐνὶ βροτοῖσι σωφρονέστατον Διὸς υἱὸν εἶναι πεύθομαι, πρύτανιν πόντιον e. g. Sn. ‖ **148**]ῶΝ· ‖ **150** κυ[ανεο? | σ]ὺ?, sed]Ε legit Radt ‖ **151**]Τ vel]Γ

31

PINDARVS

```
        τρ[ ×  ‿ ‿‿               ]νοῖον ἇ σοί
        σε[  ‿‿ ‿               ]ρῦν οἵ
155     Ζη[ν ‿‿‿                ] πρὶν Στυγὸς ὅρκιον ἐξ εὐ-
col. 33 [ ‿‿ ‿‿               ] δικάσαι
        (desunt vv. 157—168 = antistr. 9—13, ep. 1—5)
                                ]αρρι[
170  ⁶ ‿ ‿‿                    ]κλυτὰς ἴδω ι[—
       ‿ ‿‿ χα]λκοχάρμαι [
       ποινᾱ⌋ ‿‿‿]δᾱ κεχολωμένος
       ‿‿ ‿]ωι
     ⁹ ‿ ‿]ξ[‿‿]ες
175  ‿]ι μυρία[ν φλ]όγ’ ὀπῶν τε δρ-
     . . . κτ]ύποι ν[έμ]ειν ἀπείρονας ἀρετάς
     Αἰακ]ιδᾶν· φ[ιλεῖ]τε
     . . . ]ι πόλιν πατρίαν, φί-
     λων] δ’ ἐύφ[ρον]ᾳ λαόν
180 ¹² . .] γονευ[]ιστεφά⌋νοισι παν
     εὐ]θαλέος ὑγιε[ίας] σκιάζετε· Μοισᾶν
        δ’] ἐπαβολέοντ[ι] πολλάκι, Παιάν, δέ-
        ξ’] ἐννόμων θ[αλί]αν. ⊗
```

155sq. ἐξ εὖνοι’ ὀμόσαντα φρενὸς Sn.; ad Aeacum iudicem deorum (non mortuorum) et eius ius iurandum videntur referenda ‖ 169 legit Erbse ‖ 171 Norsa-Vitelli ‖ 172 suppl. e schol. (ΠΟΙΝᾸ) ‖ 173]ωι,]ϹΟΙ,]ΕΟΙ; ὕμμι μὲν οὖν, θεοί, γέρας τόδ’ ὀξυμελές e. g. Sn. ‖ 174]: ΕϹ pot. qu.]ΕΣ ‖ 175—183 Sn. ‖ 175 λυρᾶ]ν? ‖ ΟΙΤΩΝ Vit., Radt ‖ ΤΕ Π⁴, ΓΕ Π⁴ˢ ‖ ΔΟ vel ΔΕ ‖ δό-[μοις]? ‖ 176 ΥΠΩΝ[. . . .]ΕΙΝ leg. Vit., Radt ‖ 177]ΙΔ agn. Erbse (idem Turyn, qui et ipse Αἰακ. suppl.) ‖ schol. Π⁴ : προστακτικῶς (i. e. non ὁριστικῶς, sc. φιλεῖτε) ‖ 178]ι pot. qu.]Ο ? ‖ . . .]. ΠΑΤΡΩ[. .]Ν ΠΟΛΙΝ[Π⁵,]ΤΡΩΙΑΝ· ΦΙ Π⁴ : Sn. ‖ 179 Φ[optime vestigiis convenire vidit Erbse ‖ 180 καὶ] γένος . . . πᾶν temptavit Sn., sed ΓΟΝ certum esse affirmat Erbse; neque arridet πανευθαλέος neque ἔκ]γονρ[ν] vel σύγ]γονρ[ν] ‖ . . . πάν[τ’ εὐ]θ. propter lacunam angustiorem init. v. 181 ‖ schol. Π⁴ : v. l. στεφάνοισί νιν· [‖ 180—182 temptes στεφάνοισι . . . ὑγιείας . . . Μοισᾶν [τ’] ἐπαβολέοντ[α] (scil. λαόν, ἐπαβ. = ἐπιτυχόντα?), sed obstat interpunctio post σκιάζετε ‖ 181 schol. Π⁴ Ἀρ(ιστοφά)ν(ης) κ[— —] ‖ 182 οιτ[‖ 183 ΞΑΙ] Π⁵ habuisse vid. | ·]ΕΝΝΟΜΩΝΘ[Π⁵,]ΑΝ Π⁴; schol. Π : τῶν ἀπὸ τῶν ἐν[δ]ίκων (sc. θαλιῶν), Ζη(νόδοτος) ειλιομαν (i. e. ἐννομᾶν?) | vel θ[υσί]αν Sn.

32

VII = fr. 52g

ΘΗΒΑΙΟΙΣ Ε[ΙΣ ΠΤΩΙΟΝ?]
ΠΡΟΣ ΤΑ ˙[

metrum: aeolicum

ΣΤΡ

```
1   __◡_◡_◡◡_◡_◡|                          ia ʌhipp ‖
2     _◡_◡◡_|                              ʌʌchodim |
3   ◡◡◡◡ ?_?◡◡ ?_◡_◡__|?
4   _◡◡_[        ]_◡◡_|
5   ◡__◡[
6   ◡_◡_[
7   ◡_◡◡__◡[**]◡ ?__[
8   ◡_◡◡_[
9   ◡◡_◡◡_[
10  ◡_◡_◡_◡[
11  ◡_◡__◡_◡◡_[
12  __◡_◡_◡◡_[
```

A′   Μαντευμάτ[ω]ν τε θεσπεσίων δοτῆρα
    καὶ τελεσσιε[πῆ]
    ³θεοῦ ἄδυτον [. . . . .]ον ἀγλαάν τ᾿ ἐς αὐλάν

col. 35   ᾿Ωκεανοῖο [   ]υ Μελίας
    5 Ἀπόλλωνί γ᾿ [   ].˙[
    ⁶ὀρ⟨ε⟩ιδρόμον τ[ε
    σὺν ἀπιομ[ήδ]ει φιλᾳ[
    γα να⟨ί⟩ειν το[. . ?]νδέλ . [
    χέων ῥαθά[μιγ]γα πλ[
    10 ⁹Χαρίτεσσί μοι ἄγχι θ[
    γλυκὺν κατ᾿ αὐλὸν αἰθερ[

52g ΙΙ⁴ col. 34–35; ΙΙ⁵ fr. Vᵛ et VIᵛ

52g 2 schol. Π⁴ : ἔπεσι ‖ 3 schol. Π⁴ : ἀρσενικ]ῶς τὸν ἄδυτον; schol. Pind.
P. 11, 5 πυκινῶς δὲ τίθησιν ὁ Πίνδαρος κατὰ τὸ ἀρσενικὸν τὸν ἄδυτον (= fr. 293)

52g inscr. suppl. Wil. | ΤΑ .˙[pot. qu. ΤΑ ʹ[‖ 2 Wil., -ε[πὲς] Galiano, Humanitas
3, 1951, 10 ‖ 3 θεοῖ᾿ ? (Sn.) | [Πτώι]ον Sn., [μόλ]ον Galiano ‖ 4 [κόρας ἠυκόμο]υ
e. g. Sn. ‖ 5 [ἔρχομαι ὕμνον φέρων] ὀρειδρόμον τ[ε κῶμον e. g. Sn. ‖ 6 ΟΡΙΔΡΟΜΟΝ
Π⁵ : Schr. | Τ[pot. qu. Π[‖ 7sq. Sn. ‖ 8]Ν vel]ΑΙ | Λ, Χ, Ν, Δ sim. ‖ 9 suppl.
Vitelli | Λ[pot. qu. Α[| παιανος vel Παιᾶνι καὶ Sn.

ἰόντι τηλαυγέ᾽ ἀγ κορυφὰν [

¹² ἥρωα Τήνερον λέγομεν [

        ]α ταύρων ειϝ[

15   ]ν προβωμ[

        ]οιτ . τ . μο[. . . .]παρᾳ[

        κελ]άδησαν αὐδάν·

     ]αντεσι χρηστήριον

fort. huc trahenda:

18?   ]αντεσιⱼ χρησₗτήριον

            ]αιδ᾽ε . [

20?]δα[   ]εκρα[

    ]ανέ[   ]τ᾽ οὐρᾳ[

                ] . [

(a)	(b)	(c)
μιγεῖσ᾽ α[	ν[	ἀγνας αγιϝ[
παῖδα· τ[	. [	πεποταμ[
ὁ μέγιστ[ος	χαρμ[	]απολ[
εὐαλάκ[ατον	πρῶτ[ο	
⁵ ἰσόθε[ον __ ἐ-	⁵ δεκ[	
λαχύν[ωτον	σοφ[	(d)
νᾶσον [	μ[	. . . ρραιπ[
ζέμεν[	τ[	σέ τε καὶ ῥαδ[

(e)   (f)

]μικτος αλω-   . . .

]ᾶν ἴν᾽ ἀγλαοχαίτᾶν   ]τριαινα[

                             ]εν Πτωιω[ι   ⊗

                      ⊗   ]εν σοφ[

18—22 Π²⁶ fr. 10 (a) + (b) ‖ (a) Π⁵ fr. VIIʳ ‖ (b) Π⁵ fr. VIIIʳ ‖ (c) Π⁵ fr. IXᵛ ‖ (d) Π⁵ fr. Xʳ ‖ (e) Π⁵ fr. Xᵛ ‖ (f) Π⁷ fr. 47

12 ἀγ Π⁵, ἂν Π⁴ ‖ 16 ΤΗΤ ? | ΟΜ, ΑΜ, ΕΜ ‖ 17 G.-H. |]Ạ ‖ 18 εὐ]αντέσι G.-H., κτίσε μ]άντεσι Erbse ‖ 18? C[, Ο[, Θ[‖ 19 Ν[, Μ[, vix C[‖ 22]Α[,]Δ[? ‖ (a) 1 ΓΕ̂ΙC᾽ ‖ 3 ΟΜΕ̄Γ ‖ 4 Ā̇ΛΆ ‖ 5 CΟ̇Θ ‖ 6 ΧΥ̇Ν ‖ (b) 4 ΡΩ̂Τ ‖ (f) 1 Ό̇ρσι]τρ ? cf. pae. 9, 47 ‖ 2 Πτῴῳ G.-H., Πτωΐῳ Wil. Pind. 520

34

VIIa = fr. **52g** (A)

−6 ∪∪[
——[
· —[
−3 —∪[
∪—[
∪∪∪— · [?] |||

. . .

. . . .] · [
−6 *γον ὀμ[*
ε̣ννικ[
λ̣υ̣πευ[. . .
−3 *ἐκ φ̣ρεν[ὸς*]*φ* . *εις*
κλοπα[ ]
−1 *Κλεὸς ἕ*˪*κατι*] ⊗

VIIb = fr. **52h**

Π[ ] . . [. .]ΑΙΣ ΕΙΣ ΔΗΛΟ[Ν

metrum: aeolicum

ΣΤΡ

1 ∪—∪——∪∪— *wil ∧gl* | ?
2 ∪—∪∪—∪ · |
3 —∪[
4 ——[ ] ·
5 ∪[ ]——∪∪ |

52g (A) 1—7 init. Π^{28} fr. 1, 1—7 || 5—7 fin. Π^{26} fr. 14 col. 1, 1—3

52g (A) 6 schol. Π^{26}]*ν ἀληθῆ κ(αὶ) οὐ ψευδῆ* || 7 schol. Π^{26} *Ζη(νόδοτος) κλεοῦς ἕκατ[ι]* |]*θήσω μολπὰν ϊ* . . [(ΪΔ̣Ι[vel ΪΑΛ[?) | schol. Pind. N. 2, 17c . . . *κατὰ ὕφεσιν τοῦ υ ὡς καὶ τὸ 'Κλεὸς ἕκατι'* (fr. 308) *ἀντὶ τοῦ Κλειοῦς*. cf. Et. M. 517, 25; Et. Gud. 326, 3; Gen. cod. A

52g (A) 1 Ι[sim. || 2 Ο || 3sq. *το* |]*λυπευ*[Lobel, *ἀλ-*|*λ' ὑπ' εὐ*[vel sim. ? || 5 Ι[sim. | suppl. Sn. e schol. v. 6, cf. Aeschyl. Cho. 107 *λέξω . . . τὸν ἐκ φρενὸς λόγον* sim. | ΦΕ, ΦΘ, ΦΙ ? | *μολπὰν ἀ]φιείς* e schol. v. 7 suppl. Sn. || 6 *κλοπᾶ[ς ἄτερ* Sn. || 7 ΚΛΈΌCΕ[| *κλεὸς* schol. Nem. **B**, *κλέος* **D**, *κλειὸς* **UV** || **52h** inscr. Π[ΑΛΛ]Ḥ Ṇ Ị[Τ]ΑΙC vel sim. ? (Sn.)

6 — . [   ] .
7 — . [   ] .
8 ⏑[   ] .
9 — — . [   ] .
10 ⏑⏑ —⏑[?]— — |
11 ⏑—[—⏑— —]—⏑⏑ —⏑⏑ | ⏑ia ∧gl ‖ ?
12 ⏑—⏑[— —] . ⏑—⏑— — |
13 ⏑⏑—[   ]— —⏑—   ⏑ |
14 — —[   ]⏑ |
15 ⏑—⏑— —⏑— — — —⏑⏑ ⏜
16 —⏑⏑ —⏑—⏑⏜
17 —⏑⏑ —⏑⏑ — |
18 ⏑̣—⏑— —⏑⏑ | ia cr ‖ ?
19 —⏑⏑ —⏑⏑ —⏑⏑ — |
20 ⏑—⏑ . [. (.)]—⏑— —⏑⏑ —⏑— ‖‖

EΠ

1 [   ]
2   —⏑—⏑ . [
3 —⏑⏑ —⏑⏑—[.
4 — —⏑⏑—[. .
5 ⏑—⏑—⏑—[. .
6   ⏑⏑—⏑⏑ — |
7 — —⏑— —⏓̣ . —⏑— — ‖[
8 ⏑(⏑)—⏑⏑ —⏑⏑ — — —⏑— |
9 ⏑⏑—⏑⏑ —̣—⏑⏑ |
10 — . ⏑—⏑ |
11 ⏑—⏑⏑ — — |
12 —⏑⏑ —⏑⏑ —⏑ . |
   [desunt 13—17]

⊗   Ἀπολλο[ν — —⏑⏑—   ]
       σὲ καὶ . [⏑⏑—⏑ .   ]
³ ματέρ[   ]
 παιαν[   ] . [.]ṭ[]

52h 1—10 init. Π²⁸ fr. 1, 8—18 ‖ 1—19 fin. Π²⁶ fr. 14 (a) col. 1, 3a—24

52h 1 suppl. Lobel ‖ 2 T[, Γ[, Π[? ‖ 3 ΑΤΈ, pro T possis Φ, P, Y, sim. | P[, T[sim. | ματέρα i. e. Leto vel potius mater Musarum

5   ⁶στεφ[   ]εὐανθέος

Π⁴ col. 37   ἔρνεσ[   ]ạ . .

        μή μο[ι   ]ṿς

        ἄρχομ[   ] . ραν

        ⁹ἥρωϊ[   ]χων

10   κελαδ₍ήσαθ᾽ ὕμ₍νους,

        Ὁμήρου [δὲ μὴ τρι]πτὸν κατ᾽ ἀμαξιτόν

      ¹²ἰόντες, ἀ[λλ᾽ ἀλ]λοτρίαις ἀν᾽ ἵπποις,

        ἐπεὶ αυ[π]τανὸν ἅρμα

        Μοισα[   ]μεν.

15   ¹⁵ἐ]πεύχο[μαι] δ᾽ Οὐρανοῦ τ᾽ εὐπέπλῳ θυγατρὶ

        Μναμ[ο]σύ[ν]ạ κόραισί τ᾽ εὐ-

        μαχανίαν διδόμεν.

      ¹⁸τ]υφλ̣ạ[ὶ γὰ]ρ̣ ἀνδρῶν φρένες,

        ὅ]στις ἄνευθ᾽ Ἑλικωνιάδων

20   βαθεῖαν ε . . [. .] . ων ἐρευνᾷ σοφίας ὁδόν.

        ἐμοὶ δὲ τοῦτο[ν δ]ι̣έδω-

        κ . ν] ἀ̣θάνατ̣[ο]ν πόνον

Π⁴ col. 38 [   ]

24   [₍δέλτου₎   ]

        (desunt vv. 25–31)

32   [   ] . . . . [.] . . τ̣ο·

        [₍λέχος₎   ]π . . . ἔσθα[ι]

        [   ]

35   ¹⁵[∪—∪——∪—   πατ]ρ̣ῴαν Ἐκạέρ-

6—22 Π⁴ fr. 16 ‖ 11—17 Π²⁶ fr. 14 (b) ‖ 11—14 Π⁴ fr. 17—18 (cf. Lobel, P. Oxy. 26 p. 40, 1) ‖ 23—35 Π⁴ fr. 19 col. 1

5 schol. Π²⁶] . . ης πạρηγ̣ṿορ̣ε . .? ‖ 5sqq. in Π²⁶ inter]ευανθεος et ρ]αν (v. 8) discerni non potest utrum unus an duo versus interciderint, itaque incertum quomodo initia versuum 6—10 cum finibus coniungenda sint; cf. Lobel P. Oxy. 26 p. 42 ‖ 6 ΈP vel ⲈⲢ ‖ 7 Ḥ́ | suppl. Sn. ‖ 9 ἴ̣[‖ 10 schol. Π⁴ κελαδήσαθ᾽ ὕμνους, sed brevius spatio vid. in textu ‖ 11 δὲ μὴ Sn. | τρι]πτὸν Lobel ‖ 12 suppl. Lobel ‖ 13 Ᾱ | αὐ[vel αὐ[τοὶ ἐς π]τανὸν __ ἀνέβα]μεν (cf. Isthm. 2, 2 ἐς δίφρον Μοισᾶν ἔβαινον) vel αὐ[τοὶ __ ἐζεύξα]μεν vel sim. Sn. | π] G.-H. ‖ 14 Μοισᾶ[ν vel pot. Μοισα[ῖον (cf. Isthm. 8, 61 et Aristid. 2, 356, 10 K.) | ‖ 15—19 suppl. G.-H. ‖ 15 Τ᾽ⲈY̆ unde ἐυπ- Lobel, sed ἐϋ- non nisi ante duas consonantes ‖ 20 ΛⲈ[vel AΘ[, vix Μ ·[|]Τ vel]Γ | ἐμ[πα]τῶν Sn. | ΦΙΑΙϹ Π⁴, ΦΙΑϹ Π²⁶ quod coniecerant G.-H. e pae. 9, 4 ‖ 21]T pot. qu.]ι propter spatium, sed πο]τ᾽ longius lacuna; ἔ]τ᾽ ? ‖ 22 -κεν vel -καν | πόρον : Πˢ ‖ 32] . ΑṬ[.]ẠY̆ΤΌ G.-H. ‖ 33 schol. : λέχος ἐπὶ τὴν λοχείαν ‖ 35]Ṛ̣ⲰΙΟΝ : Πˢ, suppl. Sn. | ⲈP i. e. -έργου vel -έργῳ

$$[\gamma\text{-} \ \_\cup\cup\_\cup\_\cup\_ \qquad\qquad]$$
$$[\_\cup\cup\_\cup\cup\_ \qquad\qquad\qquad]$$

Π⁴ col. 39 ¹⁸ ἔδο[ξ ∪__∪_   ]
          ᾱ[∪∪_∪∪_∪∪   ]νους

    40   δ[∪_∪ . (.)_∪__∪]ρ ἔσσατο
ΕΠ ——   [. . . . . .]α[
          .]υνας· τί πείσομα[ι
    ³ ἦ Διὸς οὐκ ἐθέλο[ισα
          Κοίου θυγάτηρ π[
    45   ἄπιστά μ[ο]ι δέδο[ι]κα καμ[
    ⁶   δέ μιν ἐν πέλ[α]γ[ο]ς
          ῥιφθεῖσαν εὐαγέα πέτραν φανῆναι[·
          καλέοντί μιν Ὀρτυγίαν ναῦται πάλαι.
    ⁹ πεφόρητο δ᾽ ἐπ᾽ Αἰγαῖον θαμά·
    50   τᾶς ὁ κράτιστος
          ἐράσσατο μιχθείς
    ¹² τοξοφόρον τελέσαι γόνον
(Π⁴ col. 40) [
          [
    55 ¹⁵ . [
          α[
          . [⊗

                    VIIc = 52h (A)
metrum incertum

ΣΤΡ
    3?] . —
    4?]
    5?]   ]

38−52 Π⁴ fr. 19 col. 2 ‖ **38−40** fin. Π⁴ fr. 20 ‖ **47−57** in. Π²⁶ fr. 14 (a) col. 2, 10−20

38 schol. :]ον λέγει ἀπ[ο]ρία[ν ἔχειν πολ]λήν? ‖ **38** ΕΔΟ[‖ **42** ΝᾹC εὐνᾶς G.-H., sed propter accentum σ]ύνας vel sim. erat | πείσομ. Π¹, πείθομ. Πˢ | loquitur Asteria ‖ **43** ἐμβῆναι λέχος e. g. Sn. ‖ **44** π[όντονδ᾽ ἔφυγεν Sn. ‖ **45** ΚΑΜ[, ΚΑΙC[vel sim. κὰσ[εβῆ λέγειν· φάτις Sn., Wil. ‖ **46** νιν Πˢ | ἐν Π¹, ἀν Πˢ ‖ **47** εὐαγέα Πˢ ‖ **48** Κ[legi potest Π²⁶ fr. 14 col. 2, 11 (Lobel) ‖ **49** Π[, Γ[Π²⁶ (Lobel) ‖ **50** de Τ[in Π²⁶ vix dubit. | κάρτιστος v. l. Πᵐ | ᾶς = ἕως G.-H. (vel τᾶς = τέως, v. V. Schmidt, Glotta 53, 1975, 39−43), sed fort. sententia hoc fere modo supplenda : Λατὼ Κρονίδας ἐπ᾽ ἀσφαλεῖ πέδῳ (Sn.)

```
6? ]__⌣⌣__ |
7? ] . __ ...
8? ]⌣__ |
9? ]⌣⌣__ . ⌣_‿
```

⊗ [inscriptio?   ]
   [   ]
   [   ]
3? [   ]ιων
   [   ]
5? [   ] . [
6? [   ]ον τέλος ⌊ἔσ⌋ται
   [   ]υχᾳ· συ[. .]ϑμον
   [   ]περαίνοις
9? [   ]ν ἀπὸ καὶ πατρός· ὑμ-

(Π⁴ col. 41) 10? [ν-   ]

(a)

```
        . . . . . .]ερ[
        . . . . . .]ιντενει[
        απ . σσον εἶχε ἀμφιγγ[
        ον παρϑ[έ]νῳ [σ]ὺν πομ[
5       χειν πε . γασὴ . έϊ ϑήρ μ[
        Κρό[ν]ιον δῶμ᾽ ἀγλαο[
        . . . .]αις ἐπ᾽ Ἰσμηνίαι[ς
        . . . .]ολω[. .]λητρ[
        . . . . .]μ . ντις αυρ[
10      . . . . .]ε[.]τον μηδε[
        . . . . . . . .]ν[.]τα[.]ε[
        . . . . . .συ]μφορρ[
```

52h (A) 1 coronis exstat in Π²⁶ fr. 14 col. 2, 21 ‖ 3–9 Π⁴ fr. 21 ‖ (a) Π⁴ fr. 26

52h (A) 6 schol. : αμα[. . . .] ἔσσεται, unde ἀμα⌊νρ⌋ὸν suppl. Sn. ‖ 7]ϵΜΟΝ pot. qu. Α]ΘΛΙΟΝ, vix]ΑΝΟΝ, σὺ [δ᾽ Ἰσ]ϑμὸν Sn. cf. fr. 140a, 65. [τε]ϑμὸν Turyn ‖ (a) 2 ϵΙ[vel ϵΙ ‖ 3 ΓΝ[vel ΠΝ[‖ 4–7 fort. ∼ pae. VIIb, 12–15 ‖ 4 ΟΜ[, ΛΛ[, ΑΝ[sim. πολ[ιαόχῳ Turyn ‖ 5 ΧϵΙΝ vel ΧΟΝ ? ‖ μ[οι, μ[ε, μ[ιν propter accentum ‖ 8]Λ,]Κ,]Α ‖ Η maxime dubium ‖ 9]Μ pot. qu.]ΛΛ ‖ post]Μ littera maxime dubia : Η, Α ? ‖ μάντις G.-H. ‖ Ρ[, Ν[, Μ[‖ 12 ΦΟΡ vel ΦϵΡ

39

(b)

]μ[
]μάτρω[
]οστα[

(c)

ρ[.]ερ[
ὦ βαθύδ[
ἰήϊε παῖ με[
δᾶμον Ἀθα[να

(d)

]αι[
]ασσ' ἀμφι[βέ]βακεν[
Ἄ]πολλον
]σε . ριαις νεμε Λατο[
]αλμαι
]νων
] . ινεπε' . . νει

VIId = 52h (B)

metrum incertum

]ενρ[
]μερ[
* * *   (deest versus unus vel nullus)
. αρ[
ρμ[
5   τιτ[
κα[
δ[
λοιμ[ca. 13 ll.   ] . λ[.]ι[
ρρ[   ]
10   μεγ[ca. 13 ll.   ]ρν δ' ἔπος
κλιθελ[.]εχο[. . . . . . .]σφίσιν·
μάλα πρᾶξον [δι]καίως.   ⊗

VIII = 52i

ΔΕΛ]ΦΟΙΣ [ΕΙΣ ΠΥΘΩ?

metrum: aeolicum

ΣΤΡ   1 ∪__∪∪∪__∪ | ba‿cr sp ‖ ?
        2 ∪_∪∪_∪∪ | ∧gl ‖ ?

(b) Π⁴ fr. 27 ‖ (c) Π⁴ fr. 28 ‖ (d) Π⁴ fr. 33 ‖ (B) Π⁴ fr. 83 + 84, 1–12

(c) 2 Θ vel Є | βαθύδοξε G.-H. ‖ 3 με[γίστου vel με[γα(λο)σθενέος Διὸς vel sim. Sn. ‖ (d) 3 vel]ΙϹΟΜΟΝ | suppl. Sn. ‖ 4 Λατο[ἵδας G.-H. ‖ (B) 1 Ο[vel ω[‖ 6 Α[vel Λ[‖ 8 Ι[, Π[, Ν[sim. ‖ 11 Λ[, Χ[pot. qu. Ι[sim.

3 ∪___∪∪_ | ͵

4 ∪∪_∪∪_∪∪ ||__[ ]_͡?

5   ∪∪ . __∪∪ . [

6 __∪__∪∪_[

7 ∪_∪___[.

8 ∪∪_∪∪_∪ . [

9 __∪∪_∪∪_   *wil?*

10   __∪∪_∪ . | ∧*gl* |

11   ]__∪∪_[

12   ]__∪͡∪∪[_|||

EΠ

1 ͵_[

2 ___∪∪_∪(∪)_|[

3 ∪∪_∪∪_∪_[*gl* [?

4 ____∪_ . _|[

5 ___∪∪_∪∪__|[*pher*ᵈ | ?

6 ∪∪ . ∪∪_∪∪| ∧*gl* || ?

7 _(∪)_____(∪)_   *cr sp gl*ᵈ | ?

8   ∪∪_∪∪_∪_|

9 _(∪)__∪∪ . ∪_|| *gl* || ?

10 . _____∪∪| *ba ia* || ?

11 _∪_∪_[__|

12 ∪__∪∪_∪∪_|[

13 . ___∪____ . . (∪)_[∪_||| *2 ba* ∧*gl?* |||

Κλυτοὶ μάντι[ες] Ἀπόλλωνος,
ἐγὼ μὲν ὑπὲρ χθονός
³*ὑ]πέρ τ᾿ ὠκεα₍νο₎ῦ*
Θέμιδός₍ τ᾿ ἐπι[

desunt versus 5–13 vel, si altera trias periit tota, vv. 5–50

51 . λ̣[
³*εχε[*

52i ordinem horum fragmentorum restituit Sn., Herm. 90, 1962, 1–5 || inscr.
Π⁴⁵ fr. 5, 2]ϕΟΙϹ[, supplevi || 1–4 Π⁴⁵ fr. 5, 3–6 || 1–3 Π⁴ fr. 83 + 84, 13–15 ||
1sq. Π²⁶ fr. 23 ⊗ Κ[| ЄΓ[(coronis exstat supra v. 1; huc traxit Barrett) || 51–66
Π²⁸ fr. 2

52i 1 schol. Π⁴ *ἐγὼ χρυ*ˢ (= Χρύσ(ιππος ?) G.-H.) || 2sq. schol. *μήποθ᾿ ὁ λόγος*
ἐκ τ[| *ὠκεανοῦ θέμιδος ἐπεὶ κα[* | *πάντας κατείρηκε τούς[* || 3 suppl. G.-H. e
schol. || 4 .[hastae infimum (non Є[); *ἐπι[κα-* ?, cf. schol. || 51 Α[, Λ[, Χ[

δια[

    σκολ[

55   ⁶ ὀξυ[

    χαμ[

    οτι[

    ⁹. [δα-

    φγ[α

60   . λ[

    ¹²πετ[

⟨—⟩

Ἰυγ[γ

ναόν· τὸν μὲν Ὑπερβορ[έοις

   ³ ἄνεμος ζαμενὴς ἔμ⟨ε⟩ιξ[

65   ὦ Μοῖσαι· το⟨ῦ⟩ δὲ παντέχ[νοις

   Ἀφαίστου παλάμαις καὶ Ἀθά[νας

   ⁶ τίς ὁ ῥυθμὸς ἐφαίνετο;

   χάλκεοι μὲν τοῖχοι χάλκ[εαί

   ϑ' ὑπὸ κίονες ἔστασαν,

70   ⁹ χρύσεαι δ' ἐξ ὑπὲρ αἰετοῦ

   ἄειδον Κηληδόνες.

   ἀλλά μιν Κρόνου παῖ[δες

   ¹²κεραυνῷ χϑόν' ἀνοιξάμ[ε]γρ[ι

   ἔκρυψαν τὸ [π]άντων ἔργων ἱερώτ[ατον

)—

59 ad marg. dextr. huius v. fort. trahendum schol. Π⁴ fr. 107 ἐποιήϑη ὁ π]ρῶτος
(sc. ναός) ἀπ[ὸ] δάφνης, δάφνη [δὲ ἐκομίσϑη ἐκ τῶν Τεμπῶν (suppl. Sn. e Paus.
10, 5, 9) || **62** cf. Philostr., Apoll. T. 6, 11, 247 (Apollo templa Delphis aedificavit)
ἑνὸς δὲ αὐτῶν καὶ χρυσᾶς Ἴυγγας ἀνάψαι λέγεται Σειρήνων τινὰ ἐπεχούσας πειθώ ||
63 — 81 Π⁶ || **66 — 70** Π⁴ fr. 90 || **67 — 99** Π²⁶ fr. 22 || **70** sq. Paus. 10, 5, 12 τὰ μέντοι
ἄλλα με οὐκ ἔπειθεν ὁ λόγος ἢ Ἡφαίστου τὸν ναὸν τέχνην εἶναι ἢ τὰ ἐς τὰς ᾠδοὺς
τὰς χρυσᾶς, ἃς δὴ Πίνδαρος ᾖσεν ἐπ' ἐκείνῳ τῷ ναῷ· χρύσειαι δ' ἐξ ὑπερέτου (v. l.
ὑπερῴου) ἄειδον κηλήμονες; Gal. ad Hippocr. de artic. 18, 1 p. 519 Kühn (templi
fastigium) ἀετὸν (καλοῦσι), καθάπερ καὶ ὁ Πίνδαρός φησιν ἐν τοῖς παιᾶσι (ταῖς
πλειάσι codd. : Boe.) χρύσεα δ' ὀξυνπεραι αιτον ἄειδον κληδόνες (= fr. 53) ||
72 — 75 Π⁴ fr. 87

53 Α[, Λ[, Χ[|| **54** σκολ[ι pot. qu. δύ-]σκολ[ο sim. || **57** Ι[sim. || **58** Α[, Λ[, Χ[, Κ[||
58 sq. Sn. e schol. || **59** Ν[pot. qu. Ι[, Μ[|| **60** fort. ΒΛ[|| **61** Π vel ΤΙ | Τ[pot. qu.
Υ[, Χ[|| **60** sq. sententia fuisse vid. ἔπειτα δὲ ᾠκοδόμησαν τὸν] πετ[εινὸν καὶ τὸν τῶν]
Ἰύγ[γων χαλκοῦν] ναόν, cf. Paus. 10, 5, 9 et 11 | πετεινὸν vocare vid. P. τὸν περί-
πτερον || post **61** paragr. add. Sn. || **62** ῑ vel Τ | Γ[, Ι[sim. | ιυγ[certum esse vid.
sec. Lobel; suppl. Sn. e Philostrato || **63** suppl. Hunt || **64** ἔμειξ[ε σὺν ὑμῖν Sn.;
Paus. 10, 5, 9 quidem de hoc templo dicit : πεμφϑῆναι ... ἐς Ὑπερβορέους φασὶν ...
ὑπὸ τοῦ Ἀπόλλωνος || **65** ΤΟΝ : Hunt || **65** sq. et **68** suppl. Hunt || **70** ΑΕΤΟΥ Π⁶ ||
ἐξ ὑπερέτου Paus., οξυνπεραι αιτον cod. Gal. || **72** MIN Π⁶, NIN Π²⁶ | legit et
suppl. Lobel || **74** ἔργον Π⁶Π²⁶ : corr. in utraque | suppl. Hunt

Γ΄? ΣΤΡ γλυκείας ὀπὸς ἀγασ[ϑ]έντες,
76 ὅτι ξένοι ἔφ[ϑ]⟨ι⟩νον
    ³ἄτερϑεν τεκέων
    ἀλόχων τε μελ[ί]φρονι αὐδ[ᾷ   ϑυ-
    μὸν ἀνακρίμναντες· επε[
80 ⁶λυσίμβροτον παρϑενίᾳ κε[
    ἀκηράτων δαίδαλμα [
    ἐνέϑηκε δὲ Παλλὰς ἀμ[
    ⁹φωνᾷ τά τ᾽ ἐόντα τε κα[ὶ
    πρόσϑεν γεγενημένα
85 . . . . . .]ται Μναμοσύνᾳ[
        ¹²   ]παντα σφιν ἔφρα[σ.ν
ΑΝΤ   ⌣]ᾳιον δόλον ἀπνευ[__⌣
         ⌣_] . γὰρ ἐπῆν πόνος
         ³⌣__] . ἀρετα[ ]
90   ⌣⌣_] καϑαρὸν δ[.] . [
        ⌣⌣ .]ουτ᾽ ὀξύτατον[
         ⁶__⌣] . αινᾶς αδα[
            ] . ωπου· ἵναο[
        ⌣⌣_   ]σαφὲς εν . [
95 ⁹   ]ν . . [
        __⌣   ]ᾳγω . [
            ] . ει . [
        ¹²   ] . ω . [

76 Athen. 7, 36 p. 290E . . . τῶν παρὰ Πινδάρῳ Κηληδόνων, αἳ κατὰ τὸν αὐτὸν τρόπον ταῖς Σειρῇσι (cf. μ 42) τοὺς ἀκροωμένους ἐποίουν ἐπιλανθανομένους τῶν τροφῶν διὰ τὴν ἡδονὴν ἀφαναίνεσθαι ‖ 79 sq. fin. Π⁴ fr. 143 (Lobel)

75 C[, O[, E[, Θ[, suppl. Sn. | TEC· Π⁴ ‖ 76 [·]ΥΝΟΝ : Lobel ‖ 78 suppl. Lobel | post μελίφρονι finis periodi? an μελίφροσιν αὐδαῖς numero plur. inusitato? ‖ 79]C· ΕΠΕ (vel E) Π⁴ | E[vel O[Π⁴ | ἐπέ[ων δὲ Sn. ‖ 80]ĀΙΚΕ[Π⁴, E[, vix O[Π²⁶ | κε-[φαλᾷ, κε[λαδήσει? ‖ 81 ΔÁΙΔ | [μένεν vel sim. Sn. | ‖ 82 ἀμ[οιβάν? ‖ 83 suppl. Lobel; κα[ὶ τὰ? ‖ 85 ἅ τ᾽ ἔσσε]ται (Lobel), vel ὅσα τ᾽ ἔσ]ται | Μναμοσύνα . . . ἔφρα-σεν (Lobel) vel Μναμοσύνα[ς κόραι . . .] ἔφρασαν vel Μναμοσύνα[ν διὰ . . .] ἔφρασεν sc. Pallas? ‖ 86 ΕΦ | suppl. Lobel ‖ 87]Α quod metro aptius vel]Λ | παλ]αιὸν Sn. | ἀπνευ[στοῦσα dubitanter Sn., cf. ἀιστόω ‖ 88]Υ pot. qu.]X,]K? | ἐκ το]ῦ? ‖ 89]Γ,]Τ pot. qu.]Ξ,]Z ? ‖ 91 Ý ‖ 92]Γ,]Τ pot. qu.]Z,]Ξ,]K | ÁC | αἰ-νᾶς, vix καινᾶς ‖ 93]P,]C,]Τ sim. | Πω : Πˢ, fort. ἀνθρώποι᾽? | ἵνα ο[ί vel ἵν᾽ ἀο[ιδ ‖ 94 P[pot. qu. I[, Φ[sim. ‖ 95 NC pot. qu. NE ? ‖ 96 A[, Δ[, Λ[, X[‖ 97]I sim. | Λ[, A[, Δ[‖ 98]Γ,]Τ,]K sim. | Φ[pot. qu. ω[

4*   43

ΕΠ 99   ]ασ . [

. . .

desunt vv. 100−111 ⊗?

i. e. descriptio quarti templi a Trophonio et Agamede Ergini filiis
aedificati. huc trahenda videntur:

ἀλλ᾽ οὕτως ⟨ὦ Ἄπολλον⟩ ἔπεμψας χρησμοὺς εἰς Ἐργῖνον

103?   ⁵ _ _ _ υυ _ ἐπὶ Θήβας

ξίφος ἑλκόμενον υσ

*   *   *

loco incerto inserendum e Π²⁶ fr. 29

110?   ]ν ϊ

desunt vv. ca. 6 (i. e. pae. 8, 111−8 a, 5?)

]ν·

VIIIa = fr. 52i (A)

10   _ _ . _ . ꙍ̣[

_υυ _υυυυ _

_υυ _υ _|

_ . _υυυ _ _

_ _υ _ _υυ _[   ] _

100−111 reliquiae recuperatae e schol. Π⁴ fr. 82 col. 1 et Π²⁶ fr. 29 ‖ schol. Π⁴
fr. 82 col. 1 supra v. 106 (?) : [τῷ δὲ Ἐργίνῳ ὁ θεὸς ἔχρ]ησεν μαντευομένῳ·

₁Ἐργῖνε, Κλυμένοιο πάι Πρεσβωνιάδαο
ἐ₁ξῆλθες γ₁ε₁νεὴν δ₁ιζήμενος, ἀλλ᾽ ἔτι καὶ νῦν
ἱστοβοῆϊ γέροντι νέην περίβαλλε κορώνₗην (cf. Paus. 9, 37, 4).

ὁ δὲ Πίνδαρ[ος λέγει ὅτι ἔχρησε ταῦτα α]ὐτῷ ὁ θεός, ἡνίκ[α] π[α]ῖ[δας αὐτῷ γε-
νέσθαι ἐπεθύμησεν?] ἑλκό₁μενον· τόν ποτε ἑλκυ₁σάμενον (ἔλευ[falso legerunt
G.-H.). schol. in marg. v. 107 (?) scripta in versibus brevioribus: δασμὸν ἀ]πήτει
ἀναιρε[θέντος το]ῦ πατρὸς Κλυ[μένου   ] καὶ ὁ χρη[σμὸς προύτρ]εψε στρατεύ[εσθαι
ἐπὶ Θή[βας (suppl. G.-H., Robert, Sn.); cetera scholia ad pae. 8 a, 3 pertinere vi-
dentur ‖ schol. Π²⁶ fr. 29, 1−8].[.] ἐκπεσόντος χρησμοῦ Ἐργίνῳ στρατευομέν(ῳ)
ἐπὶ Θήβας ἑτέρου[· | ² λέγει] γ(ὰρ)· ἀλλ᾽ οὕτως τῷ Ἐργίνῳ ἔπεμψας χρησμοὺς
τῷ ἐπὶ τὰς Θήβας[| ³ἑλκ]υσαμένῳ τὸ ξίφος, ἀν(τὶ) στρατεύσαντι· τὸ γ(ὰρ) ἑλκό-
μ(εν)ον ἀν(τὶ) ἑλκ[υσ]άμ(εν)ον [εἴ]ρηται. | ⁴_ _ Κλύμ̣](εν)ον ἀναιρεθῆ(ναι) . . . . . ων
μ(ὲν) ὑπὸ Περιήρους, Ἑλλάνι(κος) δ[ὲ _ _ | ⁵ _ _ υ̣]πό τινος Καδ[μείων?] ϰ[(ατ᾽)
Ὀ]γχηστὸν (?) μαχόμ(εν)ον (cf. Paus. 9, 37, 1), Ἐπιμενίδη[ς] | ⁶δ᾽ ἐν ξ̄ Γ̱ε[νεαλογ]ιῶν
ὑπὸ Γλαύκου ἐρίσαντα τῷ ζεύγει τ . [| ⁷δύο δὲ πόλ]εμοι ἐγένο(ντο), ὁ μ(ὲν) Κλυ-
μένου ἀναιρεθέντο(ς), | ⁸ὁ δὲ τοὺς ἐπὶ] δασμὸ(ν) π[(αρ)]όντ(ας) Ἡρακλέο(υς) ἀκρω-
τηριά[σαντος (suppl. Lobel, Mette cf. Apollod. 2, 68)

99 ‖[sim.

15   ∪∪ . ∪ . _∪_[

          . _∪_∪_ . [

          ʔ̓∪_∪∪_∪∪[_

          .]∪_∪∪__[_

          ∪_∪__∪∪_[∪_

20   ∪__∪∪∪ . [

          ∪∪_____[

          _∪___∪∪ . [

          ∪∪_∪∪_∪ . [

⊗? 1?   ]πας

    2?   ]

    3?   ]ις

              * * *

    7?   ]ν ταχὺ[ς

    9?   ]ν πνευσ[

Π⁴ col. 44 10 σπεύδοντ᾽, ἔκλαγξέ[[ν]] ⟨ϑ᾽⟩ ἱεϱ[

          δαιμόνιον κέαϱ ὀλοαῖ-

          σι στοναχαῖς ἄφαϱ,

          καὶ τοιᾷδε κοϱυφᾷ σά-

          μαινεν λόγων· ὦ παναπ.[εὐ-

      15 ϱ[ύ]οπα Κϱονίων τέλει[[σ]] σ[

          π[ε]πϱωμέναν πάϑαν α[

          νικα Δαϱδανίδαις Ἑκάβ[

          . .] ποτ᾽ εἶδεν ὑπὸ σπλάγχ[νοις

          φέϱοισα τόνδ᾽ ἀνέϱ᾽ · ἔδοξ[ε γάϱ

      20 τεκεῖν πυϱφόϱον ἐϱι[

52i (A) 1 et 3 Π⁴ fr. 82 col. 1, 7 et 9 ‖ 8sq. Π⁴ fr. 96 (huc traxit Wil.) ‖ **10—25** Π⁴ fr. 82 col. 2

52i (A) 1—9 huc pertinere vid. schol. Π²⁶ fr. 29, 9—13 λοιμοῦ κα]τασχόντ(ος) Λακεδαιμ(ονίους) ἔχϱη(σεν) ὁ θεὸς Με[νελάῳ | ¹⁰ θύειν Λύκῳ καὶ Χι]μαιϱεῖ (-ϱηι Π) ποϱευθέντι εἰς τὴ(ν) Τευκϱίδ[α | ¹¹ _ ὑπ᾽ Ἀλεξάνδϱου] ἐξενίσθη καὶ αὖθις ἐπὶ τὸ χϱηστή(ϱιον) ἤ[λθον (vel ἤ[κουσιν) | ¹² ὁ μὲν πεϱὶ παίδ]ων γονῆ(ς), ὁ δ(ὲ) π(εϱὶ) τῆ(ς) Ἑλένη(ς) ἁϱπαγῆς χϱησόμ(εν)ος (suppl. Lobel); cf. schol. E 64, schol. Lycophr. 132 et 136 ‖ 3 schol. Π⁴ fr. 82 col. 2, 10sqq.]ον ἔχϱηζε | ἑ]κάτεϱος |] . ψ . . το εκ[.]χε( ) ‖ 7 schol. Π⁴ fr. 96 θϱασύς ‖ 8 id.] Ἀλέξανδ[ϱον?

52i (A) 8sq. sententia fort. haec : [Κασάνδϱα δ᾽ εἰς αὐτὸν (sc. Alexandrum) κότο]ν πνεῦσ[ε ναυσὶ] σπεύδοντα ‖ 10 ΤΕΙΕ | ἱεϱ[ᾶς κόϱας Robert ‖ 14 ΜΑΙΝΕ Πⁱ, Ν add. Πˢ | ΛΟΓΟΝ Πⁱ : Πˢ | ΠΑΝ | ΠΙ[pot. qu. ΠΕ[? | πανάπειϱον G.-H., παν-άπιστε Sn. ‖ 14sq. vel βαϱύοπα (Maas) ‖ 15 ΤΕΛΕΙC̣ i. e. τέλει, sed τελεῖς schol. | σ[ὺ νῦν τὰν πάλαι G.-H. ‖ 16sqq. ἁ-|νίκα Δ. Ἑκάβ[α φϱάσεν ὄψιν | ἄν]ποτ᾽ G.-H. ‖ 20 ἐϱι[σφάϱαγον vel ἐϱι[βϱεμέταν Robert

PINDARVS

Ἑκατόγχειρα, σκληρᾷ [
Ἴλιον πᾶσάν νιν ἐπὶ π[έδον
κατερεῖψαι · ἔειπε δὲ μ[
...] .´ [.]ᾳ τέρας ὕπνᾳ[λέον
25   .....]λε προμάθεια

Π⁴ col. 45?

(a)
α]νδρος ὅτ[
]τρη κα[
]ος οὐ λυτ[
ὑ]περτάτᾳ ι[
5   ]᾽ου[
...

(b)
]
] . ανδ[
]σπάρ[
]αδιος · ι[
5   ] . · ε[
...

(c)
...
πεμ[
.]δομ[
.] . θυ[
...

(d)
...   5   ]τον[
]αιν[   ]απ[
]ιππ[   ]
]ᾳς[...
]εμ[

VIIIb = fr. 52i (B)

(a)
...
] . ερ[ ] . [
] . εισον[
] . τοι τότε . [
παι]ᾱνά τ᾽ ἔπορσα . [
5   ]παιὰν εἰσ[
]τε προοιμ[
]τον Ὀλυμπ[
Ἀ]πολλωνι[

(b)
...
] . . [
]αλᾳ . [
] . νδ[
] . [
5   ]ακα[ ]ευτ . . [
]   [
]λον ·   [
...

(a) Π⁴ fr. 86 ‖ (b) Π⁴ fr. 92 ‖ (c) Π⁴ fr. 88 ‖ (d) Π⁴ fr. 91 ‖ (B) (a) Π⁴⁵ fr. 1 ‖ (b) Π⁴⁵ fr. 2

21 -ΤΌΝΧΕΡΑ : Πˢ | [δὲ βίᾳ G.-H., δ᾽ ὕβρει vel δ᾽ ἁρπαγᾶι Sn. ‖ 23 Μ[, Τ[, Ν[, Υ[vel sim. | μ[άντις Schr. ‖ 24 σὺν δίκ]ᾳ Schr. ‖ 24sq. ἀλλ᾽ ἔσφα]λε Sitzler ‖ (a) 1 fort. Ἀλέξα]νδρος (Lobel) | ΌΤ[‖ 2 Χιμα]ιρῆι? (Lobel) ‖ 3 ΟΫ ‖ (b) 2 Ἀλε]ξ-ανδ[ρ? (Lobel) ‖ 3 ΆΡ[, fort. Σπάρ[τα (Lobel) ‖ 4 Διός· G.-H. ‖ (B) (a) 2]Ρ possis ‖ 4]ᾶΝΆ ‖ 5 titulum esse ci. Lobel ‖ (b) 2 ΑΟ[vel ΛΩ[‖ 5 ΤΙΛ[, ΤΥΧ[possis | κα[ὶ] εὖ τι λ[εγ- ?

```
          ] . τα λίαν δ[
10        ] . ον τί μο . [                    (c)
          ] . . [ ]ω γὰρ χ . [
          ἐ]πιβάταν α[                        . . .
          ] . ο . [ ]τον δ[              ] . . [
          ]ε . [ . . ]ν με[              ]βα[
          ] . . . [                      ] . . γεν[
              . . .                      ] . εγ [ ] [
                                    5    ]ανα . [
                                         ]ν      [
                                         ]μαριπ[
                                         ] . σ . ς τε γηρα[
                                         ]ησ[ . . ] . . . [
                                   10    ] . . [ . ] . τ[ ]σ[
                                         ] . ὤντ . [
                                         ]νοσομ[
                                         ]ορ. [ ] . [
                                         ] . . [
```

(d)   **(e)**   **(f)**

```
                              . . .              . . .
    ]με . [          ] . . [                ]ε[ ] . [
    ]νηρ[            ] . [ . ]τι[ ]ωνι . [   ] . σᾶι . . [
    ]ν    [          ] . ἐωι ἐπ[ ]κωμιο[     ]έξει . . [
    ] .   [          ]π . [     ] . οισιν . [ ]σήρᾱ[
5   ]ος εν φ[    5   ]λος     [          5  ] . [ ] [
    ]νπα'ι'ο[        ]βροτων[                  . . .
    ]εραπο[          ]αι·
    ] . . [          ] . υ . [
      . . .            . . .
```

(c) Π⁴⁵ fr. 3 ‖ (d) Π⁴⁵ fr. 4 ‖ (e) Π⁴⁵ fr. 6 (a) + (b) ‖ (f) Π⁴⁵ fr. 7

(a) 9 ⊢]ΤΑ ΛΊΑΝ ut videtur (ἔν]τα ?); huc trahendum Π⁴ fr. 162]νταλιαν . [sec. Lobel ‖ 10 ΤΊ ‖ 12 ΤĀΝ ‖ (c) 2 Α[vel Λ[‖ 3]ΡΙ possis ‖ 7 ÀΡ ‖ Π[pot. qu. ΓΝ[, ἀριπ[ρεπ- ? ‖ 12 χθο]νὸς ὀμ[φαλ- e. g. Lobel, cf. fr. 54 ‖ 13 Ο[pot. qu. Ε[‖ 14]ΤΡ[possis ‖ (d) 2 ἀ]νήρ ? ‖ 7 ϑ]εραπο[ντ- Lobel e. g. ‖ (e) 3 ἐπ[ι]κωμιο[Lobel ‖ 4]ΤΟ vel]ΓΟ ‖ 8]ϹΥΤ[,]ΕΥΠ[sim. ‖ (f) 2 ΓΑ[, ΠΛ[sim. ‖ 3 Έ ‖ τ]έξει ? ‖ 4 Ἥρα[ς ?

IX = fr. 52k (anno 463)

[*ΘΗΒΑΙΟΙΣ ΕΙΣ ΙΣΜΗΝΙΟΝ*]

metrum: aeolicum

ΣTP

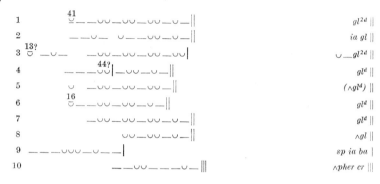

1	*gl²ᵈ* ‖
2	*ia gl* ‖
3	∪ —*gl²ᵈ* ‖
4	*glᵈ* ‖
5	(∧*glᵈ*) ‖
6	*glᵈ* ‖
7	*glᵈ* ‖
8	∧*gl* ‖
9	*sp ia ba*	
10	∧*pher cr* ‖|

ΕΠ

1 ∪∪—⟨∪∪—⟩∪∪∪——∪∪—∪—| ∧*pher〰 gl* | ?

A′ ⌊Ἀκτὶς ἀελίου, τί πολύσκοπε μήσεαι,
    ὦ μᾶτερ ὀμμάτων, ἄστρον ὑπέρτατον
    ³ἐν ἀμέρᾳ κλεπτόμενον; ⟨τί δ'⟩ ἔθηκας ἀμάχανον
col. 2 · ἰσχύν ⟨τ'⟩ ἀνδράσι καὶ σοφίας ὁδόν,
    5 ἐπίσκοτον ἀτραπὸν ἐσσυμένα;
    ⁶ἐλαύνεις τι νεώτερον ἢ πάρος;
    ἀλλά σε πρὸς Διός, ἱπποσόα θοάς,
    ἱκετεύω, ἀπήμονα⌋

52k 1—10, 13—21 Dion. Hal., Demosth. 7 (1, 142 U.-R.) ταῦτα . . . τοῖς Πινδά-
ρου ποιήμασιν ἐοικέναι δόξειεν ἂν τοῖς εἰς τὸν ἥλιον εἰρημένοις, ὥς γ' ἐμοὶ φαίνεται·
ἀκτὶς — τέρας· πολέμου δὶς ἅμα — μεταπείσομαι (= fr. 107) ‖ 1—10 Philo de pro-
vid. versio Arm. 2, 97 Auch. ‖ 1—5 cf. Plut. mor. 931 E Θέων ἡμῖν οὗτος τὸν Μί-
μνερμον ἐπάξει . . . καὶ τὸν Πίνδαρον ἐν ταῖς ἐκλείψεσιν ὀλοφυρομένους· ἄστρον
(τὸν codd. : Boe.) φανερώτατον κλεπτόμενον, καὶ μέσῳ ἅματι (ἅμα τὴν codd. : Leo-
nicus) νύκτα γινομένην, καὶ τὴν ἀκτῖνα τοῦ ἡλίου σκότους ἀτραπὸν [lacuna] φά-
σκοντας

52k 1 μῆσθε : μήσεαι Bl., ἐμήσαο Bgk. ‖ 3 suppl. Diehl ‖ 4 ἰσχὺν πτανὸν ἀνδρ. :
Bl. ‖ 5 ἐπίσκοτον Mˢ Arm., ἐπίσκοπον Mⁱ, -πτον B, -πτερ P | ἄτροπον ἐσσαμένα :
Io. Gottl. Schneider ‖ 6 ἐλαύνεις M, -νει B, -νειν P ‖ 3 ἱπποσθαθοὰς : ἱπποσόα
Bgk.², θοάς Bl.

⁹ εἰς₁ ὄλₗβον τινὰ τράποιο Θήβαις,

10 ὦ πₗότₗνια, πάγκοινον τέρας

    ⌣]ρα[‗⌣⌣‗⌣⌣‗⌣⌣‗⌣‗]

    [‗‗⌣‗⌣‗‗⌣⌣‗⌣‗]

    ³ ᴐ]ῶνός [‗‗], ₗπολέμοιο δὲ σᾶμα φέρεις τινός,

    ἢ καρποῦ φₗθίσιν, ἢ νιφετοῦ σθένος

15 ὑπέρφατον, ₗἢ στάσιν οὐλομέναν

    ⁶ ἢ πόντₗου κενεώσιας ἄμ πέδον,

    ἢ παγετὸν χₗθονός₁, ἢ νότιον θέρος

    ὕδατι ζακότₗῳ ῥέον,

col. 3   ⁹ ₗἢ γαῖαν κατακλύσαισα θήσεις

20 ἀνδρῶν νέον ἐξ ἀρχᾶς γένος;

    ὀλοφύ⟨ρομαι οὐ⟩δέν, ὅ τι πάντων μέτα πείσομαι₁

    (desunt vv. 22–33 = ep. 2–10, str. B′ 1–3)

B′   ³ [× ‗⌣‗‗⌣⌣‗⌣⌣‗⌣⌣ δείματι]

col. 4   ἐκράνθην ὑπὸ δαιμονίῳ τινί

35 λέχει πέλας ἀμβροσίῳ Μελίας

    ⁶ ἀγανὸν καλάμῳ συνάγεν θρόον

    μήδεσί τε φρενὸς ὑμ[ε]τέραν χάριν.

    λιτανεύω, ἑκαβόλε,

    ⁹ Μοισαίαις ἀν[α]τιθεὶς τέχνα[ι]σι

40 χρηστήριον . [.]πωλοῠτ[. ˙ (.)]ι

    ἐν ᾧ Τήνερον εὐρυβίαν θεμίτ[ων ⌣‗

    ἐξαίρετον προφάταν ἔτεκ[εν λέχει

    ³ κόρα μιγεῖσ᾽ Ὠκεανοῦ Μελία σέο, Πύθι[ε.

    τῷ] Κάδμου στρατὸν ἂν Ζεάθου πό[λιν,

· 45 ἀκερσεκόμα πάτερ, ἀνορέας

    ⁶ ἐπέτρεψας ἕκατι σαόφρονος.

    καὶ γὰρ ὁ πόντιος Ὀρσ[ιτ]ρίαινά νιν

9–18, 34–49 Π⁴ fr. 126–128

9 τρόπ.: Sylburg ‖ 11–13 ἦρ᾽ ἀτασθαλίαισι κοτεσσαμένα βροτῶν | πάμπαν μὲν οὐ θέλεις ἐξελέμεν φάος | αἰῶνος ἀγνόν, πολέμοιο δὲ κτλ. e. g. Schr. ‖ 13 ΑΙ]ῶΝΟC[vel (.)..]ὸΝΟϵ[| πολεμοῦ δισᾶμα : Scaliger (σᾶμα) et G.-H. ‖ 16 κενέωσιν : Schr. | ᾶμ] ἀλλά : Herm. ‖ 18 ἱερόν : Schr. ‖ 19 θήσει : Barnes ‖ 21 suppl. Herm. ‖ 33 e. g. Wil. ‖ 38 ϵΚΑΤΑΒΟΛϵ : Πᵖᶜ ‖ 40 fort. ˙[ ]Πῶ vel]ΤΑ ? | de]ι vix dubitandum | ὤπολλον τεόν dubitanter G.-H.; expectes ἐπιέναι, κελαδῆσαι vel sim. ‖ 41 ποτέ G.-H. ‖ 42 ἔτεκ᾽ ἄνθεῖ Theiler ‖ 44 ἀν] καὶ : Wil. ‖ 47 ΠΟΝΤΟC : Πˢ | suppl. Lobel, [ΟΤ] longius spatio

περίαλλα βροτῶν τίεν,

49 ⁹Εὐρίπου τε συνέτεινε χῶρον

(desunt reliqua)

X = fr. 521

(a)

(b)

```
  . .]κε[                                        ]
  καὶ χ[                                         ]
  ἐνάτα[ ˌεἰς ποταμόν τιναˌ      ˌΕἰκάδιοςˌ      ]
  Στυ[γὶ ˌσύνδετονˌ                              ]
5 βέν[                              5            ]
  ἅπας στ[. . . δαϊ]ξομ[ένων                    ]ν ὁμώνυμο[
```

col. 2

```
  γναμπτ[                                        ]ς
     ψαντες αι[                                  ]
  πατὴρ δεπ[                                     ]
10 καὶ χρυσο[                          10        ]
  ἀγήσεται · τ[                                  ]ν
  πολιάοχ[ο
  ἀστοῖσι τε[
  ξενοκαδ[
15 τακ[
  ―
  εστα[
  ἐμον τ[
  τὶν μὲγ[ πά]ρ μιν μ[
  ἐμὶν δὲ πὰ[ρ] κείνοι[ς
20 ζευχθεῖσα π[ρ]οβώμ[ιος
  υἱὸν ἔτι τέξ[ε]ι · τὸν απ[
  κλυτομάντιες τῷ δ[
```

XI = pae. 8, 63 sqq.

---

521 Π⁴ fr. 129–135 ‖ 19 ἐμὶν schol. Aristoph. av. 930 χλευάζει . . . μάλιστα τὸν Πίνδαρον συνεχῶς λέγοντα ἐν ταῖς αἰτήσεσι τὸ ἐμίν (= fr. 298)

521 (a) 3sq. Sn. e. schol.: ᾽τινὰ᾽ λέγει Πηνειόν· [᾽σ]ύνδετ[ο]ς᾽ λ[έγετα]ι [ὅτ]ι ἔσχε συνάφειαν τῷ Τιταρησίῳ, [ὃς ἀ]πόρροιαν ἀπὸ Στυγὸς ἔχει ‖ 5 βέν[θ G.-H., sed possis etiam -|βέν[‖ 6 Sn. e schol. : ἀπομερισθησομένων τα[— —] καὶ ἀγνισθησομένων ‖ 12 ΑΟΧ[‖ 20 ΒωΜ[‖ 21 Τ[vel Π[(b) 3 Sn. e schol. Π⁴ fr. 134 : ἰκαδ-[ιο- ?] et]οσ/ εἰκάδιος Ἀρίσ(ταρχος)

50

XII = fr. 52 m

[ΝΑΞΙΟΙΣ ΕΙΣ ΔΗΛΟΝ?]

metrum aeolicum

```
 2  .]‿υ‿υυ‿‿ |
    . . ‿υυ . [ ]‿υυ . [
    .]υ‿υ‿‿υυ‿‿‿[ |
 5  ‿‿υ‿υ‿υυ‿[. ‿
    ‿υ‿υυ . υ‿υυ‿[ |
    ‿‿υυ‿υ‿‿ |
    ‿υ‿υ . ‿υ‿υ[ |
    υ‿υυ‿ . ‿‿υ‿ . [ |
10  ‿υυ‿υυ‿ |
    υυ‿υυ‿υυ‿‿υ‿‿[ |
    ‿υυυ . ‿ |
    ‿‿υυ‿υυυ‿‿ |
    ‿‿υυ‿‿‿υυ‿υυυ‿[
15  . υυ‿υυυ‿‿υυ‿ |
    ‿‿υ‿υυ‿υυυ‿υυ‿[ |
    υ‿‿υυ‿υυ‿υυ‿ . [. .
    υυ‿‿υ . [. .]
    . ‿‿‿υ‿‿υυ |
20  . υυ‿υ‿ . [
    .] . ‿υυ‿‿‿ . [
     ] . υυ . [
```

∧hipp |
hipp || ?
∧hipp ba | ?
hem = ∧wil |
pherᵈ ba || ?
crᵕ sp | ?
∧pherᵕ ba |
∧pher choᵕ cr | ?
choᵕ cr cho | ?
∧wil ∧wil | ?
ba cr cr || ?

```
        ]με[. . . . . .  ]ωνιο[
    . . .] . οισιν ἐννέ[α Μοί]σαις
    .]αλαδαρτεμι . [. .] . ωϊονασ[
    . .]χος ἀμφέπο[ισ᾽ ἄν]θεα τοια[ύτας
```

52m 1–25 Π⁷ fr. 1 + fr. 3 + fr. 17 + fr. 52 + 3 nova frr. (coni. Lobel, P. Oxy. 26 p. 13 = fr. 1)

52m 2]Λ,]Κ ? *io-*[πλό]*κοισιν* Sn., cetera Lobel || **3** M] lacunam expleret | Α[pot. qu. Δ] sec. Lobel, qui Ἀρτεμία[ι prop.; Ἀρτέμιδ[G.-H. fort. recte |]Γ,]Τ pot. qu.]Λ,]C sim. | ωϊ | Λα]τώϊον Ἀσ[τερία e. g. Lobel, siquidem λέ]χος legitur || **4** λέ]χος G.-H., quod paullo longius spatio esse putat Lobel qui μεί-|λι]χος praefert | suppl. Lobel, fin. G.-H., Sn. | ὸΙΆ

PINDARVS

5 .]ὑμνήσιος δρέπῃ· θαμὰ δ᾽ ἔρ[χεται
Να]ξόθεν λιπαρoτρόφων θυσί[α(ι)
μή]λων Χαρίτεσσι μίγδαν
Κύ]νθιον παρὰ κρημνόν, ἔνθα [
κελαινεφέ᾽ ἀργιβρένταν λέγο[ντι
10 Ζῆνα καθεζόμενον
κορυφαῖσιν ὕπερθε φυλάξαι π[ρ]ονοί[ᾳ,
ἁνίκ᾽ ἀγανόφρων
Κοίου θυγάτηρ λύετο τερπνᾶς
ὠδῖνος· ἔλαμψαν δ᾽ ἀελίου δέμας ὅπω[ς
15 ἀγλαὸν ἐς φάος ἰόντες δίδυμοι
παῖδες, πολὺν ῥόθ[ο]ν ἵεσαν ἀπὸ στομ[άτων
Ἐ]λείθυιά τε καὶ Λά[χ]εσις· τελέσαι δ᾽ ολ[
κα]τελάμβανον . [. . .]
. .]εφθέγξαντο δ᾽ ἐγχώριαι
20 ἀγ]λαὸς ἇς ἀγ᾽ ἔρκε[.] . . . [
. . .] . αραντοταρακταινοντογ[.] . [
. . . . . .] . [. . . . . .] . ι φυγον ἄνδρα[
]ηρεσορ . [. . .]
] . . . [
. . . .
(25?)   ]φα . [
                                        ]ανεν . ει[||
                                        ]μολοι . α . [·]πολλάκις[
                                        ]ναι· ||
                                        ]π . [||
(30?)   . . . ||]τιν
                                                    |] .
                                              . . .

26—30 (pars sinistra) Π⁷ fr. 2 et novum fr. (coni. Lobel ib. p. 14) ‖ 28—31 (pars dextra) Π⁷ fr. 4; non sine dub. hic coll. Lobel ib. p. 14

5 .]Υ G.-H., Sn.; Υ Lobel | P[pot. qu. Φ[(Lobel) | [χονται vel [χεται Lobel ‖ 6—8 init. suppl. G.-H., sed angustiora spatia esse putat Lobel, vix recte ‖ 6 [αι Lobel ‖ 11 suppl. Lobel ‖ 14 ὠδῖνας Πˢ | ἔλαμψε : Πˢ | ὅπω[ς Maas ‖ 17 ΤΕΛΕϹΑΙ, non ΤΕΛΕΙΑΙ | ὄλ[βον θέλουσαι Sn. ‖ 20 ἇς (= ἕως) Wil. | 21]Χ,]Λ,]Α | χαρὰν(?) τότ᾽ ἄρ᾽ ἄκταινον vel ἀκταίνοντο Lobel | Γ[, Π[, Ι[|]Ι[,]Τ[,]Υ[,]Ρ[sim. ‖ 22]C[,]Ο[,]Ε[sim. |]Π,]ΓΙ,]ΤΙ ?, s. l. lit. incerta ? ‖ 23 ΡΕC vel ΡΕ[.] e ΡΑC correctum | Ο[, Ε[, C[, ω[? ‖ 25 C[, Ο[, Ε[, Θ[? ‖ 26 ΥΤΕ ? ‖ 27 CA vel ΓΑ ? ‖ 29 fort.]ΠΟ·[vel]ΠΟ¨[

52

(a)

. . .

]ν σοφ[
]ε . . νιαν π[
]ᾶγε προφα[
Λ]ατοϊδαιν[|]ν·
5 .]εξια[. . .] . [|]
.]δαπ[. . .]λων . [
.]μοσω πολυσέπτ[
?___ .]εινοτοιτεκεπαλ[
.]προσοδοντ̣ . . . . . . [
10 . .] . ε χορὸν ὑπερτατ̣[
. . .]χαριν λ[.] . . . τ̣εκ[
. . π]έμπει· μ . λοι κα[
] . . ντας οἴγειν[

. . .

(b)   (c)   (d)

. . .   ]ϑ̣α̣ν[.] . [. . .
] . [   ]ωρϑ᾽ ὑποκρ[   ]ινα . . [
μᾶν[   ]ωσομεν γ[κ]ίϑαριν τ[
νμ . [   ]ἔϑνος αιδ[   ]λεμον π[
μα . [   ]μεχρ[. .] . ε̣[   ]ηνιμε[
5 ελπι[. . .
εξειν[
ἄλα[
γον[

. . .

(a) Π⁷ fr. 37 + 43 + 44 coniunxit et 5 nova frr. add. Lobel, P. Oxy. 26 p. 16 (= fr. 11) ‖ (b) Π⁷ fr. 36 + 53 coni. Lobel (ib. p. 16 = fr. 10) ‖ (c) Π⁷ fr. 46 + novum coni. Lobel (ib. p. 17 = fr. 13) ‖ (d) Π⁷ fr. 48 + duo nova coni. Lobel (ib. p. 17 = fr. 14)

(a) 1]N pot. qu.]A | C pot. qu. Є ‖ 2]Є pot. qu.]C | (·)PA, TA sim. ?]οὐρανίαν? δυ]στανίαν? ‖ 4sq. fin. non sine dubio huc trahit Lobel Π⁷ fr. 74 ‖ 4 ï ‖ 5 δ] ? |]N[? ‖ 6]δ᾽ Ἀπ[όλ]λων brevius ? | N·[, Π·[, ΓO[sim. ‖ 7 ὁ]μόσω, ἐ]μὸς ὤ? ‖ 8 sub 8 paragr. ? | K] ? ‖ 9]Π,]T,]Γ sim. | T·Є vel T·C | YC[, TO[sim. ‖ 10]TЄ,]ΓЄ sim. | T[fere certum ‖ 11 Λ[Ι]Є, Λ[Y]C vel ΛΛ, tum I, Γ, N sim. | T[vel Γ[‖ 12 OΛ vel ЄΛ ‖ 13]ΓO,]TЄ sim. ‖ (c) 1]ΘAN[,]OΛI·[, OΔI·[sim. ‖ (d) 1 PΘ[, ΓO[, TЄ[sim. ‖ 2 suppl. Sn. ‖ 3]Λ,]A,]Δ, πό], ἰά]? ‖ 4 NI pot. qu. Λ sim. ?

(e)

. . .

]κινδυν[
]νεφελα . ε[
] . κατεργω[
] . . . . . [

. . .

*XIII = fr. 52n

metrum: dactyloepitr.

(a)

ἥρωΐ τε βω[μὸν
τῳ τανδε[
    δωκεν · οπ[
πόντοιο [
5 Παλλάδα [
 .]έπτοι τ[. . . . ()]ωσαι λειπ[
 σὺν παντ[. . . . ()]ωτερον α[
 ὕμνων ερ[. . . ()]γοριαις
 θάλλο[ν]τι [. . . . . ()]τῳ προς[
10 πολυηρατο[. . . . . . ()]εκα[
⟨ANTICTP.?⟩ νῦν . . . ανθ[
 νυμφαν συ[
    θυ[ο]ιαίγιδ' αμ[
 ἱστάμεναι τελ[ca. 10 ll.]
15   δων ταννᾱ[. . . .] σὺν κτύπῳ [(— —) ◡— ἀν-
    δησάμεναι πλ[ο]κάμους

(e) Π⁷ fr. 68 + novum coni. Lobel (ib. p. 17 = fr. 16) ‖ 52n Π⁶; Π⁷ fr. 6 = (a) 8–10 init.; dubium an paean sit, constat enim nunc Π⁷ non modo paeanas continere ‖ fort. huc pertinet Ps.-Plut. de mus. 15, 1136c (ex Aristoxeno, fr. 80 W.): Πίνδαρος ἐν παιᾶσιν ἐπὶ τοῖς Νιόβης γάμοις φησὶ Λύδιον ἁρμονίαν πρῶτον διδαχθῆναι (fr. 64) et Ael. v. hist. 12, 36: εἴκοσι (Νιόβης παῖδάς φησι) Πίνδαρος; Gell. n. Att. 20, 7; schol. Bacchyl. fr. 20D, 6 (fr. *65); Servius ad Verg. Georg. 1, 31 generum pro marito positum (i. e. γαμβρός) . . . Pindarus ἐν τοῖς παιᾶσιν (fr. 9)

(e) 2 ΓΕ[pot. qu. ΡΕ[, ΤΕ[sim. ‖ 3]Ν,]ΗΙ sim. ‖ 4]Ν,]ΛΙ sim.? | ΠΑΝ[, ΠΛΥ[sim. ? ‖ 52n (a) 3 Π[vel Γ[| 4 Π vel Γ | [μέδοντα καὶ Zuntz ‖ 6]έ | ἐ-|ρέπτοι Sn. ‖ 8]Γ,]Τ,]Π | ἐρατῶν ἐν εὐαγορίαις Zuntz ‖ 11 ΝΥΝ : ΝΥΜ Πˢ | fort. ΦÂΝ ‖ 13 ΓΙΔ' | verbum θυίαιγις agn. Lobel | in fine χορόν Zuntz ‖ 14sq. τέλεσαν ποδῶν Sn., χορδῶν Zuntz ‖ 15 Ā[.] [ταναχέϊ Zuntz ‖ 16 ΔΗϹΕΜ : Πᵖᶜ | suppl. Sn.

μύρτων ὑπ[. . .] σφιν ἔγειρον [
αἰθέρι᾽, ἑλικ[. . . .] δὲ πορφυ-
ρέᾳ σὺν κρόκ[ᾳ . .]τιν ἀεὶ πρ[
20 ενανπγκιεν[. . . . .]μῳ σελᾳ[
ἐν δαιτί τε πα[. . . . . .]ει μακαρ[
ἔνθεν μὲν ἀρ[. . . . .]ατων Ὀλυ[μπ
ταν πολέμου[. . . . .]ν
σαμάντορι [
25 ἐγ χρ[

(b)

]ς ἐχθρῶν ὁμιλήσειε[.]ᾳ-
]ιρατον πάτρας ἑκάς
]λέρας[ ]
  χ]εῖρας ἀραιάς
5 φ]έρτατος ἀνθρώπων φ[◡—
  ο]ὐκ αἰσχρὸν πάθοις
  ]σις ἀνανύτοις εὗρεν
  ]ιαν αἶσαν·
  ]
10]νθυπορήσαν[.]
  ]θ[.]φ[. .]ν προκρίνοι[
  ]ση καλεῖν
  ]ει τις ἄτερθεν [
  ]κασ[. . .]
15] . . δε θυμῷ
  ]ενει κατεβα[
  ]
  ]
  ]ων ὁπότε
20]ύοντές νιν ἐκ

---

17 Π[vel Τ[pot. qu. Μ[| ὑπ[ο καί] Sn. | ϹΦΙΝ Π^{ac}, ϹΠΙΝ Π^{pc} | [φθέγματα Sn. ‖ **19** ΤΙΝ vel ΠΙΜ | ΑΕΙ vel ΛΕΙ ‖ **20** ΠΕΚ Π^{ac}, ΠΥΚ Π^{pc} ‖ **22** Ρ[, Π[, Μ[sim. ‖ **25** ΕΝ vel Ε[Ι]Ν | Ρ[pot. qu. Ι[, Ν[sim. ‖ **(b)** si quidem fr. (b) post fr. (a) ponendum est, finis antistrophae post v. 5 ‖ **1** ΕΚΧΘΡ ‖ **2**]Ι vel sim. | εὐηράτου Zuntz ‖ **3**]Λ,]Α,]Χ,]Κ | ΕΡ | fr. 295 huc trahit Turyn ‖ **4**]ΟΙ,]ΕΙ,]ϹΙ | suppl. Bowra | ΑΡΑΙΑϹ ‖ **5** φύσιν Zuntz ‖ **7** ΡΕΝ[vel ΡΕΝ ‖ **10**]Υ,]Χ,]Κ | ΥΠ pot. qu. ΑΤ | ΡΗϹ | εὐθυπορήσαν-|τ . . Bowra, Zuntz ‖ **11** ΚΡ[Ε]ΙΝ | Ι[, Ν[sim. ‖ **14**]Κ pot. qu.]Χ ‖ **15**]ΤΙ ? ἑκόν]τι Zuntz ‖ **16** Α[vel Λ[‖ **19**]ῳ pot. qu.]Ο ‖ **20** πορε]ύοντες vel sim. expectes propter metrum

PINDARVS

(c)

. . .

]ιν τοία τις ἐμ[＿＿◡＿
]σαι σταθεισαι[
]ν
] . αις ὀλολυγαῖς [ ]
5] . ἔμαθον δ᾽ ὅτι μοῖραν [＿◡＿
]λλα ἐπλα[. .] . [.]παθα[
]ς ἕδραι θε[. . . .]ιον[
]εσχοντολ[. . .] .
] . ει καὶ νῦν τέρας δι[
10]γονουτουν ἀμπελ[
]ιατων οὐδ᾽ Ἀχελωιο[
]
]ιναν μναμ᾽ ἔτι του[
]οντεσσαμφ[. . .]γ[
15]εδ᾽ ἀμφ[
]εσποτ[
]ιτεμ[
]ω ναε[
19] . [

. . .

(g)

. . .

]σιωνε[
]τ᾽ Ἀχιλλῆα [
]ν ἐστιν[

. . .

]χαν νέμειν ·
]
]σαν
]ων κύριοι ·
25] . .

(d)

. . .

] . . συκρ[
]σα τουτρ[
] . εις πε[
]κρυον · ὦναξ[
5]ς ρεωτερο[
]τεραν [
]νη · κα[
]ε · καὶ τα[

(e)

. . .

ἐνν[
πατρ[
δεπ[
ἐν κλ[
5 θ[

. .

(k)

. . .

]θε . [
]ῶ · συ. [
]ας [
]ξενω . [

(b) 21]X pot. qu.]K ‖ 23]C pot. qu.]T,]Γ ‖ (c) 2 A![vel A|· ‖ 3]N pot. qu.]A! ‖ 4 fort.]YAIC ‖ 5]'. ∈ ? | N[vel M[‖ 6 ΛᾹΙ | ΑΙΠΛΕ[Πᵃᶜ, ΕΠΛΑ[Πᵖᶜ | fort.]π᾽ ἀθα[νατ ‖ 7 Ε[vel O[‖ 8 Λ[, Δ[|]Υ,]P ‖ 9]A,]Δ,]Λ,]X,]K ‖ 10]γον οὔτ᾽ οὖν, i. e. οὔτ᾽ ὦν Lobel | Λ[, A[‖ 14 alterum C del. Πᵖᶜ et suprascr. ΟΠΙΘΕϹ . [. . . .]A! | γαρύ]οντες ὀπὶ θεσπ[εσί]α Erbse ‖ 15]ΕΔ᾽ vel]CΔ᾽ ‖ 17]IT pot. qu.]Π ‖ 18 Ε[, Θ[, O[‖ (d) 1] . . C vel] . . O, fort.]O[I]COYKE[‖ 4 Ξ[pot. qu. Z[‖ 6 N[, Π[sim. ‖ 7 ἐφά]νη · ? ‖ 8 A[vel Λ[‖ (e) 4 Λ[vel A[‖ 5 Θ[vel Ε[‖ (g) 2]T,]Γ ‖ 3]NΕC,]ΛΙΟC,]ΑΙΘΕ sim. ‖ fragmenta exilia (f), (h), (i) hic omisi (cf. Herm. 75, 1940, 188) ‖ (k) 1 O[, ω[, C[sim. ‖ 2 Δ[pot. qu. Z[‖ 4 I[vel N[

56

5]ρϑεν · [
⠀⠀]ᾳ · [
⠀⠀]αλεις [
⠀⠀]οται · [
⠀⠀]ς · ⠀⠀[
10]ίᾱι [

. . .

*XIV = fr. 52 o

ΕΠ?

−10 ⎯⎯◡⎯◡◡⎯◡ . [
−9 ⠀⠀◡◡⎯◡⎯⎯◡ . [
−8 ⠀⠀⎯◡⎯⎯◡◡⎯⎯[|
−7 ◡⎯⎯⎯◡(◡)⎯[|
−6 ⎯⎯◡⎯◡◡⎯ . [
−5 ⠀⠀◡◡⎯⎯◡⎯|
−4 (◡)⎯◡⎯◡◡⎯
−3 ⎯◡ . ⎯⎯◡ . [
−2 ⎯⎯◡◡⎯⎯ . [
−1 ◡◡⎯◡◡⎯◡⎯ . [. ‖|

. . .

col. 1 ⠀⠀8 ⠀⠀⠀⠀⠀⠀⠀⠀]ρ̣δει
⠀⠀⠀⠀⠀⠀⠀⠀* ⠀* ⠀*
⠀⠀⠀⠀⠀11 ⠀⠀⠀⠀⠀⠀⠀]χειν .
⠀⠀⠀⠀⠀⠀⠀⠀* ⠀* ⠀*
⠀⠀⠀⠀⠀13 ⠀ ⌊ο̣ὕτ̣' ἐχϑρὰ στάσις⌋ ?]
⠀⠀⠀⠀⠀⠀⠀⠀* ⠀* ⠀*
⠀⠀⠀⠀⠀15 ⠀⠀⠀⠀⌊διὰ⌋ ⠀⠀⠀⠀⠀]
⠀⠀⠀⠀⠀⠀⠀⠀* ⠀* ⠀*
⠀⠀⠀⠀⠀20 ⠀⠀⌊ἐν ἀοιδᾷ⌋ ⠀⠀⠀]
⠀⠀⠀⠀⠀⠀⠀⠀* ⠀* ⠀*

52 o Π²⁹ fr. 1 col. 1 et col. 2, 1 – 15 ‖ 37 – 40 Π⁷ fr. 30 + 65 + novum v. 1 – 4 (coniunxit Lobel P. Oxy. 26 p. 15 fr. 8)

5]Ο vel]ω̣, non]C ‖ 7 in marg. κᵗ ‖ **52 o** col. 1 8 ЄI vel ЄI˙ ‖ 11 post N aut interpunctio aut littera incerta ‖ 13 in marg. . . . ε . ϑρα στάσις · οὐ βιαία̣, οὕ(τως) τιν(ές), lectio incertissima, pro ϑρα fort. βρα; dub. suppl. Lobel ‖ 15 i. m.]τὴν διὰ πρόϑ(εσιν), ἵν' ᾖ[‖ 20 v. l. in marg., fort. ἐν ἀοιδαῖς in textu erat (Lobel)

22   ἑ]ταίρους

· · ·

desunt vv. non minus 3

col. 2   26   δ[. . . . . .] . . υ πόλιν χαλκέᾳ[
                  ϑ[   ]σ ἴ[. . .]ρό . [
                                 ]ετ . [ ] . [.] . [
                  . [   ] . αϑυ[
           30   ] . λᾳ . . α . [. .] . γ . [ ] . [
                  εὐδοξίας δ᾽ ἐπίχειρα δε[
           −9   ϑε· λίγεια μὲν Μοῖσ᾽ ἀφα . [
                      μων τελευταῖς ὀαρίζε[ι
                      λόγον τερπνῶν ἐπέων [
           35   −6 μνάσει δὲ καί τινα ναίο[ν-
                      ϑ᾽ ἑκὰς ἡρωΐδος
                      ϑεαρίας· βασανι-
           −3   σϑέντι δὲ χρυσῷ τέλος . [
                      γνώμας δὲ ταχείας συν[
           40   σοφίᾳ γὰρ ἀείρεται πλει[⊗

*XV = fr. 52 p

Α[Ι]ΓΙΝΗΤΑΙΣ ΕΙ[Σ] ΑΙΑΚΟΝ

metrum aeolicum

ΣΤΡ

       1   ‿‿‿‿‿‿——‖   pher ‖
       2   ×‿‿‿‿‿‿—| ʌwil |
       3   ‿——‿‿——‿[
       4   ——‿‿—‿‿—‖[wil | [?
       5   ‿—.‿.—‿[
       6   ‿—‿‿—‿[

22 suppl. Lobel ‖ **26**]ΝΟΥ,]ΑϹΥ sim. | Κ ᾽ Ạ ‖ **27** Θ[vel Є[|]Ϲ pot. qu.]Ο sim. ? | fort. Κ[‖ **30**]ΑΛ,]ΛΛ sim. |]·ΓΟ[,]·ΤЄ[sim. ‖ **31** ΙᾹ | ΠΊΧ | δ[έξαι τη-λό-]‖ϑε vel sim., cf. ad v. 35 ‖ **32** ΘЄ· ΛΊΓ | ΟΙ̂Ϲ | Γ[pot. qu. Π[vel Ρ[, vix ΙΤ[| ἄφαρ [ἐν κώ-]‖μων e. g. Sn. ‖ **33** ΤΑΙ̂Ϲ | ΡΊΖ | suppl. Lobel ‖ **34** [φέροισα Sn. ‖ **35** ΚΑΊ | ΝΑΊ | suppl. Lobel; sc. Pindarum qui ipse non adest in hac ‘theoria’ ? ‖ **36** Θ᾽Ё | ῐ᷅ ‖ **37** ΑΡῙ́ | Ϲ· ‖ **38** Μ[, vix Λ[, Χ[sim. μ[ανύεται Sn. cf. Bacchyl. fr. 14 et 33 ‖ **39** συν[ετῶν κρίσις vel sim. ? ‖ **40** ΦΙᾹΙ | Ι[sim. | πλεῖ[στα vel πλεῖ[στ᾽ ἀρετά (cf. N. 8, 41) Sn., πλει[στάκι van Groningen

7 ∪ _ _ (∪) _ ∪ _ [∪ . .

8 ∪∪ _ ∪∪ _ ∪ _ _ [. ||| ∧gl _ [|||

EII deest siquidem extitit

A'   Τῷδ᾽ ἐν ἅματι τερπνῷ
     ἵπποι μὲν ἀθάναται
   ³Ποσειδᾶνος ἄγοντ᾽ Αἰακ[,
     Νηρεὺς δ᾽ ὁ γέρων ἕπετα[ι·
   5 πατὴρ δὲ Κρονίων μολ[
   ⁶πρὸς ὄμμα βαλὼν χερὶ [
     τράπεζαν θεῶν ἐπ᾽ ἀμβ[ρο
   __ἵνα οἱ κέχυται πιεῖν νε[κταρ   . .
     ἔρχεται δ᾽ ἐνιαυτῷ   (a)]οτ[
  10 ὑπερτάταν [.ᵛ.]ονᾱ   ]εμ[
   ³. [   ] . [
                                 . . . .

(b)

            . . .
            . [
           . . [
       __στ·. [
         ὑπέρ . [
   5   κ . . [.]ον . [
         . [. .]′. . ε[
         . . .] . ἀρον[
         . . .] . μεν[
         . . . .]εεδ[
  10   . . .]′ τερ[
            . . .

52p Π²⁹ fr. 1 col. 2, 16–26 || 1–4 Π⁷ fr. 30 + 65 + novum (fr. 8, 5–8 Lobel,
Pap. Oxy. 26 p. 15) || 6sq. Π⁷ fr. 69 (Lobel ib. p. 18) || (a) Π⁷ fr. 45 ex eadem
parte papyri sec. Lob. || (b) Π²⁹ fr. 2

52p 3 Τ᾽ | Αἰακ[όν vel Αἰακ[ῷ Ψαμάθ(ει)αν vel Αἴγιναν vel Αἰακ[ίδᾳ Θέτιν
Sn. || 4 suppl. Lobel | 5 μολ[οῦσι πελάζει Lobel, μολ[οῦσιν εὔφρον e. g. Sn. || 6 [φί-
λα δέχεται e. g. Sn. || 7 [ροσίαν, [ρόταν, [ρότων Lobel || 8 ΙΝΑΟΙ | suppl. Lobel,
sed Є[incertissimum || 10 Ÿ | ΑΤΑΝ | ΝᾹ || 11 Ι[, Μ[sim. || (b) 1][, Ν[, Η˙[, Ρ[? ||
2 Ο·[, Θ·[, Ϲ·[, Є·[|| 3 Ι[, Η[, Ρ[sim. || 4 έ | Ω[? | ὑπ᾽ ἔρω[τος Sn. || 5 fort.
ΚΑ·[| ΝΔ[, ΝΞ[| και[ν]ὸν δ᾽ Sn. || 6 Ο[, Є[, Θ[pot. qu. Ϲ[| ΓЄ[, ΤЄ[, ΠЄ[sim. ||
7]Π ? || 8]ΙΜ ?

5*   59

*XVI = fr. 52q

1   ]‿ . [

2   ]∪‿∪‿ . |

3   ] . ‿∪‿∪‿|

4   ]∪‿∪∪ . |

5   ]∪∪∪‿‿|

6   ∪ . ∪‿ . ‿

7   ‿∪∪‿∪∪‿ . |

8   ]‿‿

} ia pher^d |

. . .

. . . .]ρνδ᾽ ἐφ[

. . . .]ν ἄναξ Ἄπολλον

. . . .]α μὲν γὰρ εὔχομαι

. . . . .]θέλοντι δόμεν

5   . . . .]ι δύναμις ἀρκεῖ·

κατεκͺρίθης δὲ θνα-

τοῖς ἀγαͺνώτατος ἔμμεν

. . . .]μα[.]νατ[. . .] . οιναρ

. . .

*XVII = fr. 52r

(a)

] . θενι . [

]ννυ[ν] [

]μόν᾽ Ὀλυμ[π

52q Π²⁸ fr. 3 ‖ 6sq. Plut. de E 21 p. 394 B πρὸς (Ἀπόλλωνα) Πίνδαρος εἴρηκεν οὐκ ἀηδῶς· κατεκρίθη δεονατοῖς ἀγανώτατος ἔμμεν; def. orac. 7 p. 413 C κατεκρίθη δὲ θνατοῖς ἀγ. ἔμ. ὥς φησιν ὁ Πίνδαρος; adv. Epic. 22 p. 1102 E ὁ δ᾽ Ἀπόλλων κατεκρίθη θνατοῖς ἀγανώτατος ἔμμεναι ὡς Πίνδαρός φησι (= fr. 149) ‖ **52r** (a) Π²⁶ fr. 6, quod supra (b) = fr. 7 ponendum esse putat Lobel; v. 1 fort. initium columnae; fr. 7, 18 (= pae. 18, 11) fort. fin. columnae; quae omnia si vera sunt, inter (a) 9 et (b) 1 desunt vv. ca. 12, nam e fr. 14 (pae. 7a sq.) apparet singulas columnas huius pap. ca. 39 vv. continuisse

52q 1 Δ᾽ | sententia fort.: κλῦθι, εἰ καὶ πρότερον λαὸν τόνδ᾽ ἐφίλεις vel ἐφύλαξας Sn. ‖ 2]N pot. qu.]ι sim. ? ‖ 3 Ý | 4 θυμῷ] Sn. | É ‖ 5 ὧν σο]ι Sn. ‖ 6 κατεκρίθη (δὲ) Plut. (sc. Ἀπόλλων) ‖ 7 ω̇ | É ‖ 8]μά[ρ]νατ[Lobel |]˙̄., vix]Ē,]Ō | P vel Y pot. qu. I ‖ 8 ναρ-[θη Erbse ‖ **52r** 1 πα]ρθενια[vel νικ[legi posse vid. ‖ 3 MÓN | ἁγεμόν᾽ Ὀλύμπιον e. g. Lobel

] . τον οὐ ῥητ[ὸ]ν[
5   ]λυγιαις φυτευο[
οὐ]ρανομάχεα[
]ν τοῦτο βαλλεμ[
]ὰν βαθύ[.]λ . [
9   ]συ[

. . .

desunt vv. fere 12?

(b)

. . .

22?   − 6   ]εω[
           − 5   ]ωιγ[
           − 4   ]ν ἀέρι[
25?   − 3   ] ΄. τε παιηόνων[
           − 2   ]φοριᾶν πεταλ[
           − 1   . . . .]ε[. . .]   ⊗

XVIII = fr. 52 s

A]$ΡΓΕΙΟΙΣ$ . . [. .]$Σ$ $ΗΛΕΚΤΡΥΩ$[N . . .

metrum aeolicum? dactylis obstare vid. v. 8

ΣΤΡ   _]_⏑⏑_⏑⏑_| wil | ?
           ⏑⏑]_⏑⏑_⏑⏑ . [.   ∧pherᵈ?
        3 _⏑⏑_⏑⏑_⏑ . [
           (.) . _̲]_⏑⏑_⏑ . [
           . .]_ _⏑⏑_⏑⏑_[.
        6   ]⏑⏑_⏑⏑ . ⏑[
              ]⏑⏑_⏑⏑_|

(b) Π²⁶ fr. 7, 1–6 ‖ 52 s Π²⁶ fr. 7, 7–18

4 suppl. Lobel ‖ 5 (δι)ω]λυγίαις sc. ἀοιδαῖς sim. Lobel ‖ 6 MÁ | suppl. Lobel |
sc. δόξαν vel τιμάς Lobel cf. Isthm. 4, 12; Py. 4, 69 ‖ 7 fort. ÉM[i. e. βαλλέμ[εν
(Lobel) ‖ 8 fort. βαθύ[κο]λπ[ο (Lobel) ‖ (b) 22 fort. ἒ ‖ 23 Γ[pot. qu. Ρ[, Ι[‖
24 ᾹΈΡ | Ι[sim. ‖ 25]ΆΤ,]ΈΓ ? |΄ Ο ‖ 26]Φ vel]Ρ | νικα] Lobel, καὶ δαφνα] Sn.,
cf. P. Oxy. 841 fr. 48 | ᾹΝ ‖ 27]ε[,]Θ[,]C[,]Ο[? ‖ 52 s inscr. OYC : OICᵖᶜ |
suppl. Lobel | ΕΙΣ [ΤΑ]Σ ΗΛΕΚΤΡΥΩ[ΝΟΣ ΘΥΣΙΑΣ vel ΕΟΡΤΑΣ? Sn.

]‿◡◡ – –|

⁹]◡◡–◡◡–◡ . |

]‿◡◡–◡◡–◡ . [

Α' Ἐν Τυν]δαριδᾶν ἱερῷ
τεμέ]νει πεφυτευμένον ἄ[λσος
³ἀνδ]ρὶ σοφῷ παρέχει μέλος [
. . . .] . ν' ἀμφὶ πόλιν φλεγε[
5 . . . .]ν ὕμνων σέλας ἐξ ἀκαμαν[το . . .
⁶ . . . . .]ι[.] ΄ μενος οὔ κεν ἐς ἀπλακ[
. . . .]ερι[.]αρδανίᾳ
] . ι οἷά ποτε Θήβᾳ
]τε καὶ ἁγ[ί]κα ναύλοχοι
10]ήλασαν [ἐ]ννύχιον κρυφα[
]λεκ . [. . . . . .] . . [.]

XIX = fr. 52t

. . .
]ρον[
] . νον[
3] . ιδετ[⊗
3a]ΑΡΙΟΙΣ [ΕΙΣ . . .
]επρ[
5 ⊗] ÷ . [
. . .

52t Π²⁶ fr. 16

1 ἐν Sn., Τυν] Lobel | ΔΑ͂ΝΪ ‖ 2 Lobel ‖ 3 Lobel ‖ 4 fort.]ω | Ν' | ΠΟΛ ‖ 5 ΑΝ[i. e. adiectivum compositum, cf. pap. Bacchyl. 5, 180 ἀκαμαντοροαν, suppl. Lobel ‖ 6 ΟΥ | sententia secundum Sn. μυθησόμενος οὔ κεν ἐς ἀπλακίαν πέσοιμι ὡς ἔρισαν περὶ Δαρδανίᾳ ἤ . . . οἷά ποτε Θήβᾳ ἐγένετο πάλαι, tum ad ναυλόχους Τηλεβόας transire videtur, qui Electryonis boves rapuerunt ‖ 7 ΙΑ͂Ι | π]ερὶ [Δ]αρδανίᾳ e. g. Lobel ‖ 8 fort.]:̔ωι | Ο͡ΙΑ͂ | ΘΗΒΑ͡Ι | 9 ΑΝ[| ΑΎ | ναύλοχος hic 'pirata' ? < ναυλοχέω 'navi insidiari' < ναύλοχος 'portus, statio' | suppl. Lobel ‖ 10]ΗΛ | Τηλεβόες ἀπ]ήλασαν Sn., sc. βόας ? | ΧΟΝ : Πᵖᶜ ‖ 11 'Η]λεκτ[ρύων(ος) legi potest (Lobel) |]ΚΤ[? ‖ 11sq. ἐσβάντες 'Η]λεκτ[ρύωνος] κτ[ή-ματα (vel κτ[έ-ατα) Sn. ‖ 52t 1]Ν,]ΑΙ,]ΛΙ ‖ 3]Ο,]Ρ,]Φ ‖ 3a inscr. agn. et suppl. Lobel | Π]ΑΡΙΟΙΣ? de Apollinis cultu Pario cf. fr. 140a, 63, cuius carminis hoc fort. initium

*XX = fr. 52 u

metrum aeolicum

```
 1                         ]— . [
 2                         ] .
 3                         ]— — . . [
 4                    ∪]—∪∪—[
 5                         ]
 6  ∪∪∪[                  —]∪—∪ . |
 7  (.) . . [             ]∪∪∪—∪—[
 8  ∪∪—∪∪——|[      ]
 9  . . ∪ . ∪∪—∪∪—∪ . |
10  . . (.)]—∪—∪∪∪∪— . — . [|
11  . .]—∪∪(∪)—∪∪—∪ . |
12  —∪∪——∪∪—∪——∪—|
13  . (.)]—∪—∪∪∪∪—— . |
14  . . . (.)]∪ . ∪—∪(∪)—∪∪∪ . |
15                    ]∪—∪∪∪—|
16                    ]—∪—∪— . |
17                    —]∪—∪∪—∪ . |
18                    ] . — . |
19                    ]—∪∪—∪——[
20                    ]— . [
21                    ]∪—[
22                    ]—[
23                              ] .
                                . . .
                              ]
                              ]ω . μα . [
         ] . [               ] .
 . [   ]ιτ[                  ] . . οντων βι . [
 . [. .]α[                   ]π' Ἀλκαΐδα . [
5  κ[.] . χ . [             ]
   ἐπαγομ[. . . . . . . . . μορ]μορύξιας
```

52u Π²⁶ fr. 32 col. 1 ‖ 6—10 Π⁷ fr. 31 ‖ 16—19 Π⁷ fr. 139 (P. Oxy. 37 p. 104)

52u 1 fort. ΘΜ | Α .[vel Λ ‖ 3]ΖΕ,]ΞΕ pot. qu.]Ζω sim. | Α[, Λ[‖ 4 ΑΙΔ ‖ 5]ΡΧ,]ΥΧ ? fort. κ[α]υχα[‖ 6 Μ[pot. qu. Ν[| ΥΞΙΑC Π²⁶ | suppl. Lobel | Hercules puer non timuit ἐπαγομ[ένας — —] μορμ. ? (Sn.)

PINDARVS

..μεν . [. . . . .] . [.] δ[ι]ὰ θυρᾶν ἐπειδ[
ὄφιες θεόπομπ[οι   ]
...ζ .. ἐπὶ βρέφος οὐρανίου Διός

10   . . . . .] . [.]νϑ᾽, ὁ δ᾽ ἀντίον ἀνὰ κάρα τ᾽ ἄειρ[ε
. . . . .] χειρὶ μελέων ἄπο ποικίλον
σπά]ργανον ἔρριψεν ἑάν τ᾽ ἔφανεν φυάν
. . . . ὀμμ]άτων ἄπο σέλας ἐδίνασεν.
. . . .] ἄπεπλος ἐκ λεχέων νεοτόκων

15   ]οϑ[.]νόρουσε περὶ φόβῳ.
] . οἶκον Ἀμφιτρύωνος
δεί]ματι σχόμεναι φύγον
] . α πᾶσαι
ἀ]μφίπολ[οι] Κεφ[αλ]λαν[

20   ] . α . [   ]ηρα[
]εσή[
]ᾶν[
] . . ς
. . .

*XXI = fr. 52v

metrum aeolicum

$$1\begin{cases} 5 & \overset{?}{-}\cup-[\\ 13 & -\cup-\cup-[\\ 21 & \cup\cup-[\end{cases}$$

7 Π·Μ ? | ΡΑ̂Ν | ΕΠΕΙΔ[Π²⁶ ΕΠΙ[Π⁷ | Lobel confert Nem. 1, 41 οἰχθεισᾶν πυ-
λᾶν in eadem fabula ‖ 8 ΟΦ | Ε pot. qu. Α | suppl. Lobel ‖ 9 ΥΖ pot. qu. ΙΖ, tum
Ο pot. qu. Ε | βρίζον Sn., de Herc. dormiente cf. e. g. Theocr. 24, 10 et 21 | ΙΟΥ ‖
10]ΝΤ :]ΝΘ᾽ Πᵖᶜ | ἐσσεύο]νϑ᾽ Sn. | ΚᾸΡᾹΤ᾽Ά | suppl. Lobel ‖ 11 νέᾳ τε] Sn. ‖
12 suppl. Lobel | ΕΡΡΕΙΨΕΝ | Ε̄ΑΝΤ᾽Έ | ΥᾹΝ· ‖ 13 in. τῶν τ᾽ vel μέγα δ᾽ e. g. Sn. |
Δ͞Ι͞Ν͞Ᾱ | Ν᾽ ‖ 14 Ἀλκμήνα δ᾽] vel ἁ δὲ μάτηρ] Sn. |]Ά | ΤΌ | 15 Θ[pot. qu. C[? |
]οθεν ὄρουσε vel]ος ἀνόρουσε Lobel, αὐτ]όϑ᾽ ἀνόρουσε Sn. | [Α] spatio aptius |
ΝΌΡ | περὶ φόβῳ vel περιφόβῳ Lobel | ΩΙ· ‖ 16 sententia fort. λείποισαι] δ᾽ vel
ταὶ δὲ κα]τ᾽ (Sn.), sc. ἀμφίπολοι (v. 19) ‖ 17 suppl. Lobel | Ύ | 18]ΛΛ ? | Π͂ΑC ‖
19 ΙΠ̂ | ᾹΝ[| suppl. Lobel e schol. : ἡ Κεφαλλή(νη) πρότερ[ον τοῦ Ἀ]μφιτρύω(νος)
Δουλίχιο(ν) ἐκαλεῖτο· ἦν δ᾽ ὑπὸ τὸν Πτερέλαον· ἀ[πὸ] δ(ὲ) Κεφάλ(ου) τὴν προσ-
ηγορίαν ἔσχ[ε]ν ‖ 20]ΓΑΡ[,]ΤΑΙ[sim. ‖ 21 schol.]ΟΛΟ[‖ 23]ΕΙC ? | schol. ἀν(τὶ
τοῦ) ὑμνη[‖ inter pae. 20, 23 et pae. 21, 1 desunt vv. ca. 16

64

$$
2\begin{cases} 6 & \overset{?}{\smile}\_[\\ 14 & \_\smile\smile\smile\_[\\ 22 & \_\_[\end{cases}
$$

$$
3\begin{cases} 7 & (.)\_\_\smile\smile[\\ 15 & \_\smile\_\smile\smile\_[\end{cases}
$$

$$
4\begin{cases} 8 &]\smile\smile[\\ 16 & \_\_[\end{cases}
$$

5      $\_\_\smile\smile\_\smile\_|$ ∧gl |

$$
6\begin{cases} 10 & \_\smile\_\_\_\_\smile\smile \;.\;[\;| \\ 18 & \_\_[\end{cases}
$$
     wil? |

7      $\smile\_\smile\smile \;|\; \smile\smile\_\smile\smile\_\smile\_ \;|$ ia || ∧gl | ?

8      $\_\_\smile\_\smile\smile\_ |||$ ∧wil |||

     . . . .] . μϱ . [
6 . . . .]ουϱανι[
     ἰὴ ἰ‚ὲ βασίλει‚αν Ὀλυ[μ]πίω[ν
     νύμφαν ἀρι‚στόπο[σ]ι‚ν
5   τϱῦτ᾽ ἐναϱ . . . . [
     λιπεῖν ὅτ . . . [
3 .] ʹ ξων τις εδα . [
     . .] . ι . μακαϱϱ . . [
     ἀλκὰν Ἀχελωῖου
10 6κϱανίον τοῦτο ζάθϱ[ον
     ἰὴ ἰὲ βασίλειαν Ὀλυ‚μπίων
     νύμφαν ἀριστόπι‚ο[σ]ιν.
     ἔσσεται γὰϱ ἁδυ[
     ἀέναος ωϱο . [
15 3ἄστεϊ κτεάϱ[
     ναύταις δ᾽ α . [
     σχήσει πολι . [_\smile_
     6ἄνθϱωπ[ο

52v 1–24 Π²⁶ fr. 32 col. 2 ‖ 3sq. vel 11sq. etc. Π⁷ fr. 83 (P. Oxy. 26 p. 19) ?

52v 2]M,]·O ? | I[, ∧[sim. ? ‖ 3sq. suppl. Lobel e Π⁷ ‖ 4 ΦΑΝ, v. 12 Φ͞ΑΝ, sed v. 20 Φ͞ΑΝ (?) ‖ 5 ΤΟΥΤ vel ΤΟ·ΥΤ ? ‖ 6 ΛΕΙΠΕΙΝ : ΛΙΠΕΙΝ Πᵖᶜ | Τ pot. qu. Χ ‖ 7 ἀέ]ξων e. g. Lobel | Μ[? ‖ 8]Α,]∧ | I[C]M vel IM | PO pot. qu. PA, vix PΩ ‖ 10 Θ·[, Є·[, C·[‖ 13 Α͞Α vel Α͞∧ | de Y vix dubitand. ‖ 14 Ᾱ͞Є | 15 Є͞ϊ | ЄΆ | Ν[, ∧[, Μ[‖ 16 Δ᾽ Ἂ | ∧[pot. qu. Χ[‖ 18 Ά͞Ν

ἰὴ ἰὲ βασίλ‚ειαν Ὀλυμπίων
20 νύμφαν ἀ‚ρισ‚τό‚‚πο[σ]ιν
‒‒‒‒‒‒‒‒‒
ἔτι δ᾿ ἀνδρ .. [.] . [
τοῦτ . ν πρ .. [
³ . . . [
24 η . [

* * *

(27) ἰὴ ἰὲ βασί‚ιλειαν Ὀλυιμπίων
νύμφα‚ιν ἀριστόπο[σ‚ιν.
‒‒‒‒‒‒‒‒‒
]ατοδαμ[

XXII = fr. 52 w

(a)   ]
]καί νιν ὀρει[
]
]ρτῳ τι
]
* * *

(b)] . ος ἴκοιθ᾿ εδ[. .]ν ἑκα[
] . ειμοι τοτε ποικίλον
]μον γλυκεῖ᾿
ύ]μεναίῳ
5]ἀμφιθαλεῖ
] . . βαμεν ἐξ Ὀλύμπου·
]Κ‚ιρονίου Πέλοπος. αἰὼν γὰρ[

27‒29 Π⁷ fr. 24 ‖ ad fin. huius carm. fort. trahendum Π⁷ fr. 84 (P. Oxy. 26
p. 19):   νύμφ]αν ἀ[ριστόποσιν ⊗
⊗ . . .] . ραπ[
52 w (a) Π²⁶ fr. 55 ‖ (b) id. fr. 39 ‖ (a) supra (b) ponendum esse vid. Lobel;
spatium incertum

20 ΦᾶΝ Lobel, sed ΦᾱΝ legi posse vid. ‖ 22 τοῦτον vel τοῦτ᾿ ἐν (ἂν) ‖ **52 w** (b)
1]Λ,]A sim. | ″ι | Θ᾿ |]Ν ?,]Ο | ἑΚ | cf. Ol. 9, 10 ubi ἔδνον Pelopis (cf. v. 7) com-
memoratur; itaque hic ἔδ[νω]ν ἑκα[τι Sn. ‖ 2]Λ,]A ? | τότε vel τό τε (Lobel) |
ποικ. i. e. carmen ? ‖ 3 εῚ᾿ ‖ 4 Lobel ‖ 5 εῖ | schol. ¹λείαι δει[i. e. v. l. ἀμφιθα-
λεία? (Lobel) ²φοροϑ᾿ϑ‚ι . [i. e. -φον, ὁ δ(ὲ) Διδ(υμος)? Lobel ‖ 6 vix]Ν vel]Ι sec.
Lobel; fort.]ΛΕ ? | ΟΥ᾿ ‖ 7 schol. Κρόνιο(ν) ὅτι ἀπὸ Διός, ἢ ὅτι ᾤκη(σεν) [τὸ Κρό]-
νιο(ν) ὄρος ἐν τῷ Ὀλύμπῳ (ἐν Ὀλυμπίᾳ Sn. cf. schol. Ol. 2, 22 a; 3, 41 b) [. . . . .]
Ἴστ[ρος ἐν .] Ἡλιακῶν, ἢ ὅτι Τάνταλο(ς) Πλου[τοῦς] ὑ[ιὸ]ς τῆς Κρ[ό]νου (cf. schol.
Ol. 3, 41 c) ὡς Αὐτ[εσίων ?] ἐν Λυδ[ιακοῖς ? (suppl. Lobel) | ΠΟC᾿ ΑῙ

]ε̣ν οὐρανῷ
]ν πάρα· τόν ποτε
10   ] . τῷ̣ οἱ ἔτει θάνατο . [ ] . [
]ο̣ιεωτ[.]μηθέν . [
] . α . [   ]γα . [
] . [. .]ε̣[ ] . . [.]νποτε[
]μασ[ ]
15   ] . νειμ᾽ ἐρανιστ̣[
πρό]θυρον ἐόν· πό[.]σεναμ̣[
]μ . νιε· . φα[

(c) . . .   (d) + (e) . . .

α . [(d)   ] . [
τὲ . [   ] . λ᾽ ᾱ[
ρ . [   ] . ις[
. λ . [⊗   4a   ] . [
5   [(e) 4b   ] . [.]θατ[
⊗ Νέο̣[5   ]λ . [.]τον̣[
σ̣τ̣[   ] . ειτεμ[.] . [.] . [
. [   ]ὼτον τοδε κᾱ[
μ[   ] . εσσιλν . [.] .· αἰψ[
. . .   ] . . δ᾽ εἰς [Ἀ]χέροντα̣[
10   ] . [. .] . . . [   ]ε̣ . [.]ξε[
]ον βολ̣[
] . α̣ κρ . [
]δωμαινα̣[
]ρ̣οιτοτ[
    . . .

(c) Π²⁶ fr. 65 | (d) + (e) Π²⁶ fr. 75

8]Є,]Г,]Т ‖ 9 ΑΡΑ· ‖ 10]ΥΤ,]ЄΤ,]CΤ | ΟΟ vel ΟŌ | ΕΤ | ΘΆ | Ν[pot. qu. C[? |
] . [fort. schol. ‖ 11]ΟΙ,]ΟΓ pot. qu.]ΟΤ | Τ[Ι]Μ propter spatium ? | ΘΈ | Ν pot.
qu. Λ | Ι[sim. ‖ 12]Π,]ЄΙ sim. | ΑΙ·[sim. |]ΓΑΙ[sim. ‖ 13 fort.]Α[? | ΠΟΤЄ
scriptum litteris minoribus ‖ 15 pot.]Ο quam]Є,]C | de Τ vix dubitandum |
]ένειμ᾽ ἐρανιστ[αῖς? ‖ 16 suppl. Lobel | Ε̄ | Ν· | Ό[, vix Є́[| ΑΜ[, ΔΑ[sim. ‖
17 fort. μάνιε | σφα[λ? ‖ (e) 1 Δ[? ‖ 2 C[sim. ? ‖ 3 Λ[, Ν[, Π[sim. ? ‖ 6 Νέο[ν
μέ]λο[ς] τοῦ[τ Sn. ‖ 8 ω[, ΥΟ[, ΙΟ[, Ο[? ‖ (d) + (e) 2]Α vel]Λ | Λ᾽ Α̂[‖ 3 fort.
]Є ‖ (d) 4a + (e) 4b fort. . . . θατ[(]Ν,]ΑΙ,]ΛΙ,]ΑΝ sim.) ‖ 5 Ο[, Є[, ω[| Υ[vel Ι̣[‖
7 ἐλαχύν]ωτον? ἀρίγν]ωτον? (Sn.) | κᾰ[καρπον vel κᾰ[νιππον Sn., cf. pae. 7 (a), 5
et pae. 4, 14 ‖ 8]Β,]Θ,]Ρ ? | Ο[, C[sim. |]·Ι pot. qu.]Ν, λῦσαι Sn. ‖ 9 suppl.
Lobel ‖ 10]ЄΟ[vel]ЄΡ[‖ 12 fort.]Ρ | ᾹΙ ‖ 13 δῶμ᾽ αἰνα[? ‖ 14]Ω vel]·Ι

(f)

⋯

]ακουρ[
]εσφ[
] . . ατ[
]ετοχ[
5   ]ανη · λα[. .]υσ[
] . ἔπει . [ἀ]καμαγ[τ]ομαχα[
]μιν ἐπα[   ]μνεν[
                   ] ′. [.]ν[

⋯

(g) ⋯

] . . τ[   ] . ρλ[
]ερπ[. .] . [. .]λ . [.] . [
]ἀρηΐφιλον
]λεσσαμενα
5   ]πειρατο γλυκ|υ[
] . [.] ′. φ . . [.] . |αλλ[
]γαρχ . [
]ά . ει
9   ] . [

⋯

(h)]αθανα[
]ερα σε[
] ′. λον
]εδοις . [
5   ]αθεισεν[⊗
    ΑΙΓΙΝΗ[ΤΑΙΣ ΕΙΣ__
⊗   ]Αἰακ[

⋯

(i)]ο δέρκεν ἐπόμοσσ[
]νέτι · τὰν παῖδα δε[
]βρόταν κἀγχερριθ[έτ . .
]εν[. . . .]παρε[

⋯

(k)]τ . [. . .]ια . [
] . ιτ . .
]οδα
]ανους ὑπὸ θεσπεσι[
5   ]τας
]μν . ν τ' ἐπὶ ἔθνε[

(f) Π²⁶ fr. 77 + 78 + 82 coni. Lobel, sed incertum ‖ (g) Π²⁶ fr. 79 + 80 coni. Lobel, sed incertum ‖ (h) Π²⁶ fr. 86 (olim P. Oxy. 1787 fr. 8) ‖ (i) Π²⁶ fr. 87 (olim P. Oxy. 1787 fr. 9) ‖ (k) Π⁷ frr. Berol. (v. p. VI): 1—10 P. Berol. 11677, 10—19 P. Berol. 21114

(f) 5 ἐφ]άνη · λα[βο]ῦσ[α, λα[θο]ῦσ[ι, λα[χο]ῦσ[' Sn. ‖ 6]C˙ vel]Є˙ ? | ΙΑ[, ΙΔ[| suppl. Lobel ‖ 7 κά]μνε Sn. ‖ (g) 1]ΤΙ,]Π ? |]ΟΛ[,]ΡΑ[? ‖ 2]ΛΑ[,]ΛΛ[‖ 4 τε] vel pot. κα] sc. Anteia Bellerophontem vel Hippolyta Pelea vel Demodica Phrixum (cf. fr. 49; Hyg. astr. 2, 20) ‖ 5 (ἐ)]πείρα cf. N. 5, 30 vel (ἐ)]πειρᾶτο cf. P. 2, 34 (utrumque de amore illicito) ‖ (h) 2 ΡΑ, CЄ[‖ 3]˙. pot. qu.]˜ vel]˙: ‖ 4 Ι˙[, Γ[, Π[, Ν[? ‖ 5]Α,]Λ ‖ 6 spatium et ante et post hunc versum | suppl. Lobel ‖ 7]ΑΙ pot. qu.]Ν | fort. huc trahendum fr. 242 (Sn.) ‖ (i) 2]Ν,]Ι sim. | ЄΤΙ˙ | ΑἸ ‖ 3 ΒΡ˙.Τ, ἀμ]? | Α̅ΝΧЄ̀ΡΡΙΘ̣[: expl. Lobel ‖ (k) 1]ΙΑΝ[,]ΓΑΤ[sim. ‖ 6]ΜΝѠΝ pot. qu.]ΜΝЄΟΝ[| ῦ]μνων? | Є[, vix Ο

```
          ]
          ]ον πέδον [
          ]ασαι δ . . [
    10    ]ο̩ναμ[
          ]πόλιν[
          ]ων
          ]
          ]τ̩εφϑιμε[
    15    ] . ιναντ̩ . [
          ]αγονον
          ]ο̩ταν
          ]ι̩κτεν[
          ]ο̩σ[
          . . .
```

53 (25) = pae. 8, 70 sq.

*54 (27)

(τὸν τόπον) ἐκάλεσαν τῆς γῆς ὀμφαλόν, προσπλάσαντες καὶ μῦϑον ὅν φησι Πίνδαρος, ὅτι συμπέσοιεν ἐνταῦϑα οἱ αἰετοὶ οἱ ἀφεϑέντες ὑπὸ τοῦ Διός, ὁ μὲν ἀπὸ τῆς δύσεως, ὁ δ᾽ ἀπὸ τῆς ἀνατολῆς.

*55 (28)

πρὸς βίαν κρατῆσαι Πυϑοῦς τὸν Ἀπόλλωνα, διὸ καὶ ταρταρῶσαι ἐζήτει αὐτὸν ἡ Γῆ.

56 v. pae. 3

57 – 60

⟨*ΕΙΣ ΔΙΑ ΔΩΔΩΝΑΙΟΝ*⟩

metrum: aeolicum

```
   ___∪∪_∪_||              gl ||

   ∪_∪_∪∪_|                ∧wil | ?
```

54 Strab. 9, 3, 6 p. 419; Paus. 10, 16, 3 τὸν . . . ὀμφαλὸν . . . εἶναι τὸ ἐν μέσῳ γῆς πάσης αὐτοί τε λέγουσιν οἱ Δελφοί, καὶ ἐν ᾠδῇ τινι Πίνδαρος ὁμολογοῦντά σφισιν ἐποίησεν ‖ **55** schol. Aeschyl. Eum. 2 ‖ **57–60** dubium, an inserenda inter paeanes sint fr. 57, 59, 60, nam fr. 58 cum fr. 66 coniungi potest (cf. adnot. ad hoc fr.)

9 ΔΙϹ[, ΔΙΕ[pot. qu. ΔΥ[? ‖ **15** Αἴ]γιναν ? | ΤΕ[pot. qu. ΤΟ[vel ΤΑ[vel Π .[‖ **18**]ΙΚ vel]ΙΗ |]ἰῆτε ν[ῦν vel ν[έοι (cf. pae. 6, 121 sq.) vel ἔτ]ικτεν ?

PINDARVS

*57 (29)   Δωδωναῖε μεγασθενές
           ἀριστότεχνα πάτερ
                *   *   *

58 (30) Εὐριπίδης δὲ τρεῖς γεγονέναι φησὶν αὐτὰς (sacerdotes Dodonaeas)· οἱ
δὲ δύο, καὶ τὴν μὲν εἰς Λιβύην ἀφικέσθαι Θήβηθεν εἰς τὸ τοῦ Ἄμμωνος χρηστήριον,
τὴν ⟨δὲ εἰς τὸ⟩ περὶ τὴν Δωδώνην, ὡς καὶ Πίνδαρος παιᾶσιν
                *   *   *

*59 (31)   . . .
                        ] . . εγ . . [   ]
                      ]πάτερ·
    ³(τ)ο]ϑι,?   ] . π᾽ Ἑλλῶν . χρο[
    . . . .]ες ἑορτ[ά·] κατεβα[
5   . . . .]ν γεδα[. .] . (.)ν·[
6   ] . εν μαγ[τ]ήϊον[
                      ]πτυχὶ Τομάρου[
    . . . .]ς ἀμετέρας ἄπ[ο

57 Dio Prus. or. 12, 81 sq. ποιητὴς προσεῖπεν ἕτερος· Δωδωναῖε — πάτερ· οὗτος
γὰρ δὴ πρῶτος καὶ τελειότατος δημιουργός; cf. Plut. praec. ger. reip. 13 p. 807 C ὁ
δὲ πολιτικὸς ἀριστοτέχνας τις ὢν κατὰ Πίνδαρον καὶ δημιουργὸς εὐνομίας καὶ δίκης;
Plut. ser. num. vind. 4 p. 550 A Πίνδαρος ἐμαρτύρησεν ἀριστοτέχναν ἀνακαλούμενος
τὸν (Δία) . . . ὡς δὴ δίκης ὄντα δημιουργόν; Plut. adv. Stoic. 14, 3 p. 1065 E Ζεὺς
καὶ ἀριστοτέχνας κατὰ Πίνδαρον; Clem. Alex. str. 5, 14, 102, 2 (395, 1 St.) ἕνα τὸν
τούτων δημιουργόν, ὃν ἀριστοτέχναν πατέρα λέγει; cf. ad fr. 59, 3 || 58 schol. Soph.
Tr. 172 || 59 Π²⁶ fr. 96 A || 3 schol.]ϑι τόπου ὁριστ[ικ- (Lobel) | schol. Π²⁶
fr. 96 B huc trahit Lobel: [Πίνδαρος Ἑλλοί, Ὅμηρ]ος Σελλοί, Καλλίμα[χος ἀμφό-
τερα·] ῾ἕδρανον Ἑλλῶ[ν᾽ (fr. 675) καὶ ῾Σελλὸς ἐνὶ Τ]μαρίοις᾽ (fr. 23, 3); suppl. Lobel,
Pfeiffer, Sn., cf. Strab. 7, 7, 11 p. 328 πότερον δὲ χρὴ λέγειν Ἑλλούς, ὡς Πίνδαρος,
ἢ Σελλοὺς κτλ.; eadem Et. M. 709, 36; schol. A Π 234 (= fr. 59) || 8 et 11 Dodo-
nam Thebanos τριποδηφορεῖν narrat Ephorus (70 F 119 e Strabone 9, 2, 4 sq., cf.
Procl. Phot. biblioth. 321 b 33 Bekker, schol. Dion. Thr. 450, 19 Hilg.). cf. fr. 66

58 suppl. Brunck || 59 1sq. quomodo cum fr. 57 coniungi possint incertum; με
γα]σθενές) legi posse negat Lobel; . . . . Δωδων₁αῖε μεγχ₁ασϑ₁εϱ₁ές? || 1] . .
vestigia incerta | ∈N vel ∈M | ∈Γ[, ∈P[pot. qu. ∈Φ[, ∈Ψ[|| 2 P· | 3 ∈ vel C |
N· X, N.X, NIX pot. qu. NOX || 4 ἑορτ[ά·] Sn., cum [A] brevius, [AN] vel etiam [AI]
longius spatio vid. | κατέβα[ν vel [μεν Sn., cf. Radt ad pae. 2, 34 || 5]A,]Δ,]Λ ? |
T[? | schol. δ . . ρ . . . . . ἔτεκ(εν); fort. δωρικην legi potest (Lobel) || 6]Λ,]Z ? σόν,
ὦ] Ζεῦ, ? | ∈ vel O | suppl. Lobel || 6sq. vix huc trahi posse dicit Lobel fr. 41 A:
                        ἀψενδὲ[ς
                        ἐφέπετ[αι
7 M:P || 8 ΑΠ[| ἄγων vel ἄγοντες γᾶ]ς vel πόλιο]ς vel χθονὸ]ς, cf. schol. ad v. 12
(Sn.)

70

⁹ . . . . . . φόρμι]γγι κοινω-
10   σ   ]ν πολυώνυμον·
   ἔνθεν μὲν[|τ]ριπόδεσσί τε
   καὶ θυσίαις[|]

. . .

        *   *
           *

*60 (32) οἱ τραγικοί τε καὶ Πίνδαρος Θεσπρωτίδα εἰρήκασι τὴν Δωδώνην

(a) . . .   ⁶ . . . .]οφοῖς[
  .]ινδ . [γ]νωτόν· ἴτ[
  θυμον δ[10 π]άρεδρον[
  εἰ δέ μοι . [⁹ἀ]λλὰ γὰρ τ . [
  γαῖαν τίμ[. .] . ἀκραδι[
5 ³Ζηνί γε πᾶ[.]′. μακ[
  Ἐννοσίδα[ι   .] . ν μητι ′ [
  . . . .]ερτέρᾳ[15]ν . . έβ[
                    . . .

(b)   . . .
col. 1   ]ν[col. 2
    desunt vv. tres
5]ὐπ . . [ ]
        ]
        ]   . . . .
        ]ώων στρατῷ   . . [
        ]   α . [   ]μαι ὀρ[.]
10   ] . .   10   θί[   ]γετρ[.]ν . . [

11sq. init. Π²⁶ fr. 95 ‖ 60 Strab. 7, 7, 10 p. 328 ‖ (a) et (b) Π²⁶ frr. 105 et 107, huc traxit Sn.

9 suppl. Lobel | ΚΟΙΝѠ vel ΚΟΙΝѠΣ | schol. Θεσσαλοι[cf. schol. D ad Π 234 Πελασγία . . . πρότερον ἡ Θεσσαλία ἐκαλεῖτο . . . παρὰ Αἰολέων etc. (Erbse, Beitr. z. Überlieferung d. Ilias-Schol. 257) vel schol. T ad Π 234 de oraculo Thessalorum (Erbse) ‖ 10 κοινω-|[σόμενον χορὸ]ν Sn. | ὤ | Ν˙ ‖ 11 suppl. Lobel ‖ 12 schol. ἀρχ( ) ἀπὸ Θηβ[ῶν, quod ad ἔνθεν v. 11 referri potest, quo v. 8 excipi vid. ‖ 60 (a) 1 ΔΕ[, ΖΑ[, ΞΕ[sim. ? ‖ 2 θυμὸν, τλά-]θυμον Sn. ‖ 3 ΔΈ | Γ[, Π[, Η[, Ν[? ‖ 4 ΤΊ ‖ 5 ΙΓ pot. qu. ΙΤ | Ᾱ pot. qu. Ὰ (i. e. πα[τρὶ? Lobel) ‖ 6 Lobel ‖ 7 ΤΈ ‖ 8 ΟΙ̑, σ]οφοῖς cf. Ol. 2, 85 ‖ 9 ΤΟΝ˙ ’ΙΤ, ἰτ[έον? ‖ 9sq. suppl. Lobel ‖ 11 Α[? ‖ 12]Μ,]Π ? ‖ 13 ′. Ι vel ∶Ν ‖ 14]ΙΝ,]ΗΝ sim. ‖ (b) (col. 1) 5 ΕΡ[? ‖ 8]ѠѠΙ∶]ѠѠΝ Πᵖᶜ | Τρ]ώων (Lobel), ἠρ]ώων Sn. ‖ (col. 2) 8 ΣΥ[, ΟΦ[sim. ‖ 9 ΑΙ[sim. | Ρ[pot. qu. Υ[‖ 10 ΘῙ[

PINDARVS

```
] . ϛ·                πα[                    ] . α̣[
]τήριον              ε̣ . [                  ] . . δἀνα[
]                     υ[                    ]ι̣σκοπαι χοραγ[
]                     τυ . [                ]ε Κυνθίῳ πα[
15  ]            15   νν . [                ο]ὒκ ἐννέπει
```

61 (33)

metrum: aeol. et dimetr.

```
∪ ⏤ ∪ ⏤ ∪∪ ⏤ | ⏤ ∪ ⏤ ∪∪ ⏤ ⏤ ‖          ∧wil | pher ‖
∪ ⏤ ∪∪ ⏤ ∪ ⏤ ⏤ ‖                         ∧hipp ‖
⏤ ∪ ⏤ ∪ ⏤ ∪∪ ⏤ |                          wil |
⏤ ⏤ ∪∪ ⏤ ⏤ ⏤ ∪∪ ⏤ ∪ ⏤ |                  (∧wil) ∧gl |
⏤ ⏤ ∪∪ ⏤ ∪∪ ⏤ |                           wil |
```

τί ἔλπεαι σοφίαν ἔμμεν, ἃν ὀλίγον τοι
ἀνὴρ ὑπὲρ ἀνδρὸς ἴσχει;
οὐ γὰρ ἔσθ᾽ ὅπως τὰ θεῶν
βουλεύματ᾽ ἐρευνάσει βροτέᾳ φρενί·
5 θνατᾶς δ᾽ ἀπὸ ματρὸς ἔφυ.

62 (34)

πωτᾶτ᾽ ἀλκυονὶς λιγυρᾷ ὀπὶ θεσπίζουσα
λῆξιν ὀρινομένων ἀνέμων· συνέηκε δὲ Μόψος
ἀκταίης ὄρνιθος ἐναίσιμον ὄσσαν ἀκούσας.

63 (35) = pae. 2, 5

61 Stob. ecl. 2, 1, 8 (2, 4 W.-H.) Πίνδαρος παιάνων· τί ἔλπεαι — φρενί; Clem.
Alex. strom. 5, 14, 129, 3 (2, 413 St.) τί ἔλπεαι σοφίαν ὀλίγον τοι ἀνὴρ ὑπὲρ ἀνδρὸς
ἔχειν· τὰ θεῶν βουλεύματ᾽ ἐρευνᾶσαι βροτέᾳ φρενὶ δύσκολον· θνατᾶς δ᾽ ἀπο ματρὸς
ἔφυ ‖ 62 Ap. Rhod. 1, 1085 sqq. cum schol. εἴληφε δὲ τὰ περὶ τῶν ἀλκυόνων παρὰ
Πινδάρου· εὐλόγως δὲ ὄσσαν εἶπε τὴν τῆς ἀλκυόνος φωνήν· ὑπὸ γὰρ Ἥρας ἦν ἀπε-
σταλμένη, ὥς φησι Πίνδαρος

11]ΑϹ̇ ? ‖ 12]Τ,]Κ | χρησ]τήριον Erbse | Τ[, .Ρ[? |]Ο·? | ΔΑ̇Ν ‖ 13]ΙϹ,]ΝΕ
sim. | Σκόπᾳ Lobel ‖ 14 fort. ΠΑΡ[πα[ρὰ κρημνῷ Sn., cf. pae. 12, 8 ‖ 15 suppl. Sn. ‖
61 1 εἶναι Stob., om. Clem. : ἔμμεν Bgk. | ἇ̣ Stob. : ἂν cod. Ρ²ᵐ (om. Clem.) ‖
2 ἴσχει Stob. L, ἰσχύει Stob. FP, ἔχειν Clem. ‖ 3 οὐ . . . ὅπως om. Clem. ‖ 4 ἐρευ-
νᾶσαι Stob., Clem. : Boe. | φρενὶ δύσκολον Clem.

72

64. *65 (36. 37) v. ad pae. 13

66 (38)

⟨ΘΗΒΑΙΟΙΣ ΤΡΙΠΟΔΗΦΟΡΙΚΟΝ ΕΙΣ ΙΣΜΗΝΙΟΝ⟩

Θηβαγενεῖς

67 (40)

περὶ δὲ τῆς Δωριστὶ ἁρμονίας εἴρηται ἐν παιᾶσιν ὅτι Δώριον μέλος σεμνότατόν ἐστι

68 (41)

ἐν δὲ τοῖς παιᾶσιν εἴρηται περὶ τοῦ χρησμοῦ τοῦ ἐκπεσόντος Λαΐῳ, καθὰ καὶ Μνασέας
ἐν τῷ περὶ χρησμῶν γράφει· ῾Λάιε Λαβδακίδη, ἀνδρῶν περιώνυμε πάντων᾽

69 (42)

ἐν Πυθοῖ· ἐκεῖ γὰρ ἡ Ἀπολλωνία νάπη, περὶ ἧς ἐν παιᾶσιν εἴρηται

70 (39) + *249b

metrum: dactyloepitr.

D∪D‖ ̲e ̲D|∪ ̲∪∪[

πρόσθα μὲν ἲς Ἀχελωΐου τὸν ἀοιδότατον
Εὐρωπία κράνα Μέλ[α]ν[ό]ς τε {ποταμοῦ} ῥοαί
τρέφον κάλαμον

66 Ammon. de diff. verb. 231 Nickau (= Ephorus FGrHist 70 F 21): Θηβαῖοι
καὶ Θηβαγενεῖς διαφέρουσιν καθὼς Δίδυμος (p. 238 Schm.) ἐν ὑπομνήματι τῷ πρώτῳ
(τοῦ πρώτου Wilamowitz) τῶν παιάνων Πινδάρου φησίν· ῾καὶ τὸν τρίποδα ἀπὸ τού-
του Θηβαγενεῖς πέμπουσι τὸν χρύσεον εἰς Ἰσμηνίου (Valckenaer, Ἰσμηνὸν codd.)
πρῶτον᾽ cf. schol. Pind. P. 11, 5 (ἐν τῷ Ἰσμηνίῳ) πολλὰς ἀνακεῖσθαι τρίποδας· οἱ
γὰρ Θηβαγενεῖς ἐτριποδοφόρουν ἐκεῖσε. cf. fr. 59, 8 et 11 ‖ 67 schol. Pind. O.
1, 26g ‖ 68 schol. Pind. O. 2, 70d (= Mnaseas, περὶ χρησμῶν FHG 3, 157); cf.
fr. 177 ‖ 69 schol. Pind. P. 6, 5c ‖ 70 + 249b: 70 schol. Pind. P. 12, 44a ἐν γὰρ
τῷ Κηφισσῷ οἱ αὐλητικοὶ κάλαμοι φύονται· εἴρηται δὲ καὶ ἐν παιᾶσι περὶ αὐλητικῆς.
249b Ammon. schol. ad Φ 195 (P. Oxy. 2 p. 64) πρόσθα − κάλαμον (sequitur
fr. 326)

70 2 ΜΕΛ[; de Μ non dubitandum;]Ν[incertum, sed vestigiis convenit; suppl.
et del. Wil., sed cf. Eur. fr. in P. Oxy. 31, 2536 col. I 29sq. allatum (= Eur. fr. 556)
et Strab. 9, 2, 18 p. 407

ΔΙΘΥΡΑΜΒΩΝ A′ et B′

I = fr. 70a

[ΑΡΓΕΙΟΙΣ]

]απροδανᾳ[
]ν λεγόντων [
]ιον ἄνακτα [
]λειβόμενον δ . [
5   ]υσε πατέρα Γοργόν[ων
Κυ]κλώπων· πτόλις α . [
]ν ἐν Ἄργει μεγάλῳ . . [
]ποι ζυγέντες ἐρατᾷ δόμῳ
]ντ' Ἄβαντος,
10   ᵢτούςᵢ]λεεν.
CTP.?   εὐ]δαιμόνων βρομιάδι θρίνᾳ πρέπει
]κορυφάν
]θέμεν· εὐάμπυκες
ἀέ]ξετ' ἔτι, Μοῖσαι, θάλος ἀοιδᾶν
15   ]γὰρ εὔχομαι. λέγοντι δὲ βροτοί
]α φυγόντα νιν καὶ μέλαν ἕρκος ἅλμας
ᵢκορᾶνᵢ] Φόρκοιο, σύγγονον πατέρων,
]ν
]ποντ' ἔμολον
20   ] . ιαν {ἑάν}
]ρωμενον·

70a Π⁹ col. 1

70a 1 Δανά[ας vel Δανα[οῦ vel Δανα[ῶν Grenfell ‖ 3 Ἀκρίσ]ιον Grenfell, Λύκ]ιον Lobel ‖ 6 πρόγονόν τε Κυ]κλ. Bury, i. e. Phorcum (cf. v. 17) | schol. : .]αν. ς (Ἀριστοφ]άνης? Mette) ἦν τὸ οἶ. δι' ὅ οἶ· δι' ὅ αὐτῷ. [ἀ]γνοήσαντες δὲ το(ῦτο) ὡς σολοικισμοῦ ὄντος μεταγρ(άφουσιν) εἰς οἶ (suppl. Grenfell, init. explan. Lobel) ‖ 8 ἵπ]ποι Stuart Jones ‖ 10 schol. : τούς· ἐξενίζοντο οἱ Κύκλωπες. Διονυσιακόν ‖ 12 ὕμνων] κορ. Sn. ‖ 15 ὕμμι] Bury, τοῦτο] Sn. ‖ 16 κε Π¹ : κα̣ι Πᵃ | ἕρκος add. Πˢ ‖ 17 schol. : κορᾶν ‖ 20 ΕΑΝ | schol. : απ[.] . ο( ) ἐὰν περισ[σῶς] πρ(οστεθὲν) ἐξ ἀντιστρο(φῆς), v. v. 34

74

]ιον

]

]

ANTICTP. ?   25   ]εραν

(desunt vv. 3)

30   ]ις

]ις

]ασιως

]

]τελεταῖς·

{ˌκενˌ}]έˌάν

35   ] . ναίατο

]μαν θάνατον [

]

]λαις

ΕΠ. ?   ]

II = fr. 70b = Π⁹, fr. 79, *208, *323, *249, 81

K]ΑΤΑ[ΒΑΣΙΣ] ΗΡΑΚΛΕΟΥ[Σ] Η ΚΕΡΒΕΡΟΣ
ΘΗΒΑΙΟΙΣ (post 470)

metrum: dactyloepitr.

ΣΤΡ e × D_e_|²E_D|³d²_E_De||⁴_D|⁵e_D||
⁶d¹|_E_|⁷D_d¹|⁸e × D × ⏑⏑E_|⁹E_d¹|
¹⁰d²d² × E||¹¹e||¹²E⏑e|¹³e_D||¹⁴e_D_|
¹⁵E_e_|||

epodi desunt. notes colometriam vv. 1sq. et 19sq. (cf. ed. Bacchyl.⁸ p. 31*)

A' Πˌρὶν μὲν ἔρπε σχοινοτένειά τ᾽ ἀοιδὰ
διϑˌυράμβων

70b Π⁹ col. 2 || 1.8–11 Strab. 10, 3, 13 p. 469 (e Posidonio ?) Πίνδαρος ἐν τῷ διϑυράμβῳ οὗ ἡ ἀρχή· πρὶν – διϑυράμβων, μνησϑεὶς τῶν περὶ τὸν Διόνυσον ὕμνων τῶν τε παλαιῶν καὶ τῶν ὕστερον, μεταβὰς ἀπὸ τούτων φησί· σοὶ μὲν κατάρχειν, μᾶτερ μεγάλα, πάρα ῥόμβοι κυμβάλων· ἐν δὲ καχλάδων κρόταλ᾽, αἰϑομένα τε δὰς ὑπὸ ξανϑαῖσι πεύκαις || 1–3 Athen. 11, 30 p. 467a (= Aristoxeni fr. 87 Wehrli) καὶ Πίνδαρος δέ φησί· πρὶν – στομάτων (om. διϑυράμβων); eadem fere Athen. 10, 82 p. 455c (= Clearchi fr. 88 Wehrli); Dion. comp. verb. 14 p. 55 U.-R. εἰσὶ δὲ οἱ ἀσίγμους ᾠδὰς ὅλας ἐποίουν· δηλοῖ δὲ τοῦτο Πίνδαρος ἐν οἷς φησι· πρὶν – ἀνϑρώποις (= fr. 79)

23 schol. : λεγό(μενον) ἐπ᾽ ἐπίμαχον || 31 ἀσπ]ασίως G.-H. || 34 schol. : ὁ κεν περισσός cf. schol. ad 20 || 70b inscr.]ΑΤΑ[incertissimum, ΘΡΑC[legi non potest, fort. ΚΑΘ]ΟΔΟ[C | ΛΕΟΥ[pot. qu. ΛΗC[| suppl. Sn.

καὶ τὸ σᾳ̣ν κίβδηλον ἀνθρώποισιν ἀπὸ στομάτων,
³διαπέπ[τ]ανται . . . .] . . . . [
5   κλοισι νέαι̣ [. . . . ε]ἰδότες
οἷαν Βρομίου [τελε]τάν
καὶ παρὰ σκᾶ[πτ]ον Διὸς Οὐρανίδαι
⁶ἐν μεγάροις ἵ̣στα̣ντι. σεμνᾷ μὲν κατάρχει
Ματέρι πὰρ μ̣ε̣γ̣άλᾳ ῥόμβοι τυπάνων,
10   ἐν δὲ κέχλαδ[εν] κρόταλ᾽ αἰθομένα τε
δαῒς ὑπὸ ξαν̣θα̣ῖσι πεύκαις·
⁹ἐν δὲ Ναΐδων ἐρίγδουποι στοναχαί
μανίαι τ᾽ ἀλαλ̣αί̣ τ᾽ ὀρίνεται ῥιψαύχενι
σὺν κλόνῳ.
15 ¹²ἐν δ᾽ ὁ παγκρατὴς κεραυνὸς ἀμπνέων
πῦρ κεκίνη[ται τό τ᾽] Ἐγχαλίου
ἔγχος, ἀλκάεσσά [τ]ε̣ Παλλάδο[ς] αἰγίς
__ ¹⁵μυρίων φθογγάζεται κλαγγαῖς δρακόντων.
ῥίμφα δ᾽ εἶσιν Ἄρτεμις οἰοπολὰς ζεύ-
20   ξαισ᾽ ἐν ὀργαῖς
Βακχίαις φῦλον λεόντων α[∪∪—∪∪—
³ὁ δὲ κηλεῖται χορευοίσαισι κα[ὶ θη-
ρῶν ἀγέλαις. ἐμὲ δ᾽ ἐξαίρετο[ν
κάρυκα σοφῶν ἐπέων
25   Μοῖσ᾽ ἀνέστασ᾽ Ἑλλάδι κα[λ]λ̣[ιχόρῳ
⁶εὐχόμενον βρισαρμάτοις ο[—∪ Θήβαις,

8—18 anon. de dithyrambo Pap. Berol. 9571ᵛ v. 44—55 [λέ]γει γ(ὰρ) οὕ[τως·
σ]εμναὶ μὲ[ν κατάρχει ματέρι πὰρ μεγάλᾳ] ῥόμβο[ι τυπά]νων ἐν τ̊ε κ[έχλαδεν κρόταλ᾽
αἰθομένα τε δᾳς] . . . φθογγ]γάζετ[αι φθ]ογγαῖ[ς] δρα[κ]όν[των (Schubart, APF 14,
1941, 26; Del Corno, Münch. Beitr. 66, 1974, 99) ‖ 13sq.] Plut. qu. conv. 1, 5, 2
p. 623B μανίαι − κλόνῳ κατὰ Πίνδαρον (eadem 7, 5, 4 p. 706E; def. or. 14
p. 417C = fr. 208) ‖ 26 schol. Pind. inscr. P. 2 τὸν Πίνδαρον . . . προσαγορεύειν . . .
τὰς Θήβας βρισαρμάτους (χρυσαρμάτους codd., corr. Sn.) = fr. 323

4 διαπέπτα[νται δὲ νῦν ἱροῖς] πύλα[ι κύ]κλοισι G.-H. ‖]ΠΥΛΑ[,]ΝΦΑΛ[,]Ρ[Ι]ΨΑΛ[
sim. ‖ 5 ἰαχεῖτ᾽ suppl. Maas ‖ 8 ἱ[CA]ΝΤΙ Πⁱ ut vid., ἰϹΤΑΝΤΙ Πᵐ ‖ CEΜΝΑΪ Π⁹,
P. Berol., σοὶ Strab. ‖ 9 ΜΑΤΕΡΙ ΠΑΡ Π⁹, μᾶτερ πάρα Strab. ‖ ΤΥΜΠΑΝΩΝ Π⁹,
]ΝΩΝ P. Berol., κυμβάλων Strab. : Bury ‖ 10 καχλάδων Strab., ΛΑΔ[ΟΝ] G.-H.,
ΛΑΔ[ΕΝ] Schr. cf. 8. 13. 16 ‖ 11 ΔΑ̣Ι̣Ϲ Π⁹, δαῒς Wackern., KZ 27, 277 = Kl. Schr.
588 ‖ 13 ῥιψαυχ. Plut. 417C et 706E; ἐριαυχ. 623B; ΥΨΑΥΧ. Π⁹ ‖ 18 φθ]ογγαῖ[
P. Berol. ‖ 19 ΟΙΟΠΟΛΑϹ (non -ΛΕΟϹ) Πⁱ, ΟΙΟΠΟΛΟϹ Πᵐ : V. Schmidt, cf. Schwy-
zer, Gr. Gr. I 508 ‖ 21 ἀ[γρότερον Βρομίῳ Bury, Schr. ‖ 22 Housman ‖ 25 Bury ‖
26 Θ[ήβαις γεγάκειν Wil.

ἔνθα ποθ᾽ Ἁρμονίαν [φ]άμα γα[μετάν
Κάδμον ὑψη[λαῖ]ς πραπίδεσ[σι λαχεῖν κεδ-
νάν· Δ[ιὸ]ς δ᾽ ἄκ[ουσεν ὀ]μφάν,
30   ⁹καὶ τέκ᾽ εὔδοξο[ν παρ᾽] ἀνθρώπο[ις γενεάν.
Διόνυσ[.] .᾽ ϑ . [. . . . . .] .᾽ τ[.]γ[
μᾰτέ[ρ
¹²πει . [

* * *

249a (153) Ἡρακλῆς εἰς Ἅιδου κατελθὼν ἐπὶ τὸν Κέρβερον συνέτυχε Μελεάγρῳ
τῷ Οἰνέως, οὗ καὶ δεηθέντος γῆμαι τὴν ἀδελφὴν Δηάνειραν, ἐπανελθὼν εἰς φῶς
ἔσπευσεν εἰς Αἰτωλίαν πρὸς Οἰνέα· καταλαβὼν δὲ μνηστευομένην τὴν κόρην Ἀχελῴῳ
τῷ πλησίον ποταμῷ διεπάλαισεν αὐτῷ ταύρου μορφὴν ἔχοντι· οὗ καὶ ἀποσπάσας τὸ
ἕτερον τῶν κεράτων ἔλαβε τὴν παρθένον. φασὶ δὲ αὐτὸν Ἀχελῷον παρὰ Ἀμαλθείας
τῆς Ὠκεανοῦ κέρας λαβόντα δοῦναι τῷ Ἡρακλεῖ καὶ τὸ ἴδιον ἀπολαβεῖν.

* * *

id. b (130) (Κέρβερον) Πίνδαρος γοῦν ἑκατὸν . . . ἔχειν . . . κεφαλάς φησιν

* * *

81 (49)   _◡ _ _ _ σὲ δ᾽ ἐγὼ παρά μιν
αἰνέω μέν, Γηρυόνα, τὸ δὲ μὴ Δί
¹⁵φίλτερον σιγῶμι πάμπαν· _◡ _ _ |||

III = fr. 70c

]ναλ[
]
]ιτο μὲν στάσις·
]πόδα

249a schol. D Gen. Hom. Φ 194 Ἡρακλῆς – ἀπολαβεῖν . . . ἡ ἱστορία παρὰ Πινδάρῳ
(cf. Et. Gen. ἀχερωῒς; Et. M. 180, 49) ‖ **b** schol. ABT Hom. Θ 368 ‖ **81** Aristid.
2, 229 (I 209 Lenz – Behr) post fr. 169a: ὅτι καὶ ἑτέρωθι μεμνημένος περὶ αὐτῶν ἐν
διθυράμβῳ τινί· σὲ δ᾽ ἐγὼ – πάμπαν· οὐ γὰρ εἰκός, φησίν, ἁρπαζομένων τῶν ὄν-
των καθῆσθαι παρ᾽ ἑστίᾳ καὶ κακὸν εἶναι. fort. huc trahenda frr. 243, 258 (Sn.) ‖
70c Π⁹ fr. 2

27 [.]ĀΜΕ̇ΝΓΑ[: suppl. Housman ‖ φάμα μ[ε]γά[λαν Wil., sed de N vix dubitandum
neque sufficit spatium inter Μ et Γ ut Ε suppleatur ‖ 28sq. suppl. Bury, ποι-]νάν
Wil. ‖ 31 Διόνυσ[ε σ]έ ϑ᾽ Sn. ‖ **249b** ἑκατογκεφάλας (vel ἑκατόγκρανος vel sim.)
Pindarum dixisse suspicatur Sn. ‖ **81** 1 μιν] παρ᾽ αὐτὸν τὸν Ἡρακλέα schol. Aristid.
2, 409 Dind. ‖ 2 Διῒ : Herm. ‖ 3 οὐ γὰρ εἰκός Sn. ‖ **70c** fort. respondent vv.
1–6 ~ 12–17 ‖ 3 μὴ γένο]ιτο B. Zimmermann, ZPE 72, 1988, 22

ANT?

5   ]κατε[. . . . .]ον κυανοχίτων
]τεὰν τε[λετ]ὰν μελίζοι
]πλόκον σ[τεφά]νων κισσίνων
]κρόταφον [ ]
]εων ἐλθὲ φίλαν δὴ πόλεα
10   ]ιόν τε σκόπελον γείτονα πρύτανιν[
]αμα καὶ στρατιά
]τ᾽ ἀκναμπτεὶ κρέμασον
]ς τε χάρμας
]π[. . . .]ρτος αὐχὴν ῥύοιτο πα[
15   ]ων πέλοι
]λαν πόνοι χορῶν [
]εες τ᾽ ἀοιδαί,

ΕΠ?   ]οιο φῦλον ω[
19   ]ε πετάλοις ἠρ[ινοῖς

         * * *

22   ]μιον ἰπ[π
]τι ταμίας[
]ν στολ. [
25   ]λθε[
]ν[

IV = 70d

col. 1   . . .
]ρος
]
]ῆλθε₁ ?   ]
]ήταν πιφαύσκων[
5   ] . αρκει[.]

70d Π³⁰ fr. 1 (a) + (b) col. 1 et 2 (de Π³⁰ fr. 3 v. ad fr. 210) ‖ **3** i. marg.]ηλθε (non]ε); Π³⁰ fr. 17, 3 ἦλνθ[huc trahi posse negat Lobel | in marg. vestigium coronidis ad col. sequentem pertinentis ‖ 4−14 cum 31−41 respondere vidit Führer, ZPE 9, 1972, 41

5 ΚΙΤΩΝ : Πˢ ‖ **9** ΦΘΟΝ : ΕΛΘΕ Πᵖᶜ | ΦΙΛΔΗ : ΦΙΛΩϹ : ΦΙΛΑΝ Πᵖᶜ | ΠΟΛΕΩ : ΠΟΛΕΑϹ Πᵖᶜ; πόλεα valde dubium ‖ **11** ϹΤΡΑΤΙΑϹ : ϹΤΡΑΤΙΑ̂ : ϹΤΡΑΤΙΑ Πᵖᶜ ‖ **12** ἀκαμπτεὶ Schr. ‖ **13** schol. : τὰς ἐπιδορατίδας ‖ **14** ΑΡΧΗΝ : Πˢ ‖ **17** εὐμελ]έες Sn. ‖ **18** ΦΥΛ[Λ]ΟΝ ‖ **22** [ε]ΙΠ | [στό]μιον ἱπ[πειον Bury ‖ **70d 4** ἀ]ήταν, κασιγν]ήταν (cf. Pyth. 12, 11) Sn. ‖ **5**]ι,]π sim. ?

]

₍δ̣ιορνύμενος₎   ]

]

γ]ύαλα μι-

10   ]α̣ιτοταυτο[

]

]ο̣μον[. .]αντε ,

]ωνφ . [. . .] . νἶαρ[

]φύτευε{ν} ματρί

15   ] . αν λέχεά τ᾽ ἀνα[γ]καῖα δολ[

]α̣ν·

Κ̣ρ]ονίων νεῦσεν ἀνάγκα̣[

]δολιχὰ δ᾽ ὁδ[ὸ]ς̣ ἀθα̣νάτω[ν

] . νων

20   ] . κορυφαί

π]ρ̣άγεσιν

]ροτοι σπευδ[

] . ετοτε̣δέ[

] [

25   ] . . [

. . .

deest incertus numerus vv.

col. 2   . . .

]ν . . [

]

]σενε[

] . ον

30   ]

]ἀνέρρηξαν[

] .

7 schol.]δ̣ιορν(ύμενος) ἀν(τὶ) περῶν (suppl. Lobel) ‖ 9sq. γ]ύαλα Μι-|[δέας e. g.
Lobel ‖ 10]A pot. qu.]Λ ‖ 12]O vel]ω ‖ 13 Є[, H[, vix I[| fort.]A | ι̣, itaque
non ἰαρ[;]αυία ρ̣[e. g. Lobel; ἀνίαρ[ον pro ἀνίερον sc. γάμον Sn. ‖ 14 del. Führer ‖
15]ι,]M,]Π sim. | Λ[, vix X[| suppl. Lobel cf. Pyth. 12, 15 ἀναγκαῖον λέχος Da-
naes et Polydectae, sed fort. huc trahendum siquid veri continet schol. D Ξ 319
Δανάη . . . ὥς φησι Πίνδαρος (fr. 284) καὶ ἄλλοι τινὲς ἐφθάρθη ὑπὸ τοῦ πατραδέλφου
αὐτῆς Προίτου ὅθεν αὐτοῖς καὶ στάσις ἐκινήθη (cf. v. 42sq.); cf. Apollod. 2, 34 ‖
17 suppl. Lobel | AN[: AI[Π᷄ᵖᶜ ‖ 18]Δ vel]᾽ Δ | Ā̆Δ᾽ Ο̅ | suppl. Lobel ‖ 19]Γ,]T,
]Є ‖ 20]᷎ vel accentus | Aι̣ ‖ 21 Ā | suppl. Lobel ‖ 22 β]ροτοί? | OI, CΠ ‖
23]C ? | T pot. qu. Π | Δ pot. qu. A ‖ 25]NI[,]IN[sim. ‖ 26 OT[, C T[sim., fort.
schol. ‖ 29]C ? ‖ 31]ANAPP, ЄNAPP Π᷄ᵖᶜ : Sn. ‖ 32]ω pot. qu.]N ?

79

]ε
] . . . [ ]ϱιαν

35 . . . μ]έμηλεν πατϱὸς νόῳ,
. . . . .]σσέ νιν ὑπάτοισιν βουλεύμασι⟨ν⟩·
Ὀλυμ]πόϑεν δέ οἱ χϱυσόϱϱαπιν ὦϱσεν Ἑϱμᾶν . [
καὶ π]ολίοχον Γλαυ-
κώπιδ]α· τὸ μὲν ἔλευσεν· ἴδον τ᾽ ἄποπτα
40 . . . . .] · ἦ γὰϱ [α]ὐτῶν μετάστασιν ἄκϱαν[
. . ϑη]κε· πέτϱαι δ᾽ [ἔφ]α[ν]ϑεν ἀντ[ὶ] φωτῶν
. . . .]ν τ᾽ ἔϱωτος ἀντ᾽ ἀμοιβὰν ἐδάσσατο[
στϱα]τάϱχῳ·
. . . .] . ισε . [. . . . .]οι
45 . . . .]ον . [. . . .] . γένος τε δαιμο-
. . . .]ιλτε[. . . . .]ται· τὸ δὲ φυγεῖν
. . . . .] . να[. . . .]ετε παμπά[. .]ν καμοϱοι

(a)] . ϱδος τετα[
κ]αὶ μάλ᾽ ἐπισ[τα
]Ἕκτοϱι χαλ[κ(ε)ο
] . ὧν ὕπεϱ· ὁ δα[
5]ἀκνάμπτο[
]σταϑεὶς ε . [

(b) . . .
γ[
ου[|]τ᾽ ἴσϑ᾽ ενειπ[
υ . [| . . .]σαν . [
π[| . . .]εῖκος[
5 α . . [

(a) Π³⁰ fr. 15 (a) + (b) ‖ (b) id. fr. 19 (a) + (b)

34 fort.].Ι·Θ[| A vel Λ | τ]οιαῦ-|τα Lobel | fort. τοιαῦ- ϑ᾽ ὡς ‖ 35 ΜΑΛ pot. qu. ΜΟΛ, itaque 'hyperdorismum' μέμαλεν scriptum esse putat Lobel | schol. ἀπο- κόψαι τὴν κ[ε]φ[αλήν quod ad τοιαῦτα vel sim. spectare vid. ‖ 36 (ἐ)φύλα]σσε Sn. | νιν sc. Persea ‖ 37 Ὀλυμ] vel Οὐλυμ] Lobel | ΩCΕΝ : Πᵖᶜ | post ΜΑΝ fort. nulla littera ‖ 38 καὶ vel καὶ τὰν Lobel; καὶ non brevius spatio | π] Lobel ‖ 39 suppl. Lobel ‖ 40]Τ᾽,]Γ᾽, ϑεάμα]τ᾽ Sn. | ΠΑΡΑΝΔΡ[ΩΝ] Πᵃᶜ : ΓΑΡ[Α]ΥΤΩΝ[ ] Πᵖᶜ, suppl. Lobel | ΜΕ, ΠΕ, ΤΙΕ sim. | Ά | CT, ΕΓ sim. | ΑΚΡ vel ΑΚΙΡ vel ΑΗΙΡ sim. ‖ 41]Κ,]Χ ? | ἔϑη]κε brevius, . . ϑῆ]κε ? | Ε᾽ vel Ε | ΠΕΤΡΑΝ : ΠΕΤΡΑΙ Πᵖᶜ | Δ᾽ | suppl. Sn., ἔπαχϑεν Lobel | fin. suppl. Lobel ‖ 42 λυγϱὰ]ν (Lobel), πικϱὰν, κακὰν lon- giora ? αἰνὰ]ν ? μοῖϱα]ν Pavese (Maia 1964, 344) cl. Hes. Op. 334 | ΑΝΤ᾽ ‖ 43 suppl. Lobel | i. e. Polydectes (Lobel) vel Proetus (v. ad v. 15) ‖ 44]Ρ,]Π,]Μ,]Γ,]Τ | Γ[vel Π[‖ 45 Ν[pot. qu. Μ[, Γ[, Π[|]Ρ ? ‖ 45sq. δαίμο[σιν φ]ίλτε[ϱον ἔσ]ται Sn. (φίλτεϱον Lobel) ‖ 46 ΑΙ᾽ | ΤΟΤΕ : ΤΟΔΕ Πᵖᶜ ‖ 47]ΕΝ pot. qu.]ΚΝ,]ΧΝ ? |]ΕΤ pot. qu.]ΚΤ | ΠΑ |]Ν vel]ΑΙ | παμπά[λ]αι lacunam expleret | [.]ωΝ supra ΑΜΟ ‖ (a) 1]Ι sim. ‖ 2 Λ᾽ | cf. ν 313 καὶ μάλ᾽ ἐπισταμένῳ (Lobel) ‖ 3]Ε | suppl. Lobel ‖ 4]Δ pot. qu.]Ζ,]Ξ | ὦΝΎ | Ρ˙Ο̄ | sc. Achilles ? ‖ 5]Λ̇, i. e. ἀκνάμπτου(ς), -οιο, -οις ‖ 6]C pot. qu.]Γ,]Τ | Ι[, Λ[sim. ‖ (b) quantum distet ου[ab]τ᾽ in v. 2 in- certum; οὔτ᾽ legi posse negat Lobel ‖ 1 Ν[, Μ[‖ 2]Τ᾽ | Θ˙ Ε vel Θέ̄ ‖ 3 Ι[sim. | Δ[, Ζ[‖ 4]εῖκος ? ‖ 5 fort. CΧ[

ῥ]οῖζον ᴋ . [οὐκέτ᾽ αὐτα[
       ] [κοτέσσατ᾽ ἐπ[
       . . .   πέλωρα βου[
                                   φλόγα δερκομ[
       ] [10   πέσον· ατασ[θαλ
(10)   ] . χαι . [τί κέ τις ἐσχ[
       ]ελεν[. .]ᾶ[.] .᾽ ἔκ . [
       ]   . . .
       ]
   ₗέα . [   ]
(15)   ]ν

(c) . . .   ] . [. . .]ν[   ]   (d)   ]αι κείνῳ χρόνῳ· [
       ]σι τε ῥόδ[ων]   ]ν ἐξεννο . . . μῳ τελ[
       ]ὑακινθ . . ν κρόκω[ν τ(ε)   ] . ἐντα[. . .]τηρ καὶ ε . [
       ]τανερι[. . .]τι πάντα[   ] . σ . [
5   ]ατ[. .]αρ . . μενον   ] . . [
    τ]ίνα πτόλιν, τίν᾽ ἐπ[. . .
       ] . ε σέο κλεόμενοι γε[
       ]ξιον·
       ]απι . εν Βαβυ[λων   (f) . . .   (g) . . .
10   ]εντι χαίρ . . . [   ] . . . [   ]
       ]πολὺς λό . [   ]αταν[   ]
       ]ρελλη[   ]   ]παυσεν·
13   ]χομε . [   ]Καλυδών   ]
       . . .   5   ]αι χερμαδ[5   ]

(c) Π³⁰ fr. 21 (c) ‖ (d) id. fr. 23 ‖ (f) id. fr. 24 ‖ (g) id. fr. 8

(a) 7 suppl. Lobel ⎮ K pot. qu. Λ ‖ 10]Α,]Λ ⎮ Α[, Δ[, ω[‖ 14 schol. ἔα . [⎮
] . αφοβ[‖ (b) 6 ΕΤ᾽ ⎮ Α[, ω[‖ 7 Π[pot. qu. Γ[, Ι[sim. ‖ 8 vel πέλωρ᾽ ἀβου[‖
9 Μ[, Λ[sim. ‖ 10 C[, Ε[⎮ suppl. Lobel ‖ 11 ΤΙΚ ‖ 12]Α̂[⎮ Ι[, Η[, Μ[, Ν[, vix Π[‖

(c) 1]Ρ[,]Υ[sim. ‖ 2sq. suppl. Lobel ‖ 2 στεφάνοι]σι, ἄνθε]σι sim. ‖ 3 Υ̇ ⎮ Θ vel
C ⎮ Ν vel ΑΙ ⎮ ΘΙωΝ brevius, Θ[Ι]ΝωΝ longius spatio; Θ[Ε]ΙωΝ lacunam expleret;
fort. ὑακινθ{ε}ίων? ‖ 4 Ι[, Γ[, Κ[pot. qu. Π[, Μ[⎮]Τ pot. qu.]Γ; ἐρί[ζον]τι spatio
aptum ‖ 5]Α,]Λ ⎮ Ν vel Μ, tum Α, Λ, Χ, μ]αρνάμενον Sn. ‖ 6]: ⎮ suppl. Lobel ⎮
ΝΙ sim. pot. qu. ΝΑ ? ⎮ Π, Ι sim. ⎮ Τ pot. qu. Γ ⎮ Ν˙ ⎮ ε̇ ⎮ Π[, Ν[, Μ[⎮ ἐπ[ιχώριον
ἥρωα Sn. ‖ 7]Κ,]Υ pot. qu.]Τ,]Γ ? ⎮ μᾶλλόν] κε? ⎮ Cε̇ : ε̇ fort. add. Πᴾᶜ ⎮ ΟΜ ⎮
Ε[, vix Ο[⎮ schol. ενμ . . τορθη[‖ 8 ἄ]ξιον? ‖ 9 ΠΗΓ̣ Lobel ⎮ suppl. Lobel ‖
10 ΑΙ̇ ⎮ ωCΙ[? ‖ 11 Γ[, Π[; λόγ[ος ? cf. e. g. Nem. 7, 20 ‖ 13 Θ[, Ο[, C[‖ (d) 2]Ν,
]Ι sim. ⎮ ε̄ ⎮ ΟC ·ΙΜ sim. ? νοστίμῳ legi posse negat Lobel ‖ 3]Ρ vel]Φ ? ⎮ ΤΑ[,
ΤΛ[⎮ Ι[sim. ‖ 4]Ι sim. ‖ (f) 5 ΧΑΡ : ΧΕΡ Πᴾᶜ ‖ (g) 2 schol. : φλεγες[ ]πλω π(ερὶ)
π[ ]δαῖς δ(ὲ)[ ]ρεως . [‖ 5 schol.] . . Ἀταλάντῃ τῇ Ἰάσο[ν (suppl. Lobel)

81

PINDARVS

(e) . . .

] . . . [
δι]ωξιππ[
. .]ατεπε . [
κἀ]ꝭδρῶν . [
5 ὀ[ο]ꝭευῦντι . [
λογίων
καιτρετάρ[
φθίτο μὲν γᾳ[

]τ᾽ ἐς αὐτὸν [Κλ]ωθοῖ
] . χιον]
]αν . . .
μ]ίμν᾽ ἀκάμ[
10] . ω . [
] . αν[
] . . [
. . .

(h) . . .

]επο . [
π]ολύπ[
]αῖψα μετ[
εὔδ]ενδροι δ[
5 γ]υάλων· κρε[
][. . αι]
]γανάενταχ[

]ν· λεύσσει δ . [
] . ᾽. ὢν
10]ίξεαι ὦ μα[
]θαμὰ γὰρ οἴκοθ[εν
]α κατὰ [χ]θόν᾽ ε . [
]πεδ[
] . . . . [
. . .

71 (43)

⟨ΘΗΒΑΙΟΙΣ⟩

Πίνδαρος ἐν μὲν τοῖς ὑπορχήμασιν ἐν Νάξῳ φησὶν πρῶτον εὑρεθῆναι διθύραμβον (fr. 115), ἐν δὲ τῷ πρώτῳ τῶν διθυράμβων ἐν Θήβαις.

72–74 (44. 52. 53)

metrum: dactyloepitr.

D—D‖e? . . . D?De . . .

(e) Π³⁰ fr. 25 ‖ (h) id. fr. 27 ‖ 71 schol. Pind. O. 13, 25c; cf. fr. 85

(e) 1]OCC[,]PЄΘ[sim. ‖ 2 suppl. Lobel ‖ 3 ἔπεα? ‖ 4 Sn. ‖ 5 [Ι] propter spatium potius qu. [Ο] (Lobel) | N[? ‖ 7 τετάρ[τ vel τετρά[τ? (Lobel) ‖ (f) 6 Τ᾽ ‖ 7]Ÿ ? ‖ 9 N᾽, suppl. Sn. ‖ 10]ω vel]N | N[, M[‖ 11]Γ,]T sim. ‖ 12]Ι᾽O᾽C[? ‖ (g) 6 suppl. Lobel ‖ (h) 1 Λ[, A[, X[, M[‖ 2 Ý | Π pot. qu. ΓΙ ‖ 3]AÎ ‖ 4sq. suppl. Lobel ‖ 5 AΛ | ω : O sscr. ‖ 6]KI vel]XI pot. qu.]N | schol. ἑνικῷ κέχρ[ηται ‖ 7]Γ pot. qu.]T; γανάεντα (ad γάνος)? Lobel ‖ 8 N᾽ | Ý | Є[pot. qu. O[? ‖ 9 vestigia incerta ‖ 10]ί | ίξεαι vel ἀφ]ίξεαι | ῶ | μά[καρ, -καιρα saepius ap. Pind. quam μά[ταιε sim.; si erat μᾶ[τερ expectaveris Â ‖ 11 suppl. Sn. ‖ 12 A[, Λ[|]Θ pot. qu.]Є | suppl. Lobel | C[, Є[, Θ[

82

72   ἐν Χίῳ

_] ἀλόχῳ ποτὲ θωραχθεὶς ἔπεχ᾽ ἀλλοτρία
᾽Ωαρίων

(sc. Meropae Oenopionis filiae vel potius uxori)

73 ἡ ῾Υρία . . . τῆς Θηβαΐδος, ὅπου . . . ἡ τοῦ ᾽Ωρίωνος γένεσις, ἥν φησι Πίνδαρος ἐν
τοῖς διθυράμβοις

* * *

*74   . . . τρεχέτω δὲ μετὰ Πληϊόναν, ἅμα δ᾽ αὐτῷ κύων
(. . . **λεοντοδάμας?)

74a *A Θ H N A I O Σ* *A'*

75 (45). 83 (51)

A Θ H N A I O Σ (*B'* cl. v. 8)

metrum: ex iambis ortum (cf. p. 184)

72 (I) Et. Gen. B θώραξ = Et. M. p. 460, 35 (ex Sorano de etymolog. corpor.
humani, cf. Melet. ap. Cramer, A. O. III 89, 29 = Philoxenus fr. 106, 11. 22 Theo-
doridis) *Πίνδαρος διθυράμβων πρώτῳ· ἀλόχῳ ποτὲ θωρηχθεὶς ἐπ᾽ ἀλλοτρία;*
(II) Cyrill. Bodl. (Cramer, A. P. IV 194, 7) et Et. Gud. (cord. Sorb. ap. Gaisf. ad
Et. M. et cod. Angel. ap. Ritschl opp. 1, 690) ex Herodiano (R. Pfeiffer) *Πίνδα-
ρος· ἀλλ᾽ οὐχ ὅ ποτε θωραχθεὶς ἔπεχ᾽ ἀλλοτρία ᾽Ωαρίων;* Hyg. astr. 2, 34 p. 72 B.
Pindarus autem in insula Chio (mortuum esse? dicit Orionem) . . . (Orion) *dicitur
Thebis Chium venisse et ibi Oenopionis filiam Meropen per vinum cupiditate incen-
sus compressisse* etc., cf. schol. Nic. Ther. 15 ῾Ησίοδος δέ φησιν (fr. 148a M.-W.)
αὐτὸν (᾽Ωρίωνα) . . . ἐλθόντα . . . εἰς Χίον πρὸς Οἰνοπίωνα Μερόπην τὴν γυναῖκα
βιάσασθαι οἰνωθέντα; anon. de dithyrambo (pap. Berol. 9571 verso ed. Schubart,
APF 14, 1941, 25 v. 32 sq.) . . . τοῦ ᾽Ωρί]ονος τύφλωσιν τὴ[ν ἐν] Χίωι γενομέ[νην
. . . Οἰνο]πί[ωνο]ς ‖ 73 Strab. 9, 2, 12 p. 404 ‖ 74 1 Aristarch. ap. schol. Pind.
N. 2, 17b ὅτὲ μὲν Πλειάδας καλεῖ πληθυντικῶς, ὁτὲ δὲ Πληϊόνην ὡς μίαν· τρε-
χέτω – κύων· δοκεῖ γὰρ κατ᾽ αὐτὸν τὸν Πίνδαρον ἐρασθῆναι αὐτῆς ὁ ᾽Ωρίων καὶ
διώκειν αὐτὴν ἐπὶ πολλοὺς χρόνους· ὑπομνήματα δὲ τούτων ὁ Ζεὺς κατηστέρισε ‖
2 Lucian. pro imag. 19 ὁ τὸν ᾽Ωρίωνος κύνα ἐπαινῶν ἔφη ποιητὴς λεοντοδάμαν αὐ-
τόν ‖ 74a vit. Pind. P. Oxy. 2438, 8 sq. ἐ]π᾽ Ἀρχίου (497/6 a. Chr. n.) . . . ἠγώ-
νισται ἐν Ἀθήναι[ς διθυράμ]βῳ ‖ 75 Dion. Halic. comp. verb. 22 (2, 99 s. et 180
U.-R.) ἀρχέτω Πίνδαρος καὶ τούτου διθύραμβός τις, οὗ ἐστιν ἀρχή· Δεῦτ᾽ – χοροί

74 1 δὲ habet **B**, om. **PTU** ‖ 75 codd. **FPMRV** E(pit.)

PINDARVS

propter antistropham deficientem de verbis, de singulis metris, de periodis certe
iudicari non potest; v. 19 fort. antistr. incipit (v. ad v. 19)

75   ⊗   Δεῦτ᾽ ἐν χορόν, Ὀλύμπιοι,
            ἐπί τε κλυτὰν πέμπετε χάριν, θεοί,
            πολύβατον οἵ τ᾽ ἄστεος ὀμφαλὸν θυόεντ᾽
            ἐν ταῖς ἱεραῖς Ἀθάναις
        5   οἰχνεῖτε πανδαίδαλόν τ᾽ εὐκλέ᾽ ἀγοράν·
            ἰοδέτων λάχετε στεφάνων τᾶν τ᾽ ἐαρι-
            δρόπων ἀοιδᾶν,
            Διόθεν τέ με σὺν ἀγλαΐᾳ
            ἴδετε πορευθέντ᾽ ἀοιδᾶν δεύτερον
            ἐπὶ τὸν κισσοδαῆ θεόν,
       10   τὸν Βρόμιον, τὸν Ἐριβόαν τε βροτοὶ καλέομεν,
            γόνον ὑπάτων μὲν πατέρων μελπόμεν⟨οι⟩
            γυναικῶν τε Καδμεῖᾶν {Σεμέλην}.
            ἐναργέα τ᾽ ἔμ᾽ ὥτε μάντιν οὐ λανθάνει.
            φοινικοεάνων ὁπότ᾽ οἰχθέντος Ὡρᾶν θαλάμου
       15   εὔοδμον ἐπάγοισιν ἔαρ φυτὰ νεκτάρεα.
            τότε βάλλεται, τότ᾽ ἐπ᾽ ἀμβρόταν χθόν᾽ ἐραταί
            ἴων φόβαι, ῥόδα τε κόμαισι μείγνυνται,
            ἀχεῖ τ᾽ ὀμφαὶ μελέων σὺν αὐλοῖς,
            οἰχνεῖ τε Σεμέλαν ἑλικάμπυκα χοροί.

                        *
                     *   *

83   ἦν ὅτε σύας Βοιώτιον ἔθνος ἔνεπον

11 schol. Pind. I. 8, 75 σύνηθες δὲ τὸ σχῆμα Πινδάρῳ· ὑπάτων − Καδμειᾶν, ἀντὶ
τοῦ Διὸς καὶ Σεμέλης ‖ 18 Apoll. Dysc. synt. 3, 50 p. 316, 2 U. ὡς Βοιώτιόν ἐστιν
ἔθος, ὅμοιον τῷ παρὰ Πινδάρῳ· ἀχεῖται − αὐλοῖς ‖ 83 schol. Pind. O. 6, 152 καὶ
αὐτὸς ἐν τοῖς διθυράμβοις· ἦν ὅτε σύας τὸ Βοιώτιον ἔθνος ἔλεγον; eadem fere Strab.
7, 7, 1 p. 321; Gal. protr. 7

1 ἴδετ᾽ PMᵃᶜ ‖ 6 λάχει F, λαχεῖν Usener | ἐαριδρόπων F, -δρέπων PM, -δρέπτων
EV ‖ 9 τὸν om. V fort. recte | κισσοδαῃ FMVE, κισσοδό[ν]ταν P, κισσοάραν
Schr. ‖ 10 τὸν bis P, ὃν reliqui | τε om. EFV ‖ 11 μὲν P, μέν τε FM, Σ Isth., τε
EV | μέλπε P, μέλπομεν FMVE (non habet Σ Isth.) : Herm. ‖ 12 τε om. F | σε-
μέλην (vel -αν) FMVE, ἔμολον P, secl. Boe., Schr. ‖ 13 νεμέω PE, νεμέα MV, τε-
μεῶι τε F : van Groningen, Mnem. IV 8, 1955, 192 ‖ 14 φοινικοεάων F, φοίνικος
ἐανῶν PMVE : Koch ‖ 15 ἐπάγοισιν F, ἐπαΐωσιν PMVE ‖ 16 ἀμβρόταν χθόν᾽ PM,
ἄμβροτον χέρσον FVE ‖ 18 ἀχεῖ τ᾽ F, ἀχεῖται Apoll. οἰχνεῖ τ᾽ PMVE ‖ 19 χοροί ‖
ἑλικ. ~ 1sq. ? ‖ 83 τὸ Βοιωτ. schol. Pind., om. Strab., Gal. | ἔλεγον schol. Pind.,
ἔνεπον Strab. Gal.

84

76 (46). 77 (196)

Α Θ Η Ν Α Ι Ο Ι Σ (*Γ'* cl. fr. 74 et 75, 8?)

76   ‒ ‒ ∪ ‒ ∪ ‒ ∪ ‒ ∪ ‒ ∪ ‒ ‖   ∧gl³ᵈ ‖

         ‒ ∪∪ ‒ ‒ ‒ ∪ ‒ ‒ ‒ ∪ ‒ ∪ ‒ ‒ | ia ∧pher 3 da |

77   ∪ ‒ ∪ ‒ ‒ ‒ ∪ ‒ ∪ ‒ ‒ | ∧pher 3 da |

         ‒ ‒ ∪ ‒ ∪ ‒   ia …

76   ⊗   ᵗΩ ταὶ λιπαραὶ καὶ ἰοστέφανοι καὶ ἀοίδιμοι,
        Ἑλλάδος ἔρει-
        σμα, κλειναὶ Ἀθᾶναι, δαιμόνιον πτολίεθρον.

            *   *   *

77   ἐπ' Ἀρτεμισίῳ

        ὄθι παῖδες Ἀθαναίων ἐβάλοντο φαεννάν
        κρηπῖδ' ἐλευθερίας

78 (225)

        ‒ ∪∪ ‒ ∪∪ ‒ ∪∪ ‒ ‖

        ‒ ∪ ‒ ∪ ‒ ∪∪ ‒ ∪∪ ‒ ‖

        ‒ ∪∪ ‒ ∪∪ ‒   ∪ ‒ ∪∪ ‒ ∪∪ ‒ |

   ⊗   Κλῦθ' Ἀλαλά, Πολέμου θύγατερ,
        ἐγχέων προοίμιον, ᾇ θύεται
        ἄνδρες ὑπὲρ πόλιος τὸν ἱρόθυτον θάνατον

76 Aristoph. eq. 1329 ᵗΩ ταὶ λιπαραὶ καὶ ἰοστέφανοι καὶ ἀριζήλωτοι Ἀθῆναι;
schol. Aristoph. Ach. 637 παρὰ τὰ ἐκ τῶν Πινδάρου διθυράμβων· αἱ λιπαραὶ καὶ ἰο-
στέφανοι Ἀθῆναι; schol. nub. 299 Πίνδαρος· ᵗΩ ταὶ λιπ. καὶ ἀοίδιμοι, Ἑλλάδος
ἔρεισμα, κλειναὶ Ἀθᾶναι; schol. Aristid. 3, 341 Dind. τὸ δὲ ἔρεισμα πολλοὶ μὲν καὶ
ἄλλοι καὶ Πίνδαρος δέ φησιν· ἔρεισμ' Ἀθήνας δαιμόνιον πτολίεθρον; Plut. glor.
Ath. 7 p. 350 A ἐπὶ τούτοις Πίνδαρος ἔρεισμα τῆς Ἑλλάδος προσεῖπε τὰς Ἀθήνας;
schol. Callim. fr. 7, 29 Pf. ἀπὸ μέρους τοὺς Ἑλ[ληνας Ἀθηναίους] εἴρηκεν. ὃν τρόπον
καὶ Πίνδαρος· Ἑ[λλάδος ἔ]ρεισμ' Ἀθῆναι ‖ **77** Plut. l. l. (post fr. 76) πρῶτον, ὥς
φησιν (Πίνδαρος), ἐπ' Ἀρτεμισίῳ παῖδες Ἀθαναίων ἐβάλοντο φαεννὰν κρηπῖδ' ἐλευ-
θερίας (eadem fere vit. Them. 8, 2 et de Herod. malign. 34 p. 867 C); Aristid. or.

76 hoc initium carminis esse statuit H. Meyer, Diss. Köln 1933, 58 sed cf. pae.
6, 123 (Kambylis) ‖ **78** 3 τὸν ἱρόθυτον θάνατον (Plut.) secl. Sternbach

PINDARVS

79 = dith. 2, 1–3 et 8–11

*80

[δέσπ]οιν[αν] Κυβέ[λαν] ματ[έρα]

81 = dith. 2

82 (50)

τὰν λιπαρὰν μὲν Αἴγυπτον ἀγχίκρημνον

83 = fr. 75

84 (54)

παλιναίρετα οἰκοδομήματα

85 (55)

Διθύραμβος· ὁ Διόνυσος . . . Πίνδαρος δέ φησι λυθίραμμον· καὶ γὰρ Ζεὺς τικτομένου
(Διονύσου) ἐπεβόα· λῦθι ῥάμμα, λῦθι ῥάμμα

3, 238 (1, 373 L.-B.) ‖ 78 Plut. glor. Ath. 7 p. 349 C κλῦθι ἄννα [lacuna]γω Πολέ-
μου – ἄνδρες τὸν ἱρόθυτον θάνατον, ὡς ὁ Θηβαῖος Ἐπαμεινώνδας εἶπεν, ὑπὲρ πατρί-
δος καὶ τάφων καὶ ἱερῶν ἐπιδιδόντες ἑαυτοὺς τοῖς καλλίστοις καὶ λαμπροτάτοις
ἀγῶσιν; de frat. am. 11 p. 483 D ὥσπερ οἱ πολλοὶ Κλῦθ' Ἀλαλά, Πολέμου θύγατερ;
Athen. 1, 33 p. 19 a οἱ δ' ἐν τῇ Ἰλιακῇ πολιτείᾳ μονονοὺ βοῶσι· κλῦσθ' ἀλλὰ πολ.
θυγ. ἐγχέων προοίμιον; schol. Aeschyl. Pers. 49 κλῦθι αλλα πολέμου θύγατερ αἰθύ-
εται ἄνδρες, ἐν διθυράμβῳ; eadem fere Herodian. π. σχημ. 3, 100, 27 Sp.; schol.
anon. P. Ryl. 535 [Πιν]δαρικόν (δαγ-: Roberts) ἐστι τὸ σχῆμα, [οἷον τὸ] θύεται
ἄνδρες
   80 Philod. π. εὐσεβ. 47 a 17 p. 19 Gomp. Πίν[δαρος] δ' [ἐκ] Κυβέ[λης μ]ητρὸς
(sc. τοὺς θεοὺς εἶναι) ἐν τῶι [ˊδέσπ]οιν[αν] Κυβέ[λαν] ματ[έρα] (suppl. Gomp., Hö-
fer, Henrichs) ‖ 82 schol. inscr. Pind. P. 2 (Πίνδαρος) καὶ ἄλλας πλείους λιπαρὰς
καλεῖ . . . καὶ τὴν Αἴγυπτον ἐν διθυράμβοις· τὰν – ἀγχίκρημνον ‖ 84 Harpocr.
p. 232 παλιναίρετος . . . ἐπὶ τῶν καθαιρεθέντων οἰκοδομημάτων καὶ ἀνοικοδομηθέν-
των Πίνδαρος διθυράμβοις ‖ 85 Herodian. 2, 375, 12 L. (Et. M. 274, 44); Cyrill.
cod. Vind. 319

   80 aut ad fr. 95 trahendum aut initium est hymni ⟨Εἰς Κυβέλην⟩ (L. Lehnus) ‖
82 ἀγχικρ. E F G Q, ἄγει κρίμνων C P ‖ 85 λυθίραμμ(ος) Cyr., λυθίραμβ(ος) Et. M. |
prius ῥάμμα om. Cyr.

*85 a = 247 (123)

(Διόνυσον) ἀπὸ τοῦ Διὸς καὶ τῆς Νύσης τοῦ ὅρους ὠνομάσθαι, ἐπεὶ ἐν τούτῳ ἐγεννήθη, ὡς Πίνδαρος, καὶ ἀνετράφη

*86 (56)

διθύραμβα

*86 a

θύσων διθύραμβον

87 + 88 (58) = fr. 33 c et d

85a Herodian. 2, 492, 28 L. (Et. M. 277, 39) ‖ **86** Herodian. 2, 626, 35 L. ἡ αἰτιατικὴ . . . καὶ διθύραμβον διθύραμβα παρὰ Πινδάρῳ ‖ **86a** Philod. de mus. 4 p. 89, 10 K. = Diog. Babyl. St. V. F. 3, 233, 13 Arn. καὶ τὸν Πίνδαρον οὕτω νομίζειν, ὅτ᾽ ἔφη θύσων πο[ιεῖσ]θαι διθύραμβον

86a cf. Pfeiffer ad Callim. fr. 494

ΠΡΟΣΟΔΙΑ

89a (59)

ΕΙΣ ΑΡΤΕΜΙΝ?

metrum: dactyloepitr.

⏑D(⏑?)|D⏑|²E_|³e|_D_|

⊗ Τί κάλλιον ἀρχομένοισ(ιν?) ἢ καταπαυομένοισιν
ἢ βαθύζωνόν τε Λατώ
καὶ θοᾶν ἵππων ἐλάτειραν ἀεῖσαι;

*89b (59)

ΑΙΓΙΝΗΤΑΙΣ ΕΙΣ ΑΦΑΙΑΝ

90 (60) = pae. 6, 1—6

91 (61)

πάντας τοὺς θεούς ..., ὅτε ὑπὸ Τυφῶνος ἐδιώκοντο, οὐκ ἀνθρώποις ὁμοιωθέντας,
ἀλλὰ τοῖς ἄλλοις ζῴοις· ἐρασθέντα δὲ Πασιφάης Δία γενέσθαι ⟨νῦν⟩ μὲν ταῦρον
νῦν δὲ ἀετὸν καὶ κύκνον.

89a schol. Aristoph. eq. 1264 τοῦτο ἀρχὴ προσοδίου Πινδάρου· ἔχει δὲ οὕτως· τί
κάλλιον — ἀεῖσαι; cf. Athen. 15, 63 p. 702C ‖ **89b** Paus. 2, 30, 3 ἐν Αἰγίνῃ ...
ἐστὶν Ἀφαίας ἱερόν, ἐς ἣν καὶ Πίνδαρος ᾆσμα Αἰγινήταις ἐποίησε ‖ **91** Porphyr. de
abst. 3, 16 (e Theophrasto) | cf. fr. 169b, 1 φ]εύγοντες? et 8 Πασιφ[α?

89a 1 ἀρχομένοις Σ, ἀρχομένοισιν Aristoph. eq. 1264 | Wil. Kl. Schr. 4, 293sq.
suspicatur etiam in Aristoph. v. 1272 σᾶς ἁπτόμενος φαρέτρας et 1298sq. ἴθ' ὦ
ἄνα πρὸς γονάτων (εἴσ)ελθε καὶ σύγγνωθι τῇ τραπέζῃ verba Pindari subesse; cf.
Ed. Fraenkel, Beob. z. Aristoph. 204sqq. ‖ **91** ἄλλοις : ἀλόγοις Wesseling, sed cf.
Pfeiffer Dieg. VI 22 in Callim. ia. 2 (fr. 193) | Πασιφάης : φασὶ Bergk | ⟨νῦν⟩
Abresch | cf. J. G. Griffiths, Herm. 88, 1960, 374

*92 (93)

metrum: dactyloepitr.

_e_D‖e_...

de Typhone

κείνῳ μὲν Αἴτνα δεσμὸς ὑπερφίαλος
ἀμφίκειται

* * *

*93 (93)

metrum: dactyloepitr.

_e_D | _e_D_|e|⏑⏑eᴗ...

ἀλλ᾽ οἷος ἄπλατον κεϱάϊζε θεῶν
Τυφῶνα πεντηκοντοκέφαλον ἀνάγκᾳ Ζεὺς πατήϱ
ἐν Ἀϱίμοις ποτέ.

94 (277)

μεμνᾴατ᾽ ἀοιδᾶς

92 Strab. 13, 4, 6 p. 626 sq. Πίνδαϱος δὲ συνοικειοῖ τοῖς ἐν τῇ Κιλικίᾳ τὰ ἐν Πιθηκούσσαις . . . καὶ τὰ ἐν Σικελίᾳ· καὶ γὰϱ τῇ Αἴτνῃ φησὶν ὑποκεῖσθαι τὸν Τυφῶνα τόν ποτε (sequitur P. 1, 17 – 19), καὶ πάλιν· κείνῳ – ἀμφίκειται; eadem schol. Hom. B 783 P. Oxy. 1086 II 50 (1, 168, 51 Erbse) ‖ **93** Strab. l. l. (post fr. 92) καὶ πάλιν· ἀλλ᾽ οἷος – ποτέ ‖ **94** Et. Gen. (Et. M., schol. Gen.[1] Hom. Ψ 361) Πίνδαϱος δὲ δωϱικώτεϱον διὰ τῆς ᾱῑ διφθόγγου ἐν πϱοσοδίοις· μεμναίατ᾽ ἀοιδᾶς (ἐν πϱ. et ἀοιδᾶς om. Et. M.)

93 1 κεϱάϊζες Tschucke ‖ 2 -κοντοκ. codd. Strab. | ἑκατοντοκάϱανον Herm. cl. Ol. 4, 7 Pyth. 1, 16 etc.; πεντηκοντακέφᾱλος Hes. theog. 287 (Wilh. Schulze, quaest. ep. 252) | ζεῦ excerpta, ζεὺς codd. | πάτεϱ F, excerpta, πατὴϱ reliqui ‖ **94** cf. Wackern., Sprachl. Unters. z. Hom. 90

ΠΑΡΘΕΝΕΙΑ

I = fr. 94a (104c)

⟨ΘΗΒΑΙΟΙΣ?⟩

metrum: iambi, choriambi

ΣΤΡ

1   ∪∪‒∪ ‒   *ia sp chodim* |
    ‒ ‒∪∪‒∪ ‒∪∪‒|

2   ‒∪∪‒∪∪ ‒   ∪ ‒ ‒|| ∧*chodim ba* ||

3   ∪∪‒∪∪ ‒∪∪ ‒
    ‒∪ ‒ ‒∪ ‒∪ ‒ ‒||| *chotrim 2 cr ba* |||

ΕΠ

1   ‒ ‒∪∪‒∪∪ ‒   *chodim 4 cr ba* |
    ‒∪ ‒ ‒∪ ‒ ‒∪ ‒
    ‒∪ ‒∪ ‒ ‒|

2   ‒ ‒∪∪‒∪∪ ‒∪∪ ‒   ∧*chotrim 3 cr ba?* |
    ‒∪ ‒ ‒∪ ‒
    ‒∪[‒∪ ‒ ‒]|

3   ‒ ‒∪[   ]‒ ? ‒   *chodim? sp? 3 cr ba* |||
    ‒∪ ‒ ‒∪ ‒
    ‒∪ ‒∪ ‒ ‒|||

²[‒ ‒∪∪‒∪∪ ‒∪∪ ‒]
ϱη[. .]χϱ[   ]εϱσ[
αιτι[. .]σαλ[. . . . .] . [. . . .]
³δεῖ δεσμὸς [. . .]οσ[. . . .]θειαισεϱ[ ]

94a Π¹⁰ col. 1

94a 1–4 frr. (a) et (b) huc quamvis dubitanter traxerunt G.-H. ‖ **1**]Κ vel]Χ ? |
]ΕΟϹ[,]ϹΕΟ[sim. ‖ **3** Δ pot. qu. A vel Λ | ΕϹ vel ΕΟ | ΔΙϹ vel ΑΙϹ |]θει δìς
ἐϱ[ι-| . . . vel]θείαις ἐϱ-|ϱωμένᾳ e. g. Sn.

. ῳ . ενᾳ κ[αρ]δίᾳ

5   μάντις ὡς τελέσσω
)—

ἱεραπόλος· τιμαὶ
δὲ βροτοῖσι κεκριμέναι·
παντὶ δ᾽ ἐπὶ φθόνος ἀνδρὶ κεῖται
³ἀρετᾶς, ὁ δὲ μηδὲν ἔχων ὑπὸ σι-
10   γᾷ μελαίνᾳ κάρα κέκρυπται.
φιλέων δ᾽ ἂν εὐχοίμαν
Κρονίδαις ἐπ᾽ Αἰολάδᾳ {τε}
καὶ γένει εὐτυχίαν τετάσθαι
³ὁμαλὸν χρόνον· ἀθάναται δὲ βροτοῖς
15   ἁμέραι, σῶμα δ᾽ ἐστὶ θνατόν.
ἀλλ᾽ ᾧτινι μὴ λιπότε-
κνος σφαλῇ πάμπαν οἶκος βιαί-
ᾳ δαμεὶς ἀνάγκᾳ,
²ζώει κάματον προφυγὼν ἀνια-
20   ρόν· τὸ γ[ὰ]ρ πρὶν γενέ-
col. 2   [σθαι ◡—◡——]

II = 94b (104d)

⟨ΑΓΑΣΙΚΛΕΙ ΘΗΒΑΙΩΙ ΔΑΦΝΗΦΟΡΙΚΟΝ
(ΕΙΣ ΙΣΜΗΝΙΟΝ?)⟩

metrum: aeolicum

ΣΤΡ

1   $\overset{61}{\underset{}{\smile}}$ × _◡◡_◡_ $\overset{6.36}{\underset{}{\smile}}$ _◡_ : — 36.91?   gl ia ⋮ gl ia ‖
    $\overset{47}{\underset{}{}}$
    _ $\underset{}{\smile}$ _◡◡_◡_ $\overset{107}{\underset{}{\smile}}$ _◡_ ‖

2   __◡◡_◡_ _ × _◡◡_◡_ ‖   ∧gl gl |

3   __◡◡__ ‖‖   ∧pher ‖‖

ΕΠ

1   ___◡◡_◡__ $\overset{12.72}{\underset{}{\smile}}$ _◡◡_◡_   2 gl ∧pher ‖

    __◡◡__ ‖

2   _ $\overset{5.74}{\underset{}{\smile}}$ _◡◡_◡_ __◡◡__ ‖‖   gl ∧pher ‖‖

4 PΩ vel ΦΩ sim. | ΚΕΝ vel ΜΕΝ ? | suppl. Sn. ‖ 12 ΔΑΙΤΕ, non ΔΑΠ (G.-H.) ‖
13 τετάσθαι Lobel (prob. Lehnus), τετάχθαι G.-H. ‖ 17 OIK : K ex O correctum ?
(Lehnus) ‖ 21 [σθ᾽ ἐς τὸ μὴ συνάπτει e. g. Schr. ‖ post 21 desunt versus aut 3
aut 22

7*

PINDARVS

colometria corrigenda v. 20?, 30?, 41 sq. τιμαθέντας |, 49 περὶ | π[?, 59 sq.
(v. adn. crit.), 62 sq. μερίμνας | σώφρονος

A′ ᴗ◡_◡◡] χρυσοπ[επλο_◡_
  . . .]δωμ[. . .] . λέσῃστ[. . . .]με . [_◡_
  ἦκε]ι γὰρ ὁ [Λοξ]ίας
   π]ρ[ό]φρω[ν] ἀθανάταν χάριν
5 (25) Θήβαις ἐπιμ⟨ε⟩ίξων.
  ἀλλὰ ζωσαμένα τε πέπλον ὠκέως
   χερσίν τ᾽ ἐν μαλακαῖσιν ὄρπακ᾽ ἀγλαόν
  δάφνας ὀχέοισα πάν-
   δοξον Αἰολάδα σταθμόν
10 (30) υἱοῦ τε Παγώνδα
  ὑμνήσω στεφάνοισι θάλ-
   λοισα παρθένιον κάρα,
  σειρῆνα δὲ κόμπον
  αὐλίσκων ὑπὸ λωτίνων
15 (35) μιμήσομ᾽ ἀοιδαῖς
)—
 B′ κεῖνον, ὃς Ζεφύρου τε σιγάζει πνοὰς
  αἰψηράς, ὁπόταν τε χειμῶνος σθένει
  φρίσσων Βορέας ἐπι-
   σπέρχῃσ᾽ ὠκύαλον †τε πόντου†
20 (40) ῥ]ιπὰν †ἐτάραξε καὶ†
  (desunt vv. aut 8 aut 23)

94b Π¹⁰ col. 2−5

94b inscr. suppl. Sn., Lehnus, cf. Procl. Phot. Bibl. 321 a 34 τὰ δὲ λεγόμενα
παρθένια χοροῖς παρθένων ἐνεγράφετο· οἷς καὶ τὰ δαφνηφορικὰ ὡς εἰς γένος πίπτει·
δάφνας γὰρ ἐν Βοιωτίᾳ διὰ ἐννεαετηρίδος εἰς τὰ τοῦ Ἀπόλλωνος κομίζοντες ἱερεῖς
ἐξύμνουν αὐτὸν διὰ χοροῦ παρθένων, et 321 b 23 ἄρχει δὲ τῆς δαφνηφορίας παῖς ἀμ-
φιθαλής, καὶ ὁ μάλιστα αὐτῷ οἰκεῖος βαστάζει τὸ κατεστεμμένον ξύλον ὃ κώπῳ κα-
λοῦσιν· αὐτὸς δὲ ὁ δαφνηφόρος ἑπόμενος τῆς δάφνης ἐφάπτεται . . . ᾧ χορὸς παρθέ-
νων ἐπακολουθεῖ προτείνων κλῶνας πρὸς ἱκετηρίαν ὑμνῶν· παρέπεμπον δὲ τὴν δαφ-
νηφορίαν εἰς Ἀπόλλωνος Ἰσμηνίου καὶ Χαλαζίου, et Paus. 9, 10, 4 τῷ Ἀπόλλωνι τῷ
Ἰσμηνίῳ παῖδα οἴκου τε δοκίμου καὶ αὐτὸν εὖ μὲν εἴδους, εὖ δὲ ἔχοντα καὶ ῥώμης.
ἱερέα ἐνιαύσιον ποιοῦσιν· ἐπίκλησις δέ ἐστιν οἱ δαφναφόρος, στεφάνους γὰρ φύλλων
δάφνης φοροῦσιν οἱ παῖδες ‖ 1 Π[vel Γ[| Musa vel Theba invocari videtur; Χαῖρ᾽
ὦ Πιερὶ vel πότνια] χρυσόπ[επλε e.g. Schr. ‖ 1 sq. in marg. sinistro asterisci pars ‖
2]A pot. qu.]Є | τ]ελέσῃς Puech, κ]αλέσῃς vel κ]αλέσῃ Sn. | ЄΝ[, ЄΜ[, ЄΠ[, ЄΚ[‖
3 ἦκε]ι pot. qu. ΛΛΙϹΚѠΝ : G.-H. | Κ vel Χ ‖ 17 ΧЄΙΝ : Πᵖᶜ ‖ 19 sq. ὠκύαλόν θ᾽ ἁλὸς ῥιπὰν
ἐμάλαξε ‖‖ καὶ . . . G.-H., Wolfg. Schmid; ὠκύαλον Νότου ῥιπάν τε ταράξῃ Maas;
ὠκύαλον Νότου ῥιπὰν ἐτάραξε Wil.; ὠκύαλον ⟨◡_⟩ ῥιπάν· ἐτάραξε e. g. Sn.

92

col. 3   . . . .]φεγ[. . . .] . [

    30   . . . . .]ασ[ιϰ]μ[ι]ζωννᾳ[

)⎯
Γ′ (Δ′) πολ]λὰ μὲν [τ]ὰ πάροιϑ[◡‿× ‿◡‿
          δαιδάλλοισ᾽ ἔπεσιν, τὰ δ᾽ ᾳ[× ‿◡‿
  (45) Ζεὺς οἶδ᾽, ἐμὲ δὲ πρέπει
          παρϑενήϊα μὲν φρονεῖν
  35 γλώσσᾳ τε λέγεσϑαι·
⟨⎯⟩ ἀνδρὸς δ᾽ οὔτε γυναικός, ὧν ϑάλεσσιν ἔγ-
          κειμαι, χρή μ[ε] λαϑεῖν ἀοιδὰν πρόσφορον.
  (50) πιστὰ δ᾽ Ἀγασικλέει
          μάρτυς ἤλυϑον ἐς χορόν
  40 ἐσλοῖς τε γονεῦσιν
⟨⎯⟩ ἀμφὶ προξενίαισι· τί-
          μαϑεν γὰρ τὰ πάλαι τὰ νῦν
  (55) τ᾽ ἀμφικτιόνεσσιν
          ἵππων τ᾽ ὠκυπόδων πο[λυ-
  45 γνώτοις ἐπὶ νίκαις,

)⎯
Δ′ (Ε′) αἷς ἐν ἀϋόνεσσιν Ὀγχη[στοῦ κλυ]τᾶς,
          ταῖς δὲ ναὸν Ἰτωνίας ᾳ[. . . . . .]α
  (60) χαίταν στεφάνοις ἐκό-
          σμηϑεν ἔν τε Πίσᾳ περιπ[
          (desunt vv. aut 8 aut 23)
col. 4   ῥίζα τέ [◡‿‿
          σε]μνὸν αν[◡◡‿◡] Θ[ή-
  60 βαις] ἑπταπύλοισ⟨ιν⟩.

)⎯
(65) Ε′ (Ζ′) ἐνῆκεν καὶ ἔπειτ[. . . . .]λος
          τῶνδ᾽ ἀνδρῶν ἔνε[κε]ν μερίμνας σώφρονος
          ἐχϑρὰν ἔριν οὐ παλίγ-
          γλωσσον, ἀλλὰ δίκας [ὁ]δούς

29]Ρ[,]Φ[sim. ‖ 30 Ζ vel Ξ, μ⟨ε⟩ίξων? ~ v. 5 ‖ 31 Θ[vel Є[| πάροιϑ᾽ [ἀεί-δοιμ᾽ ἂν καλοῖς e. g. Sn. ‖ 32 Δ pot. qu. A | ΤΑ e ΤΟ correctum? | Α[, Δ[, Λ[| ἄ[λλ᾽ ὁ παγκρατής Wil., ἀ[τρεκῆ μόνος e. g. Sn. ‖ 37]Λ pot. qu.]A | A vel Λ | προσ ‖ 38 ΤΑ | ΚΛΕΙ : G.-H. ‖ 41sq. ΤΙΜΑΘΕΝΤΑC (Θ vel Ο vel Є) ΤΑ ΠΑΛΑΙ : Wil. ‖ 44 Ο[pot. qu. Є[‖ 46]Τ,]Γ,]Υ ‖ 47 ΝΑΟΤΙΤΩ : G.-H. | ἀ[μφ᾽ εὐκλε]ᾶ G.-Η., ἀ[μφ᾽ εὐκλέ]α Schr. ‖ 49 Є, Ο, C | Π[, Γ[pot. qu. Τ[| videtur esse περί | περὶ π[ρώτων (vel π[λείστον) e. g. Diehl ‖ 58 Ζ vel Ξ | ΤΟ[vel ΤЄ[‖ 60 ЄΠΤΑΠΥΛΟΙC Θ[ΗΒΑΙC : G.-Η. ‖ 61 ЄΝΗ certum | Τ[pot. qu. Ρ[, Υ[, Φ[| ἔπειτ[α δυσμενὴς χό]λος G.-H.; ἔπειτ᾽ [ἐὼν σαφὴς φί]λος Sn. ‖ 63 in marg. Γ, i. e. versus libri trecentesimus ‖ 64 [ὁ]ιδούς (G.-Η.) longius lacuna; ὁδούς Puech

PINDARVS

<pre>
  65   π[ισ]τὰς ἐφίλη[σ .]ν.
 (70)   Δαμαίνας πᾶ[. .]ọ . . [. . .]ῳ νῦν μοι ποδὶ
              στείχων ἁγέọ · [τ]ὶν γὰρ ε[ὔ]φρων ἕψεται
        πρώτα θυγάτηρ [ὁ]δοῦ
              δάφνας εὐπετάλου σχεδ[ό]ν
  70   βαίνοισα πεδίλοις,
 (75)   Ἀνδαισιστρότα ἂν ἐπά-
              σκησε μήδεσ[ι .] . [.]τ[.] . . [ ]
              ἁ δ᾽ ἔρ[γμ]ασι [——
        μυρίων ε[. . . . .]αις
  75   ζευξα[ᴗᴗ——
)——
F′ (H′) μὴ νῦν νέκτα[ρ . . . .]νας ἐμᾶς
 (81)   διψῶντ᾽ α[. . . . .] παρ᾽ ἁλμυρόν
         οἴχεσθον · ἐ[——ᴗ—
              (desunt vv. aut 10 aut 25)
</pre>

<pre>
col. 5 (125)   ]ρια[
         90   αθᾱ[ᴗᴗ——
)——
Z′ (I′) ὦ Ζε[ῦ ——ᴗᴗ—ᴗ— × —ᴗ—
              σηρα[——ᴗᴗ—ᴗ— × —ᴗ—
         αὔξεις [ᴗᴗ—ᴗ—
 (130)   τ[— × —ᴗᴗ—ᴗ-
         95   ——ᴗᴗ—ᴗ—
              × × —ᴗᴗ—ᴗ— × —ᴗ—
              — × —ᴗᴗ—ᴗ— ×]σμυ[ᴗ—
              ——ᴗᴗ—ᴗ—   ]
 (85)   — × —ᴗᴗ—ᴗ—]
100   ——ᴗᴗ——   ]
</pre>

65 ἐφίλη[σε]ν G.-H., ἐφίλη[σα]ν Puech ‖ 66]P pot. qu.]T, non]N | HC[, HO[sim. | πά[τε]ρ, ἦσ[ύχ]ῳ Lehnus ‖ 72 ποικί]λο[ις Schr., sed]Υ[.]Τ[.]ΛΟ[vel sim. legendum esse vid. (]T[fere certum;]ΛΟ[vel]AC[pot. qu.]PO[) ‖ 73sqq. ἁ δ᾽ ἐργασίαισι μυρίων ἐχάρη καλαῖς ζεύξαισά νιν οἴμων Schr., sed ἐ[χάρη καλα]ῖς brevius spatio esse vid. ‖ 73 Sn. ‖ 76 ἰδόντ᾽ ἀπὸ κρά]νας G.-H. ‖ 77 ΨⲰΝΤ[[Є]]Α[| ἁ[λλότριον ῥόον] Schr. ‖ 78 ΟΙΧΕϹΧΟΝ : Πˢ | Є[vel Ο[‖ 89—94 = fr. (m), quod huc trahendum esse lacunis probatur a tineis esis (Sn.) ‖ 91 Z pot. qu. T | suppl. Sn. ‖ 91sq. fr. (q)]ωκρεο.[
         ]δαννασ. [huc traxit Lehnus propter foramina a tineis elaborata; fort. κρέοι· σ᾽ Ἥρα ? ‖ 93 C[, Є[sim. ‖ 96sq. huc frr. (n) et (o) trahenda esse susp. Sn.:
         ]αναπ[
         ] . . . ς μύ[ρ]ομαι·
97—107 (= fr. l) iam a G.-H. hic collocata, quod certum propter foramina a vermiculis elaborata

94

PARTHENIA II 65-107 (FR. 94b). (FR. 94c)

```
_ _ _ᴗᴗ_        ]ντ . [ᴗ_
        _ × _ᴗᴗ_]αδαν
        _ _ᴗᴗ_ _        ]
(90)    _ × _ᴗᴗ_        ] . ιν αϱ-
105      _ _ᴗᴗ_ _]
```

H′ (IA′)   × × _ᴗᴗ_ᴗ   ]νος τῑ᾽ ἐστίαν
        _ × _ᴗᴗ_ᴗ ἀ]γλαΐζεται

(desunt reliqua)

Daphnephoriae personarum stemma hoc est:

Aeoladas (9)
|
Pagondas (10. 40. 66) ⁓ Andaesistrota (40. 71)

Agasicles (38)	Damaena (66)
παῖς ἀμφιθαλής, δαφνηφόρος	χορηγοῦσα

94c (104e, 116, 117 Schr. 82 Boe.)

ΔΑΙΦΑΝΤΩΙ ΘΗΒΑΙΩΙ ΔΑΦΝΗΦΟΡΙΚΟΝ
⟨ΕΙΣ ΙΣΜΗΝΙΟΝ?⟩

metrum: aeolicum

```
ᴗ_ _ᴗ_ᴗᴗ_ᴗ_ _‖                    ba ᴧhipp ‖
ᴗ_ _|?
```

⊗   Ὁ Μοισαₗγέτας με καλεῖ χₗορεῦσαι
        [Ἀ]πόλλων[?

            *   *   *

94c vit. Pind. Ambros. p. 3, 3 Dr. γήμας δὲ Μεγάκλειαν τὴν Λυσιθέου καὶ Καλλίνης ἔσχεν υἱὸν Δαΐφαντον, ᾧ καὶ δαφνηφορικὸν ᾆσμα ἔγραψεν, καὶ θυγατέρας δύο, Πρωτομάχην καὶ Εὔμητιν | vit. Pind. P. Oxy. 2438, 24 sqq. πα]ϱθενείοις ᾽[Πο]ϱτομάχης κ[αὶ Εὐμήτιδος θ]υγατέϱων δ . [   ] . ων ἀδελφὸν . [   ]ν θυγατέϱας δ᾽ ε[ἶχε Πϱ]ω[το]μάχην κ[αὶ Εὔμητι]ν ὧν μνημονε[ύει καὶ ἐν τ]ῇ ᾠδῇ ἧς ἡ ἀϱ[χή· ὁ Μοισα]γέτας με καλεῖ χ[οϱεῦσαι .]πολλων[(suppl. Lobel, Gallo; dubium utrum ad duo carmina an ad unum haec spectent) ‖ 1 et 3 Heph. 14, 2 p. 44 Consbr. τὸ καλούμενον Πινδαρικὸν ἑνδεκασύλλαβον ... οἷον· ὁ μουσαγέτας – χορεῦσαι (= fr. 116), ἄγοις – Λατοῖ (= fr. 117) ‖ 1sq. vit. Oxyr.

104]Ρ,]Τ,]Υ ? ‖ 106 ΤΙΕΕϹ : G.-H. ‖ 106sq. init. fr. (i) collocandum susp. Lehnus:. [
η[‖ frr. minora c−h, k, l, p, r hic omissa invenies in Ox. Pap. vol. IV pp. 56sq. et in BICS 31, 1984, 68−70 ‖ 94c 2 suppl. Sn., sed incertum utrum ad lemma an ad schol. pertineat]ΠΟΛΛΩ.[

PINDARVS

ἄγοις, ὦ κλυτά, θεράποντα, Λατοῖ

* * *

Πρωτομάχη καὶ *Εὔμητις* filiae Pindari; *Δαΐφαντος* filius;
Μεγάκλεια ἡ Λυσιθέου καὶ *Καλλίνης* uxor.

94d (103 Schr., 62 Bgk.[4])

ἀγοράζειν

94e

καὶ μω{ι}δῶν θηλυ[

94d schol. Aristoph. Ach. 720 ἀγοράζειν . . . ἀττικῶς· ὅθεν καὶ ἡ *Κόριννα* (PMG 688) ἐπιτιμᾷ *Πινδάρῳ* ἀττικίζοντι (ἔστι τοῦ Πινδάρου ἀττικιστί codd. : Geel) ἐπεὶ καὶ ἐν τῷ πρώτῳ τῶν *Παρθενείων* ἐχρήσατο τῇ λέξει (= fr. 103) ‖ **94e** Hdn. fr. 7a Hunger in cod. Vindob. hist. gr. 10 f. 3ᵛ (de verbo εὐναῖος) *Παρθένια β'*· καὶ μωιδῶν θηλυ . . .

94e cf. Hesych. μ 2023

ΚΕΧΩΡΙΣΜΕΝΑ ΤΩΝ ΠΑΡΘΕΝΕΙΩΝ

95 (63)

metrum: aeolicum

$$gl \mid {}^2gl \mid ***^3\,{}_\wedge hipp \parallel {}^4\,{}_\wedge hipp \parallel$$

⊗ Ὦ Πάν, Ἀρκαδίας μεδέων
καὶ σεμνῶν ἀδύτων φύλαξ,

* * *
*

Ματρὸς μεγάλας ὀπαδέ,
σεμνᾶν Χαρίτων μέλημα
5 τερπνόν

*100 (68)

Pan ex Apolline et Penelopa in Lycaeo monte editus

95 schol. Pind. P. 3, 139 a πάρεδρος ὁ Πὰν τῇ Ῥέα, ὡς αὐτὸς ὁ Πίνδαρος ἐν τοῖς κεχωρισμένοις τῶν παρθεν⟨εί⟩ων φησίν· Ὦ Πάν, Ἀρκαδίας μεδέων, ἕως τοῦ Ματρὸς — τερπνόν; vit. Ambr. p. 2, 5 Dr. ὁ γοῦν Πὰν ὁ θεὸς ὤφθη μεταξὺ τοῦ Κιθαιρῶνος καὶ τοῦ Ἑλικῶνος ᾄδων παιᾶνα Πινδάρου· διὸ καὶ ᾆσμα ἐποίησεν εἰς τὸν θεὸν ἐν ᾧ χάριν ὁμολογεῖ τῆς τιμῆς αὐτῷ, οὗ ἡ ἀρχή· Ὦ Πὰν Πὰν Ἀρκ. μεδ. καὶ σεμνῶν ἀδύτων φύλαξ (eadem Eust. prooem. 27 = III 298, 12 Dr.); de hoc carmine fusius egit L. Lehnus, L'inno a Pan di Pindaro (1979) 107 sqq. ‖ **100** Brev. expos. Verg. Georg. 1, 17 (III 2, 204, 5 Thilo-Hagen) *Pana Pindarus ex Apolline et Penelopa in Lycaeo monte editum scribit* . . . *alii ex Mercurio et Penelopa natum* (eadem fere schol. Bern. Verg. Georg. 1, 17 et schol. Lucan. 3, 402); Serv. auct. Georg. 1, 16 (III 1, 135, 4 Thilo) *Pindarus Pana Mercurii et Penelopae filium dicit*; schol. Theocr. fist. 1/2 a (p. 337, 10 Wendel) ἡ Πηνελόπη ἐγέννησε Πᾶνα τὸν αἰπόλον . . . τὸν δὲ Πᾶνα ἔνιοι γηγενῆ ἱστοροῦσιν, ἔνιοι δὲ Αἰθέρος καὶ νύμφης Οἰνόης, ὡς καὶ Πίνδαρος, ἔνιοι δὲ Ὀδυσσέως ⟨ἔνιοι δὲ Ἀπόλλωνος καὶ Πηνελόπης⟩ ante ὡς καὶ Π. inserendum esse susp. Schr.; cf. Lehnus 142 sqq.)

95 3 cf. fr. 80 ‖ **100** cf. Timpanaro, Contributi di filologia (1978) 480−486

PINDARVS

*96 (66)

	cho cr
	wil
	∧gl

(ad Pana)
ὦ μάκαρ, ὅν τε μεγάλας
θεοῦ κύνα παντοδαπόν
καλέοισιν Ὀλύμπιοι

*97 (64)

τὸ σ⟨ὸν⟩ αὐτοῦ μέλος γλάζεις

*98 (65)

φησὶ ... Πίνδαρος τῶν ἁλιέων αὐτὸν (scil. Πᾶνα ἄκτιον) φροντίζειν.

*99 (67)

διδόασι δὲ αὐτῷ (scil. Διονύσῳ) καὶ τὸν Πᾶνα χορευτὴν τελεώτατον θεῶν ὄντα, ὡς Πίνδαρός τε ὑμνεῖ καὶ οἱ κατ᾽ Αἴγυπτον ἱερεῖς κατέμαθον.

101/2 = 51a−d   103 = 94d

104

Πίνδαρός φησιν ἐν τοῖς κεχωρισμένοις τῶν παρθεν⟨εί⟩ων ὅτι τῶν ἐραστῶν οἱ μὲν ἄνδρες εὔχονται ⟨παρ⟩εῖναι Ἥλιον, αἱ δὲ γυναῖκες Σελήνην.

96 Aristot. rhet. 2, 24 p. 1401a 15 ἢ εἴ τις κύνα ἐγκωμιάζων τὸν ἐν τῷ οὐρανῷ συμπαραλαμβάνοι, ἢ τὸν Πᾶνα, ὅτι Πίνδαρος ἔφησεν· ὦ μάκαρ − Ὀλύμπιοι ‖ 97 schol. Theocr. 1, 2b μελίσδεται δὲ ἀντὶ τοῦ μελίζει, ὅ ἐστι λιγυρῶς ἠχεῖ καὶ ἄδει· μέλη (codd. : μέλι Wil.) γὰρ τὰς ᾠδὰς ἔλεγον, ὡς καὶ Πίνδαρος ⟨πρὸς⟩ (add. Heyne) τὸν Πᾶνα φάσκων τὸ σαυτοῦ μέλος γλάζεις, τουτέστιν ἑαυτῷ ᾠδὴν ἄδεις ‖ 98 schol. Theocr. 5, 14b ‖ 99 Aristid. or. 41, 6 (II 331 K.) ‖ 104 schol. Theocr. 2, 10b

96 καλέουσιν Aristot. : Boe. ‖ 97 τὸ σαυτοῦ AT, τοσαῦτα GE, τὸ ἑαυτοῦ K : Wil. ‖ μέλι Wil. ‖ 104 εἶναι vel εἶναι καὶ codd. : Bgk.

**104b (fr. adesp. 90 Bgk.⁴ = 997 Page)

ΔΑΦΝΗΦΟΡΙΚΟΝ ΕΙΣ ΓΑΛΑΞΙΟΝ

οἱ μὲν οὖν περὶ τὸ Γαλάξιον τῆς Βοιωτίας κατοικοῦντες ᾔσθοντο τοῦ θεοῦ (sc. Apollinis) τὴν ἐπιφάνειαν ἀφθονίᾳ καὶ περιουσίᾳ γάλακτος·

> προβάτων γὰρ ἐκ πάντων κελάρυξεν,
> ὡς ἀπὸ κρανᾶν φέρτατον ὕδωρ,
> θηλᾶν γάλα· τοὶ δ᾽ ἐπίμπλαν ἐσσύμενοι πίθους·
> ἀσκὸς δ᾽ οὔτε τις ἀμφορεὺς ἐλίννεν δόμοις,
> 5 πέλλαι γὰρ ξύλιναι πίθοι ⟨τε⟩ πλῆσθεν ἅπαντες

104c et d = 94a et b

104b Plut. Pyth. or. 29 p. 409 A; cf. Procl. chrestom. ap. Phot. bibl. 321 b 29

104b 1 πρὸ πάντων : Leonicus ‖ 3 θήλεον : Wil. | ἐπίμπλων : ἐπίμπλαν Naber, ἐπίμπλεν Wil. ‖ 5 ξύλινοι : Wil. | ⟨τε⟩ Schwartz

ΥΠΟΡΧΗΜΑΤΑ

105 (71−72)

ΙΕΡΩΝΙ (ΕΙΣ ΠΥΘΙΑ?)

metrum: ex iambis ortum

a ∪∪∪ _ ∪ _ | ∪(∪) _ ∪∪ _ ∪ _ ∪ _ ‖

∪ _ _ ∪ _ _ |

b ∪∪ _ ∪∪ _ ∪ _ ∪ _ _ ∪ _ |

∪∪ _ ∪∪ _ ∪ _ ∪ _ ∪ _ _ ‖

∪∪ _ ∪ _ . . .

(a) ⊗ Σύνες ὅ τοι λέγω,
ζαθέων ἱερῶν ἐπώνυμε
πάτερ, κτίστορ Αἴτνας·

*   *   *

(b) νομάδεσσι γὰρ ἐν Σκύθαις ἀλᾶται στρατῶν,
ὃς ἁμαξοφόρητον οἶκον οὐ πέπαται,
ἀκλεὴς ⟨δ'⟩ ἔβα.

106 (73)

metrum: aeolicum

∪∪ _ ∪∪ _ ∪ _ ∪ _ _ ‖   ∧gl ba ‖

∪∪ _ ∪∪ _ ∪ _ | ∧gl |

105 a schol. Pind. P. 2, 127 τὸν ἐπίνικον (P. 2) ἐπὶ μισθῷ συντάξας ὁ Πίνδαρος ἐκ περιττοῦ συνέπεμψεν αὐτῷ προῖκα ὑπόρχημα, οὗ ἡ ἀρχή· σύνες − ἐπώνυμε; schol. N. 7, 1 καταφέρεται εἰς τοῦτο ὁ Πίνδαρος ὅταν ὑπῇ τις ὁμωνυμία, οἷον (sequitur fr. 120) καὶ σύνες − Αἴτνας; Aristoph. av. 926 sq. σὺ δὲ πάτερ κτίστορ Αἴτνας, ζαθέων ἱερῶν ὁμώνυμε et schol. ad loc. ἐκ τῶν Πινδάρου ὑπορχημάτων· ξύνες − Αἴτνας; eadem Strab. 6, 2, 3 p. 268; σύνες ὅ τοι λέγω Aristoph. av. 945, Pl. Men. 76 d, Phdr. 236 d, Greg. Naz. ep. 114 (37, 212 B Migne); Ioannes Mauropus Euchaitensis 34, 6 − 7 (I p. 19 Lagarde); Arethas scr. min. 48 (I 320, 13 Westerink) ‖
105 b Aristoph. av. 941 sqq. νομάδεσσι − ἔβα cum schol. καὶ ταῦτα παρὰ τὰ ἐκ Πινδάρου· ἔχει δὲ οὕτως· νομάδεσσι − πέπαται

105 2 ἐπών. schol. Arist. et Pind. Pyth., ὁμών. Aristoph., schol. Pind. Nem. (cf. fr. 120) ‖ 6 ⟨δ'⟩ Boe.

⊗   Ἀπὸ Ταϋγέτοιο μὲν Λάκαιναν
    ἐπὶ θηρσὶ κύνα τρέχειν
    πυκινώτατον ἑρπετόν·
    Σκύριαι δ᾽ ἐς ἄμελξιν γλάγεος αἶγες ἐξοχώταται·
5   ὅπλα δ᾽ ἀπ᾽ Ἄργεος, ἅρμα Θη-
    βαῖον, ἀλλ᾽ ἀπὸ τᾶς ἀγλαοκάρπου
    Σικελίας ὄχημα δαιδάλεον ματεύειν.

$$107 = \text{pae. } 9, 1-22$$

*107 a b (Sim. 29−31 Bgk.⁴)

metrum: iambi, dactyli

                                                                        2 ia ‖

                                                                        2 ia ‖

                                     ⌣⌣4 da ia ba |

                                     8 da ‖

5   *chodim* | *cr ia* . . .

                          * * *

                                      chodim? *cr* |

                                     chodim | *ia ba* |

(a)   Πελασγὸν ἵππον ἢ κύνα
      Ἀμυκλᾴαν ἀγωνίῳ

106 epit. Ath. 1, 28 a (Eustath. Od. 1822, 5 et 1569, 44) Πίνδαρος δ᾽ ἐν τῇ εἰς Ἱέρωνα Πυθικῇ ᾠδῇ· ἀπὸ Ταϋγέτοιο − ματεύειν ‖ 5 sq. schol. Aristoph. pac. 73 καὶ Πίνδαρός φησιν· ἀλλ᾽ ἀπὸ τῆς − ὄχημα, cf. Philetaerum nr. 248 (ed. Dain) ‖ **107 a. b** Plut. quaest. symp. 9, 15 p. 748 B δηλοῖ δ᾽ ὁ μάλιστα κατωρθωκέναι δόξας ἐν ὑπορχήμασι καὶ γεγονέναι πιθανώτατος ἑαυτοῦ τὸ δεῖσθαι τὴν ἑτέραν τῆς ἑτέρας (scil. τὴν ποίησιν τῆς ὀρχήσεως)· τὸ γὰρ ἀπέλαστον − ἐπ᾽ οἷμον καὶ τὰ ἑξῆς . . . αὐτὸς γοῦν ἑαυτὸν οὐκ αἰσχύνεται περὶ τὴν ὄρχησιν οὐχ ἧττον ἢ τὴν ποίησιν ἐγκωμιάζων, ὅταν λέγῃ ῥῶσαι (δὲ γηρῶσαι codd. : Blass) † νῦν (πρὸς αὐλὸν ci. Wil.) ἐλαφρὸν − τρόπον; cf. Wil. Pindaros 502 sqq. (Pindaro tribuit Th. Reinach, Mél. Weil 413)

106 1 sq. Λάκαινα . . . κύων? (Λάκ. κύνα secl. West, CQ 20, 1970, 212) ‖ 4 γλάγους Eustath., γάλακτος CE ‖ 5 ἀλλ᾽ ἀπὸ τῆς schol. Aristoph., ἀπὸ τῆς Athen. ‖ **107 a** 1 ἀπέλαστον : Meineke

ἐλελιζόμενος ποδὶ μιμέο καμπύλον μέλος διώκων,
οἶ᾽ ἀνὰ Δώτιον ἀνθεμόεν πεδί-
ον πέταται θάνατον κεροέσσᾳ
5 εὑρέμεν ματεῖσ᾽ ἐλάφῳ·
τὰν δ᾽ ἐπ᾽ αὐχένι στρέφοι-
σαν {ἕτερον} κάρα πάντ᾽ ἐπ᾽ οἶμον . . .

*   *
*

(b)   ἐλαφρὸν ὄρχημ᾽ οἶδα ποδῶν μειγνύμεν·
Κρῆτα μὲν καλέοντι τρόπον, τὸ δ᾽ ὄργανον Μολοσσόν.

108 (75 + 106 = 142 Schr.)

metrum: ex iambis ortum

∪ — ∪ ᴗᴗ — ∪ — — |
ᴗ — ∪ ᴗᴗ — ∪ — — ∪ — | *ia 2 cr*
∪ — ∪ ∪∪ — ∪ — | *ia cr*
∪ — — ∪ — ∪∪ — || *chodim* ||

— ∪ —

(a)   θεοῦ δὲ δείξαντος ἀρχάν
ἕκαστον ἐν πρᾶγος, εὐθεῖα δή
³ κέλευθος ἀρετὰν ἑλεῖν,
τελευταί τε καλλίονες.

*   *
*

(b)   θεῷ δὲ δυνατὸν μελαίνας
ἐκ νυκτὸς ἀμίαντον ὄρσαι φάος,
³ κελαινεφέϊ δὲ σκότει
καλύψαι σέλας καθαρόν
5 ἁμέρας

---

b 2 Ath. 5, 10 p. 181 B Κρητικὰ καλοῦσι τὰ ὑπορχήματα· Κρῆτα — Μολοσσόν ‖
108 a epist. Socr. 1, 7 (p. 610 H. = 11, 6 Köhl.) ἀπειθεῖν δὲ αὐτῷ ὀκνῶ καὶ τὸν Πίν-
δαρον ἡγούμενος εἰς τοῦτο εἶναι σοφόν, ὅς φησιν· θεοῦ — καλλίονες· σχεδὸν γὰρ
οὕτω που αὐτῷ ἔχει ‖ *108 b Clem. Alex. strom. 5, 14, 101 (2, 393 St.) ὁ μελο-
ποιὸς δέ· θεῷ — σέλας

4 οἷος : Reinach | κεράσασα : Wyttenbach ‖ 5 μανύων : Schr. ‖ 6 στρέφοιαν :
Wyttenbach | ἔτ. secl. Schr. | πάντα ἕτοιμον : Schneidewin ‖ b 1 init. ⟨αὐλοῖς⟩
vel sim. add. Wil. | οἶδα] ἀοιδᾷ Bgk. ‖ 2 Κρήταν Athen. | καλέουσι : Schr. ‖
108 b 1sq. ἐκ μελ. et 4sq. καθ. ἁμ. σέλ. : transp. Bl.

110. 109 (76. 228)

ΘΗΒΑΙΟΙΣ

metrum: iambi, aeolica

∪∪∪∪∪∪ _ _ ∪ _ _ _ ∪ _ | *ia 2 ba cr* |

_ _ ∪∪ _ ∪ _ | _ ∪ _ ∪ _ _ | ∧*gl* | *cr ba* |

* * *

∪ _ _ ∪ _ _ ∪ _ ∪ _ | *2 ba ia* |

∪ _ ∪ _ _ ∪ _ ∪∪ _ ∪∪ _ ω _ ∪ _ _ ∪ _ | *ia gl²ᵈ cr* |

ω∪ _? ω∪ω∪ω∪ _ | *2 cr ia* |

ω _ ∪ _ ∪ _ _ _ ∪∪ _? | *(ia) ba cho* |

110   γλυκὺ δὲ πόλεμος ἀπείροισιν, ἐμπείρων δέ τις
         ταρβεῖ προσιόντα νιν καρδίᾳ περισσῶς

* * *

109   τὸ κοινόν τις ἀστῶν ἐν εὐδίᾳ
         τιθεὶς ἐρευνασάτω μεγαλάνορος Ἡσυχίας
         τὸ φαιδρὸν φάος,
         στάσιν ἀπὸ πραπίδος ἐπίκοτον ἀνελών,
         πενίας δότειραν, ἐχθρὰν κουροτρόφον

110 Stob. ecl. 4, 9, 3 (4, 321 W.-H.) Πίνδαρος ὑπορχημάτων· γλυκὺ – περισσῶς; schol. ABTLG Hom. Λ 227 (Eustath. Il. 841, 32) φιλοπόλεμοι οἱ νέοι, ὡς καὶ Πίνδαρος· γλυκὺς – περισσῶς; schol. Thuc. POx. 6, 853 col. 6, 35 ad 2, 8, 1 γλυκ[5 – 6 litt.]λεμος απειροισιν ως φη[‖ 109 Stob. ecl. 4, 16, 6 (4, 395 W.-H.) Πινδάρου ὑπορχημάτων· τὸ κοινόν – κουροτρόφον; Polyb. 4, 31, 6 οὐδὲ γὰρ Θηβαίους ἐπαινοῦμεν κατὰ τὰ Μηδικὰ . . . οὐδὲ Πίνδαρον τὸν συναποφηνάμενον αὐτοῖς ἄγειν τὴν ἡσυχίαν διὰ τῶνδε τῶν ποιημάτων· τὸ κοινόν – φάος; (ex Ephoro? v. Wil. Gr. Versk. 313, 1); Philod. de mus. 1 (35, 43 Risp.) (v. 1) = Diog. Bab., StVF 3, 232, 35 Arn.

110 1 γλυκὺ δὲ πόλεμος ἀπείροισιν Stob., Σ Thuc. (sed γλυκὺς an γλυκὺ fuerit incertum), γλυκὺς ἀπείρῳ πόλεμος Σ Hom. (i. e. prov., cf. Diog. 3, 94, Bodl. 293, Sud. s. v. γλυκύς, Σ Thuc. 1, 80, 1) | πεπειραμένων Eustath. ‖ 2 καρδίᾳ om. Σ Hom. ‖ 109 2 τιθεὶς Pol., καταθεὶς Stob. | τὸ φαιδρὸν φάος Polyb., ἱερὸν φάος Stob. ‖ 3 ἀνέμων Stob. : Grotius

111 (77)

⟨Ἡρακλῆς Ἀνταῖον?⟩

ἐνέπισε κεκραμέν᾽ ἐν αἵματι, πολλὰ
   δ᾽ ἕλκε᾽ ἔμβαλλε   ]. ₗνₗωμῶν τₗραχὺ ῥόπαλον,
τέλος δ᾽ ἀείραις ₗ πρὸς στιβαρᾷₗς ἐπάραξε
5 πλευράς,   αἰὼₗν δὲ δι᾽ ὀστέωₗν ἐρραίσθη
     ].᾽ αιμαπολ[
     ]δ᾽ ἐγκεφαλ.[
     ]δε θυγατερ.[
     ]ντις ἰδὼν δ[

   . . .

111 a

   . . .

     ]ηρ
   ]. ριπτομεν.[
   ]. ὅτ᾽ ἦσαν
     ]κορυφαί
5   ]. εγδογ..[
    ]. οιδ᾽ ὅτ᾽ ἐστρα[τευ...
    ]ἄωτος ἡρώῳ[ν
    ]ντες ὀβρ[
    ]. οσε[

   . . .

111 1–4 Erotian. gloss. Hippocr. p. 20, 20 Nachm. s. v. αἰών· ὁ νωτιαῖος μυελός
... καὶ Πίνδαρος ἐν ὑπορχήμασι λέγων· ἐνέπισε – ἐρραίσθη ‖ 2–9 Π³¹ fr. 1 ‖
111 a Π³¹ fr. 7

111 colometria incerta ‖ ⟨Ἡρακλῆς⟩ Heringa, ⟨Ἀνταῖον⟩ Zuntz, Herm. 85, 1957,
401 qui sententiam hanc fuisse putat : [ματρὶ δ᾽ ἄλγεα πολλὰ θῆκεν, πολὺν δ᾽
ἱδρῶτ᾽] ἐνέπισεν conferens Luc. B. C. 4, 629 rapit arida tellus sudorem; sed fort. P.
dicit : Hercules Antaeum καταβληθέντα κόνια ἐνέπισεν vel sim. (Sn.) ‖ 3 ἕλκεα
{πλευρὰς} ἐμβ. : secl. Heringa | ἔμβαλλεν ὦμον : ἔμβαλε νωμῶν Vulcanius |]Χ. ?
sec. Lobel, sed]P[vel]Φ[vel]Y[fuisse vid. : ῥόπαλον τραχ]ὺ? ‖ 4 ἐπάραξε H,
ἀπάραξε AL, ἄραξε Zuntz ‖ 5 ἐρραίσθη Christ ‖ 6]Δ᾽,]Λ᾽; τὸ] δ᾽ αἷμα πολ[ὺ ? ‖
7 Λ[vel A[, vix ω[‖ 8 ω[pot. qu. Δ[| θυγατέρ(α) cf. Pind. P. 9, 106 (i. e. Alceis
vel Barce sec. schol. ad l.) vel θυγατέρων, cf. vasa a Wernicke RE 1, 2341, 60 et a
Zuntz l. l. 411 commemorata ? ‖ 9 ἰΔ ‖ **111 a 2**]Є,]A | A[? ‖ 3 vix]Δ᾽ Lobel |
ΟΤ᾽Η ‖ 6]Γ,]Τ | Δ᾽ΟΤ᾽ | ἐστρα[τεύθη Lobel ‖ 7 suppl. Lobel ‖ 8 ὄβρ[ιμοι Erbse ‖
9 fort.]Θ

112 (78)

ΛΑΚΕΔΑΙΜΟΝΙΟΙΣ

⊗ Λάκαινα μὲν παρθένων ἀγέλα

113 (79)

Ὁμόλα vel Ὁμολώϊα

114 (80)

συνωρὶς εὕρημα Κάστορος

115 (81) v. fr. 71

116. 117 (82) = 94 c

112 Athen. 14, 29 p. 631 c (ex Aristocle, cf. fr. 9 FHG 4, 331) ἢ δ᾽ ὑπορχηματική ἐστιν ἐν ᾗ ᾄδων ὁ χορὸς ὀρχεῖται . . . καὶ Πίνδαρος δέ φησιν· Λάκαινα — ἀγέλα. ὀρχοῦνται δὲ ταύτην παρὰ τῷ Πινδάρῳ οἱ Λάκωνες, καὶ ἔστιν ὑπορχηματικὴ ὄρχησις ἀνδρῶν καὶ γυναικῶν ‖ **113** schol. Theocr. 7, 103 a Ὁμόλη δὲ Θετταλίας ὄρος ὡς Ἔφορος (FGrHist 70 F 228) καὶ Ἀριστόδημος ὁ Θηβαῖος ἐν οἷς ἱστορεῖ περὶ τῆς ἑορτῆς τῶν Ὁμολωΐων (ὁμόλων vel ὁμηρῶν: Meursius), καὶ Πίνδαρος ἐν τοῖς ὑπορχήμασιν ‖ **114** schol. Pind. I. 1, 21 Ἰόλαος δὲ ἦν Ἡρακλέους ἡνίοχος· ἀλλ᾽ †εὐρήματα† Πινδάρου ἐν ὑπορχήμασιν †ὡς εὕρημα Κάστορος, ὡς αὐτὸς λέγει† (corruptum; de temonis inventione agi videtur, cf. schol. Pind. P. 5, 10 a δοκεῖ δὲ πρῶτος συνωρίδα καταζεῦξαι Κάστωρ)

114 ἅρμα δὲ εὕρηκεν (scil. Ἰόλαος) κατὰ Πίνδαρον ἐν ὑπορχήμασιν, ὡς ⟨καὶ ζεῦγος⟩ εὕρημα Κάστορος Schr., alii alia

ΕΓΚΩΜΙΑ

118. *119 (83. 84)

ΘΗΡΩΝΙ ΑΚΡΑΓΑΝΤΙΝΩΙ

metrum: dactyloepitr.

E＿＿...|³＿E＿D＿|e＿Dᴗ|D＿e|

118   ⊗   *Βούλομαι παίδεσσιν Ἑλλάνων* ....

＊ ＊ ＊

119 *οἱ τοῦ Θήρωνος πρόγονοι τὸ γένος ἀπὸ Θηβαίων εἶχον, ἀπὸ Κάδμου τὸ ἀνέκαθεν·*
   ἂν δὲ Ῥόδον κατῴκισθεν ...,
   ³ *ἔνθεν δ᾽ ἀφορμαθέντες, ὑψηλὰν πόλιν ἀμφινέμονται,*
   πλεῖστα μὲν δῶρ᾽ ἀθανάτοις ἀνέχοντες,
   ἔσπετο δ᾽ αἰενάου πλούτου νέφος.

*120. *121 (85. 86)

ΑΛΕΞΑΝΔΡΩΙ ΑΜΥΝΤΑ

metrum: dactyloepitr.

eᴗD|²D＿|...ᴗ＿＿e＿＿＿...＿＿e＿|D＿E|＿e＿D...

---

118 schol. A Pind. O. 2, 39 a *τὸ γὰρ τοῦ Θήρωνος γένος ἐνθένδε* (scil. *ἐκ τῶν Κάδμου θυγατέρων*) *κατάγεσθαί φησιν ὁ Πίνδαρος ἐν ἐγκωμίῳ οὗ ἀρχή· βούλομαι —* *Ἑλλάνων* et 70f *περὶ τῶν Θήρωνος προγόνων, ὅτι οὗτοι τὸ γένος ἀπὸ Θηβαίων εἶχον, ἀπὸ Κάδμου τὸ ἀνέκαθεν* (sequitur enumeratio Cadmi progeniei usque ad Haemonem exsulem Athenas missum eiusque posteros Rhodum incolentes, unde Agrigentum venerunt) *καὶ μέχρι Θήρωνος τὰς ἁπάσας γενεὰς ζ᾽ πρὸς τὰς η᾽ ἀριθμεῖσθαι.* *ταῦτα ἱστορεῖ ἐν ἐγκωμίῳ οὗ ἡ ἀρχή· βούλομαι — Ἑλλάνων* (e Timaeo ?) ‖
119 schol. A Pind. O. 2, 15 a *οἱ δὲ Ἀκραγαντῖνοι Γελῴων εἰσὶν ἄποικοι· ὥστε τὸ πατέρων ἄωτον λέγει ἐπὶ τῶν Θήρωνος προγόνων, οἳ οὐχ ἁπλῶς εἰς τὴν Γέλαν* (*τὸν Γέλωνα*: Schneider) *μετῆραν, ἀλλὰ εὐθὺς ἀπὸ Ῥόδου εἰς τὴν Ἀκράγαντα. καὶ τοῦτο ἐξ αὐτοῦ Πινδάρου σαφηνίζεται, ὡς καὶ Τίμαιός φησι* (FGrHist 566 F 92); eadem fere schol. **BEHQ** 15 d, quod pergit *ὡς καὶ ὁ Πίνδαρος λέγει· ἂν δὲ Ῥόδον — νέφος* (e Timaeo)

119 1 *ἂν* **BEH**, *ἐν* **Qˢ** | *καταοίκισθεν* Schr. ‖ 2 *ἔνθεν δ᾽* **GH**, *ἐν δ᾽* **B**, *ἔνθ᾽* **E**, *ἔνθα καὶ* **Q** | *πόλιν* sc. Agrigentum ‖ 4 *ἔπετο* **BEL** : corr. *γ*

120   ⊗   Όλβίων όμώνυμε Δαρδανιδᾶν,
          παῖ θρασύμηδες Ἀμύντα

                    *   *   *

121   ... πρέπει δ᾽ ἐσλοῖσιν ὑμνεῖσθαι ...
          ... καλλίσταις ἀοιδαῖς.
          τοῦτο γὰρ ἀθανάτοις τιμαῖς ποτιψαύει μόνον {ῥηθέν},
          θνᾴσκει δὲ σιγαθὲν καλὸν ἔργον ⟨‿—⟩

                    *122 (87)

                    ΞΕΝΟΦΩΝΤΙ ΚΟΡΙΝΘΙΩΙ

metrum: dactyloepitr.

$\overset{6}{\cup}e\overset{16}{\cup}D\|^2\_e\overset{7}{\cup}\_e\_\|^3e\_d^1e\_|^4e\overset{4.19}{\cup}D\_D|\overset{15}{\cup}e\overset{5}{\cup}\_\|\|$

A'   Πολύξεναι νεάνιδες, ἀμφίπολοι
     Πειθοῦς ἐν ἀφνειῷ Κορίνθῳ,
     ³ αἵ τε τᾶς χλωρᾶς λιβάνου ξανθὰ δάκρη
     θυμιᾶτε, πολλάκι ματέρ᾽ ἐρώτων
     οὐρανίαν πτάμεναι

---

120 schol. Pind. N. 7, 1a ὅταν ὑπῇ τις ὁμωνυμία, οἷον· ὀλβίων — Ἀμύντα (sequitur fr. 105a); Dio Prus. 2, 33 de Alexandro Magno καὶ Πινδάρου ἐπεμνήσθη ... διά τε τὴν λαμπρότητα τῆς φύσεως καὶ ὅτι τὸν πρόγονον αὐτοῦ καὶ ὁμώνυμον ἐπ-ήνεσεν Ἀλέξανδρον τὸν φιλέλληνα ἐπικληθέντα ποιήσας εἰς αὐτόν· ὀλβίων — Δαρδανι-δᾶν; Simplic. in Aristot. categ. 2 (40, 3 Heib.) λέγεται πάντως· ὀλβίων — Δαρδανι-δᾶν ‖ 121 Dion. Hal. Demosth. 26 (1, 185 U.-R.) πρέπει — ἔργον· Πίνδαρος τοῦτο πεποίηκεν εἰς Ἀλέξανδρον τὸν Μακεδόνα, περὶ τὰ μέλη καὶ τοὺς ῥυθμοὺς μᾶλλον ἢ περὶ τὴν λέξιν ἐσπουδακώς ‖ 122 Chamaeleo (fr. 31 Wehrli) ap. Athen. 13, 33 p. 573 F Ξενοφῶν ὁ Κορίνθιος ἐξιὼν εἰς Ὀλυμπίαν ἐπὶ τὸν ἀγῶνα καὶ αὐτὸς ἀπάξειν ἑταίρας εὔξατο τῇ θεῷ νικήσας. Πίνδαρός τε τὸ μὲν πρῶτον ἔγραψεν εἰς αὐτὸν ἐγ-κώμιον ... (O. 13), ὕστερον δὲ καὶ σκόλιον τὸ παρὰ τὴν θυσίαν ᾀσθέν, ἐν ᾧ τὴν ἀρ-χὴν εὐθέως πεποίηται πρὸς τὰς ἑταίρας, αἳ παραγενομένου τοῦ Ξενοφῶντος καὶ θύοντος τῇ Ἀφροδίτῃ συνέθυσαν· διόπερ ἔφη· ὦ Κύπρου — ἰανθείς· ἤρξατο δ᾽ οὕ-τως τοῦ μέλους· πολύξεναι — γυναιξί. δῆλον γὰρ ὅτι πρὸς τὰς ἑταίρας διαλεγόμενος ἠγωνία ποῖόν τι φα-νήσεται τοῖς Κορινθίοις τὸ πρᾶγμα. πιστεύων δέ, ὡς ἔοικεν, αὐτὸς αὑτῷ πεποίηκεν εὐθέως· ἐδιδάξαμεν — βασάνῳ ‖ 3sq. Zonaras 1307 Tittm. | χλωρᾶς — δάκρη Hdn. fr. 7b Hunger in cod. Vindob. hist. gr. 10 f. 25ᵛ | χλωρᾶς — θυμιᾶτε Orus ap. Et. gen. λ 100 (p. 58 Alpers) | ξανθὰ δάκρη Epim. Hom. AO 1, 121, 3 Cr.

120 1 ἐπών. Dio, ὁμόν. Simplic. et schol. Pind. ‖ 121 1 δὲ ὅλοισιν : Sylburg ‖ 3 ῥηθέν del. Bothe ‖ 4 δ᾽ ἐπιταθὲν : Barnes | ⟨ἄπαν⟩ W. Morel ‖ 122 3 διαιτε τασχειρας λιβάνου Ath. | δάκρυα Ath. | 4 θυμιᾶται Zon., τε ἡμῖν Ath. | πολλάκις μάτερας : Boe.

PINDARVS

5 νοήματι πρὸς Ἀφροδίταν,
Β′ ὑμῖν ἄνευθ᾽ ἐπαγορίας ἔπορεν,
ὦ παῖδες, ἐρατειναῖς ⟨ἐν⟩ εὐναῖς
³μαλθακᾶς ὥρας ἀπὸ καρπὸν δρέπεσθαι.
σὺν δ᾽ ἀνάγκᾳ πᾶν καλόν . . .

         * * *

(Γ′) ³ἀλλὰ θαυμάζω, τί με λέξοντι Ἰσθμοῦ
δεσπόται τοιάνδε μελίφρονος ἀρχὰν
εὑρόμενον σκολίου
(15) ξυνάορον ξυναῖς γυναιξίν.
(Δ′) διδάξαμεν χρυσὸν καθαρᾷ βασάνῳ

         * * *

³ ὦ Κύπρου δέσποινα, τεὸν δεῦτ᾽ ἐς ἄλσος
φορβάδων κορᾶν ἀγέλαν ἑκατόγγυι-
ον Ξενοφῶν τελέαις
(20) ἐπάγαγ᾽ εὐχωλαῖς ἰανθείς.

*123 (88)

ΘΕΟΞΕΝΩΙ ΤΕΝΕΔΙΩΙ

metrum: dactyloepitr.

ΣΤΡ   _De_D‖²D_e_ |³E|⁴_e_D × |⁵ee × E ‖‖
ΕΠ   _e_D|²_D_ |³D|⁴_E|⁵ee‖‖?

⊗ Χρῆν μὲν κατὰ καιρὸν ἐρώ-
των δρέπεσθαι, θυμέ, σὺν ἁλικίᾳ·
τὰς δὲ Θεοξένου ἀκτῖνας πρὸς ὅσσων

123 Ath. 13 p. 601 D μνησθεὶς δὲ καὶ τοῦ Τενεδίου Θεοξένου ὁ Πίνδαρος, ὃς ἦν αὐτοῦ ἐρώμενος, τί φησιν; χρῆν μὲν – Ἀγησιλάου; 564 E τὰς δὲ Θεοξένου – μέλαι-ναν ψυχάν (e Chamaeleone, cf. Wehrli ad fr. 25); Plut. de inim. util. 9 p. 90 F ὅστις οὐκ ἄγαται τῆς εὐμενείας οὐδὲ ἐπαινεῖ τὴν χρηστότητα, κεῖνος ἐξ ἀδάμαντος – καρ-δίαν; ser. num. vind. 13 p. 558 A τίς δ᾽ οὐκ ἂν ἡσθείη τῇ χάριτι . . . εἰ μὴ μέλαι-ναν καρδίαν κεχάλκευται ψυχρᾷ φλογὶ κατ᾽ αὐτὸν τὸν Πίνδαρον;

5 πρὸς] πὸτ τὰν : Wil. ‖ 6 ὕμμιν Herm. ‖ ἄνωθεν ἀπαγ. : Meineke ‖ 7 ἐν add. Boe. ‖ 8 μαλθακωρας : Boe. ‖ 9 παγκαλον : Schr. ‖ 10 λεξοῦντι : Casaub. ‖ 13 Ἰσθμοῦ] ὁμοῦ : Casaub. ‖ 16 ἐδιδάξαμεν : Herm. ‖ κιθάραι : Casaub. ‖ **123** 1 με: Herm. ‖ 2 ἀκτῖνας ὄσσων Ath.¹, ἀκτ. προσώπων Ath.² : Kaibel

108

³ μαρμαρυζοίσας δρακείς
ὃς μὴ πόθῳ κυμαίνεται, ἐξ ἀδάμαντος
5 ἢ σιδάρου κεχάλκευται μέλαιναν καρδίαν
ψυχρᾷ φλογί, πρὸς δ' Ἀφροδί-
τας ἀτιμασθεὶς ἑλικογλεφάρου
ἢ περὶ χρήμασι μοχθίζει βιαίως
³ ἢ γυναικείῳ θράσει
ψυχρὰν † φορεῖται πᾶσαν ὁδὸν θεραπεύων.
10 ἀλλ' ἐγὼ τᾶς ἕκατι κηρὸς ὣς δαχθεὶς ἕλᾳ
ἱρᾶν μελισσᾶν τάκομαι, εὖτ' ἂν ἴδω
παίδων νεόγυιον ἐς ἥβαν·
³ ἐν δ' ἄρα καὶ Τενέδῳ
Πειθώ τ' ἔναιεν καὶ Χάρις
15 υἱὸν Ἀγησίλα.

*124a. b (89. 239)

ΘΡΑΣΥΒΟΥΛΩΙ ΑΚΡΑΓΑΝΤΙΝΩΙ

metrum: dactyloepitr.

D‿⌣‿|²e_D_e_|³e_d¹E_ ‖|

(a)   Α'   Ὦ Θρασύβουλ', ἐρατᾶν ὄχημ' ἀοιδᾶν
τοῦτό ⟨τοι⟩ πέμπω μεταδόρπιον. ἐν ξυνῷ κεν εἴη
³ συμπόταισίν τε γλυκερὸν καὶ Διωνύσοιο καρπῷ
Β'   καὶ κυλίκεσσιν Ἀθαναίαισι κέντρον·
(b)   5 ἁνίκ' ἀνθρώπων καματώδεες οἴχονται μέριμναι
³ στηθέων ἔξω· πελάγει δ' ἐν πολυχρύσοιο πλούτου

124a Ath. 11 p. 480 C καὶ τῶν μὲν Ἀττικῶν (κυλίκων) μνημονεύει Πίνδαρος ἐν τοῖσδε· ὦ Θρασύβουλ' − κέντρον ‖ **124b** Ath. 11 p. 782 D (p. 19 Kaib.) αὔξει γὰρ ... τὴν ψυχὴν ἡ ἐν τοῖς πότοις διατριβή, ... ὥς φησιν ὁ Πίνδαρος· ἁνίκ' − πλουτέοντες, εἶτ' ἐπάγει· ἀέξονται − δαμέντες

3 μαρμαριζοίσας Ath.² ‖ 6 ἑλικοβλ. Ath., Eustath. prooem. 16 (291, 24 Dr.) : Schr. ‖ 9 ψυχρ. def. van Groningen ‖ 10 ἐγὼ δεκατιτας κηρος : Herm., Wil. ‖ 10sq. ἐλεηρὰν : Bgk. ‖ 13 τονεδω : Musurus ‖ 15 Ἀγησιλάου : Bgk. ‖ 124 2 suppl. Boe. ‖ 6 ἔξωθεν ... πολυχρύσου : Mitscherlich

PINDARVS

Γ' πάντες ἴσα νέομεν ψευδῆ πρὸς ἀκτάν·
8 ὃς μὲν ἀχρήμων, ἀφνεὸς τότε, τοὶ δ' αὖ πλουτέοντες

*   *   *

11 Δ' ²⟨_⟩ ἀέξονται φρένας ἀμπελίνοις τόξοις δαμέντες

*124c (94)

metrum: dactyloepitr. _e_D|_E|

δείπνου δὲ λήγοντος γλυκὺ τρωγάλιον
καίπερ πεδ' ἄφθονον βοράν ⏑

*124e

Ἀθαναία (scil. γυνή)

**124d. *125. *126 (91. 92)

ΙΕΡΩΝΙ ΣΥΡΑΚΟΥΣΙΩΙ

metrum: dactyloepitr.

E⏑̣E_[*]|e_D_|E_|E_E|(vel|E_e_|_⏑⏑)[*]|E⏑d¹|⏑E_|

124d βαρβι[τί]ξαι θυμὸν ἀμβλὺν ὄντα καὶ φωνὰν ἐν οἴνῳ

124c Aristoteles (fr. 104 R.) ap. Athen. 14, 47 p. 641 B Ἀριστοτέλης δ' ἐν τῷ
περὶ μέθης τὰ τραγήματά φησι λέγεσθαι ὑπὸ τῶν ἀρχαίων τρωγάλια· ὡσεὶ γὰρ ἐπι-
δορπισμὸν εἶναι· Πίνδαρος δέ ἐστιν ὁ εἰπών· δείπνου − βοράν; eadem Clem. Alex.
strom. 1, 20, 10 (2, 64 St.) et Eust. Od. 1401, 49; γλυκὺ τρωγάλιον memorant Phi-
lodem. de mus. 4, 12, p. 76, 3 K. (vide ad fr. 124d) et Plut. de sanit. 20 p. 133C ||
124e Sud. 1, 69, 10; Phot. Lex. s. v.; dubium an ad fr. 124a, 4 spectet ||
124d Philod. de mus. 4, 12 p. 76 Kemke]των τι βαρβι[. .]ξαι − ἐν οἴνωι καὶ
[γ]λυκὺ τρωγάλιον αὐτὴν (τὴν μουσικὴν) εἶναι λεγόντων παρὰ τὰ δεῖπνα (vide ad fr.
124c); Plut. qu. symp. 3, 6, 2 p. 653 Ε κύλικος δὲ προκειμένης ἐν συνήθεσι καὶ φί-
λοις, ἔνθα καὶ τὸ παραλέξαι μῦθον ἀμβλύνοντα καὶ ψυχρὸν ἐν οἴνῳ συμφέρει (cf.
Wil. Pindaros 142)

7 ἴσα : Herm. || 11 ⟨ὡς⟩ Körte || 124 d βαρβι[τί]ξαι Philod., suppl. Wil.; παρα-
λέξαι Plut. | ἀμβλύνοντα Plut. | φωνὴν Philod. (-ναν s. l.), ψυχρὸν Plut. (i. e. ψυχὴν?
Wil.) | cf. Neubecker, Philol. 98, 1954, 155; Irigoin, Gnomon 33, 1961, 265

110

125   (περὶ τοῦ βαρβίτου)

τόν ῥα Τέρπανδρός ποθ᾽ ὁ Λέσβιος εὗρεν
πρῶτος, ἐν δείπνοισι Λυδῶν
ψαλμὸν ἀντίφθογγον ὑψηλᾶς ἀκούων πακτίδος

*   *
*

126   μηδ᾽ ἀμαύρου τέρψιν ἐν βίῳ· πολύ τοι
φέριστον ἀνδρὶ τερπνὸς αἰών.

*127 (236)

metrum: aeolicum

                 _ _ ∪∪ _ ∪∪ _ _ ‖   ∧pher^d ‖

                 ∪ _ _ _ ∪ ∪ _ _ | _pher |

                 _ _ ∪∪ _ ∪ _ _ | ∧hipp |

                 ∪ _ ∪ _ ∪ _ _ | ia ba |

       Εἴη καὶ ἐρᾶν καὶ ἔρωτι
       χαρίζεσθαι κατὰ καιρόν·
       μὴ πρεσβυτέραν ἀριθμοῦ
       δίωκε, θυμέ, πρᾶξιν.

*128 (90)

metrum: aeolicum

                 ∪∪ _ ∪∪ _ ∪ _ ∪ _ _ | ∧gl ba |

           _ ∪ _ _ ∪ _ ∪∪ _ ∪∪ _ ∪ _ | cr gl^d

           ∪ _ _ ∪ . . .

125 Aristoxen. (fr. 99 Wehrli) ap. Ath. 14, 36 p. 635 B Ἀριστόξενος δὲ τὴν μάγα-
διν καὶ τὴν πηκτίδα χωρὶς πλήκτρου διὰ ψαλμοῦ παρέχεσθαι τὴν χρείαν· διόπερ καὶ
Πίνδαρον εἰρηκέναι ἐν τῷ πρὸς Ἱέρωνα σκολίῳ τὴν μάγαδιν ὀνομάσαντα ψαλμὸν ἀν-
τίφθογγον, διὰ τὸ διὰ δύο γενῶν ἅμα καὶ διὰ πασῶν ἔχειν τὴν συνῳδίαν ἀνδρῶν τε
καὶ παίδων; 14, 37 p. 635 D ἀρχαῖόν ἐστιν ὄργανον ἡ μάγαδις, σαφῶς Πινδάρου λέ-
γοντος τὸν Τέρπανδρον ἀντίφθογγον εὑρεῖν τῇ παρὰ Λυδοῖς πηκτίδι τὸν βάρβιτον·
τόν ῥα − πηκτίδος; [Plut.] de mus. 28, 1140 F εἰ δέ, καθάπερ Πίνδαρός φησι, καὶ
τῶν σκολιῶν μελῶν Τέρπανδρος εὑρετὴς ἦν ‖ **126** Heracl. Pont. (fr. 55 W.) ap.
Ath. 12, 5 p. 512 D Πίνδαρος παραινῶν Ἱέρωνι τῷ Συρακοσίων ἄρχοντι· μηδ᾽ −
αἰών ‖ **127** Chamael. ap. Ath. 13, 76 p. 601 C (cf. Wehrli ad fr. 75) καὶ Πίνδαρος δ᾽
οὐ μετρίως ὢν ἐρωτικός φησιν· εἴη − πρᾶξιν; 13, 11 p. 561 B κατὰ τὸν Πίνδαρον
δὲ ἄλλος τις ἔφη· εἴη − καιρόν

125 2 λύδιον : Schneider

PINDARVS

χάριτάς τ᾽ Ἀφροδισίων ἐρώτων,
ὄφρα σὺν Χειμάρῳ μεθύων Ἀγαθωνίδᾳ
βάλω κότταβον

128 Theophr. (fr. 118 W.) ap. Ath. 10, 30 p. 427 D *ὁ δὲ κότταβος (ἀποδεδομένος ἦν) τοῖς ἐρωμένοις . . . διὸ καὶ τὰ σκολιὰ καλούμενα μέλη τῶν ἀρχαίων ποιητῶν πλήρη ἐστί· λέγω δ᾽ οἷον καὶ Πίνδαρος πεποίηται· χάριτας — κότταβον*

128 2 *χειμαμάρῳ* : anonymus | *ἀγάθωνι δὲ* : Wil.

ΘΡΗΝΟΙ

I = fr. **128a**

. [
. [
. [
ω[ ]ạλµ̣[
. [ ]αῖ . [
χ̣[]ϱ̣ . []τ̣α . [
. . ϱυ[. .]ωσ[
ἴυγγα τ[ϱ]ọχọ[
γνωτὸν φ . [⊗

II = fr. **128b**

metrum incertum

⊗ *Θϱ̣ασυδα[ι*
ευθϱονωι̣[
[3] *οὐκ ἄν παϱ̣[*
ὑμετεϱαι κ[
νῦν δεδ[
[6] *ταυτ[.] . αϱ . [*
γλυ[κ]υπ̣ι̣κ̣ . [
] .′
. . .

desunt vv. 5 antistrophae, init. epodi

128a Π[32] fr. 4 (a) 1–9 || **128b** Π[32] fr. 4 (a) 10–17, (b) 1–7

128a **2** ω[? || **3** Μ[? || **4** Μ[pot. qu. Κ[vel ΙΟ[|| **5** Η[vel Κ[? | C[, Ο[sim. || **8** ἴ | suppl. Lobel || **9** ὼ | *φί[λον* ? Lobel || **128b** **1** supra Α[alterum Α[| *Θϱασυδαῖος* vel fil. Theronis (schol. Pyth. 2, 132b) vel Thebanus (Pyth. 11) vel alius (Lobel) || **2** fort. Ỳ | post *εὐθϱόνων* vel *ἐυθϱόνωι* vel sim. finis versus vid. esse (~ v. 8) || **6** primum Τ add. Π[pc] |]Γ ? | Α[, Λ[sim. | *ταῦτα γὰϱ λ[ίσσομαι* Sn. || **7** possis *γλυκυπικϱ* .[(Lobel); legi non potest *γλυκύ τι κλ[επτόμενον μέλημα Κύπϱιδος* (fr. 217) || post v. 8 quot vv. desint incertum

PINDARVS

$$\begin{array}{l}\underset{(10)}{}\varrho\,.\,[\\ \quad\varepsilon\sigma[\\ \quad\cdot\quad a[\\ \qquad\sigma a\sigma\vartheta\underset{.}{a}[\\ \qquad o\xi v\underset{.}{\lambda}[\\ \qquad\mu\varepsilon\iota[\\ (15)\quad\delta a v[\qquad\qquad\otimes\end{array}$$

III = fr. 128 c = 139 (187. 188)

metrum: dactyloepitr.

e_D|_e_||²e_D|³_e_D_...|⁵__D?|_eD|⁶e_D_||
⁷D∪D|⁸e_D_||⁹e?∪D|¹⁰_E|¹¹e__∪...|¹²e__∪...

⊗ Ἔν ̣τι μὲν χρυσαλακάτου τεκέων Λατοῦς ἀοιδαί
ὤ[ρ] ̣ιαι παιάνιδες· ἐντὶ [δὲ] καί
³ϑ ̣άλλοντος ἐκ κισσοῦ στέφανον {ἐκ} Διο[νύ]σου
ο[̣βρομι⟨ ⟩? παιόμεναι· †τὸ δὲ κοιμίσαν†
5 τ ̣ιρεῖς [   ] Καλλιόπας, ὥς οἱ σταϑῇ μνάμα⟨τ'⟩ ἀποφϑιμένων·
⁶ἁ μὲν εὐχαίταν Λίνον αἴλινον ὕμνει,
ἁ δ' Ὑμέναιον, ⟨ὃν⟩ ἐν γάμοισι χροϊζόμενον
.. κτ̣. σύμπρωτον λάβεν ἔσχατος ὕμνων·
⁹ἁ δὲ ⟨ ⟩ Ἰάλεμον ὠμοβόλῳ
10 νούσῳ {ὅτι} πεδαϑέντα σϑένος·
υἱὸν Οἰάγρου ⟨δὲ⟩
?̲₁₂Ὀρφέα χρυσάορα

128c 1–5 in. Π³² fr. 4 (b), 8–12 || 1–11 schol. Eur. Rhes. 895 cod. A (cf. M.
Cannatà Fera, RFIC 115, 1987, 14—23) Ἰαλέμῳ αὐϑ. [.. ἔ]λεγον προωνομάσϑαι
ἐπὶ τιμῇ Ἰαλέμου τοῦ Ἀπόλλωνος καὶ Καλλιόπης, ὥς φησι Πίνδαρος· ἔντι – υἱὸν
οἴαγρον || 11 schol. Pind. P. 4, 313a Ἀπόλλωνος τὸν Ὀρφέα φησὶν εἶναι, ὃν καὶ
αὐτὸς ὁ Πίνδαρος καὶ ἄλλοι Οἰάγρου λέγουσιν || 12 schol. Hom. Ο 256 καὶ Πίνδαρος
χρυσάορα Ὀρφέα φησί (huc traxit Bgk.)

9 Λ[? || 13 ὁ ξυλ[vel ὀξὺ λ[vel Ὀξυλ[? || 15 δ' αὐ[λ Sn., cf. Bacch. 10, 54 sq. ||
128c inscr. in marg. sinistro addita :]ΥΝ ΑΥΤ( )[ ]Ν || 2 ω͡[Π | init. suppl. Her-
mann | fin. suppl. Wil. || 3 ϑάλλοντ(ες) : Wil. || 4 Ο[pot. quam ω͡[Π | βρομιπαι-
όμ(εν)αι legit Cannatà Fera: βρόμιαι μαιόμεναι? | ταὶ δὲ| κοιμίσσαν⟨το⟩ Schr. ||
5 παῖδας Καλλ.? | σταϑ: σταϑῇ Mae., cetera legit Cannatà Fera || 6 εὐχέταν: Mae. |
ὑμνεῖν : Herm. || 7 ⟨ὃν⟩ Herm. | ἐργάμοισι : Welcker || 8 .. κτ̣: νυκτὶ? | ἔσχαᵗ
ὕμν(ον) || 9 ὁμοβόλῳ : Herm. || 10 ὅτι del. Herm. | παῖδα ϑέντοι : Schneidewin ||
11 οἴαγρον schol. Eur., οἰάγρου schol. Pind. | suppl. Wil. || 12 init. antistr. esse coni.
Sn. propter χρυσα- v. 1 ∼ 12

114

IV = 128 d

metrum: dactyloepitr. (v. 3−5 ∼ 11−13? notes 5 -τα κούραις | ∼ 13 ἀκοῦσαι |)

. . .

(a)   ]ạ[] . [   ] . [
    ᾿Ι]νὼ δ᾿ ἐκ πυ[ρ
ἀρπά]ξαισα [παῖδ᾿ ἔρ]ρ[ε}ιψεν ε . [
    ]ἀγλαοκ[όλπου] Δωρίδος
5   πε]ντήκο[ντα κο]ύραις
    ]λελευθ[. . . .]νεων καιạ[
    ]ερθενε[. . . .]νϑησεμεν[
    ]ας· ἄλλο[τε δ᾿ ἀλ]λοῖαι περι
    ]εκαιαν[. . . ἀν]ϑρωποις[
10   ἀ]ϑαν[ά]ταισι πρ[
    ]ς ἰκνεῖται οἰκο[
    ]ν· πατ[ρ]ῶι᾿ ἐπεὶ
    ]ν πολλοῖς ἀκ[ο]ῦσαι·
    ]ισσαι τε φιλοφ[ρ]οσύναι
15   ἑ]ορταὶ ἔμπεδρ[ν]   (b)   . . .
    ]ν ὀρϑαι τε β[ουλ]αι τοῦτον . [   ] . ελήτ . . [
    ] . ι παλαιὸν [. .] τοκεῦσιν[   ]ν γένος . [
    ]κράνας ρ[ὺ π]ρολείπει[   ]τεματ[
    ὕ]δωρ· τότε . [Εὐ]βοίας επ[γ]λυκὺν υ[
    ]

. . .

128d (a) Π³² fr. 1 ‖ (b) id. fr. 2

128d (a) 2 Lobel | Δ᾿ | πυ[ρὶ ζέοντος λέβητος e. g. Lobel, sed fort. πυ[ρός sufficit ‖ 3−5 suppl. Lobel ‖ 3sq. fort. C[, ἐς [κῦ-|μ᾿ · ἔνθα μὲν] ἀγλ. Δ. Sn. ‖ 6]Λ, vix]Κ | ἐλευθ[ερ vel Ἐλευθ[ηρ ? ‖ 7]Ε,]Υ | ἐν]ερθεν ἐ[όν· πέ]νϑησε Sn. ‖ 8]ΑС᾿ | ΡΙ pot. qu. ΡΙ·[, nam vestigia ad scholia pertinere vid. ‖ 8−10 suppl. Lobel ‖ 9 Ν[pot. qu. Μ[|]Θ,]Є ‖ 10]ΤΑΙ vel]ΓΑΙ ‖ 11 Ι̇ | Ν, Μ, Η; tum ЄΙ (de his litteris eodem modo coniunctis cf. Π³² fr. 19, 6) | ΤΑΙ, ΟΙ ? | [ν vel [υς ‖ 12]Ν᾿ | ω sscr. Ι vel᾿ ‖ 12−16 suppl. Lobel ‖ 13 ἀδέ᾿ ἤ]ν ? | ΑΙ᾿ ‖ 14 περ]ισσαί Lobel, sed et (×)‿◡ περ] et (×)‿ περ] metrum inusitatum efficit; κν]ῖσ{σ}αί τε φ. | [τε καὶ . . . Erbse ‖ 15 supra Є(ΜΠ) add. Ι (vix ⁻¹) | fort. pot. ΔΟ[Ι] vel ΔΩ[Ι] ? (Lobel) ‖ 16 Α[pot. qu. Ι[, Η[sim. ? ‖ 17]ΤΙ,]ΓΙ sim., fort.]ω | πόρσ]ω π. [ὢς] ? | Ν[, Ι[sim. ‖ 18sq. suppl. Lobel ‖ 19 Ρ· | ΤΟΤ | ἐν[vel ἐπ[᾿ Εὐ]β. Lobel ‖ (b) 1]Ι,]Μ,]Π sim. | ΛΉ | Τ, vix Ψ | Ρ[, Υ[, Φ[sim. | e. g. ἤτορι legi posse vid. ‖ 4 γλυκὺν ὕπνον vel ὕμνον Lobel ‖ fort. finis columnae atque aut ante aut post (a) 16−19 ponendum ?

V = 128 e

(a)
   . . .

 . . . .]πολε[

 ὄ]ϱϑιο‚ν ἰάλ‚εμ[ον

 κελα‚δήσα‚τ

 .]μ‚μιαϑα . [

5 . . . .]καϑ᾽ ἁλικίαν[

 . . . .]ϱαν κατεχε[

 . . . .] . τε νιν ποϑ[

 . . . . .]ε[ ]ϱοντω[

 . . . .] . ν Ἀλευαδαν[

10 . . . .] . α ϑανοντο[

   . . .

(b)
   . . .

  ] . . [

  ]μφιτ[

 . .] . . ενδεϱ[

 . . .]πεταλο . [

5 . .]και τι πατ[

 ὄ]ϱϑιον ἰάλεμ[ον

 ]κελαδήσατ . [

 .] . μμιαϑ‚α . [

  ] . [

   . . .

(c)
   . . .

 ]και τωνϱ[

 ]ποτμος[

 ]αἰνοπα[ϑ

128e Π³² fr. 3 (a) et (b) | (a) 2−4 = (b) 6−8 ephymnium | utrum (a) an (b) antecedat incertum ‖ (c) Π³² fr. 14; dubium an huc trahendum

128e (a) 2−4 suppl. e (b) 6−8 ‖ 4 Λ[, Ν[, Μ[‖ 6 Ἐφύ]ϱαν Lobel ‖ 7]Ν ? | ΜΙΝ : ΝΙΝ Π^pc ‖ 8 ∈ΝΟ vel ∈ΛΙΟ pot. qu. ∈[Ι]ΝΟ sim. ‖ 9]Ο,]ω ? ‖ 10]ι,]Π sim. | ϑανόντο[ς ? ‖ (b) 1]ΒΛ[pot. qu.]ΘΑ[sim. ‖ 2 ά]? ‖ 3 . .]Ν·∈, . . .]Ν∈ ? ‖ 4 Υ[? ‖ 7 ∈[? ‖ 8 .]Υ ? C] lacunam expleret; i. e. σὺν μία? ‖ (c) fort. initia versuum ‖ 1]Κ pot. qu.]Χ | Ο[pot. qu. ω[‖ 3 suppl. Lobel

5
```
                    ]αμεν μ[
                    .]δ’ ἁλινα[
                    .]λειται . [
                    ]Λευκοθ[εα
                    ] . ικέαδ . [
                    ] . ευσειτ[
                    · · ·
```

VI = fr. 128f = 167 (148)

metrum: dactyloepitr. __e?]__D|⁸E__e‖__ (vel E__d²|)

· · ·

5
```
                   ]ομμ[
                    ]τωνε[
                 ]αρ[ ]τευοντι[
                    ]κλειτα . [
                 ]και Καστ[
                    ]αιαιαν[
              ὁ δ ͺὲ χλωρα ͺῖς
          οἴχεται Κ ͺαινεὺς ͺσχίσαις ὀρϑῷ ποδί
              γᾶν
```

VII = fr. 129. 131a. 130 (95)

metrum: dactyloepitr.

e__D|²__D|³__D__D__|⁴D⟨?⟩|⁵__E⌣⟨e⟩|⁶__e__|D__?|
e__|⁷E__D__E__‖⁸__D__e‖⁹__d¹__D|¹⁰__D−|

128f 1−8 Π³² fr. 15 ‖ 7−9 schol. Ap. Rhod. 1, 57 a ὁ δὲ Ἀπολλώνιος παρὰ Πινδά-
ρου εἴληφε λέγοντος· ὁ δὲ χλωραῖς − γᾶν ‖ 8sq. σχίσας κτλ. Plut. de absurd. Stoic.
opin. 1 p. 1057 D ὁ Πινδάρου Καινεὺς εὔϑυναν ὑπεῖχεν, ἀπιϑάνως ἄρρηκτος σιδήρῳ
καὶ ἀπαϑὴς τὸ σῶμα πλασσόμενος, εἶτα καταδὺς ἄτρωτος ὑπὸ γῆν σχίσας ὀρϑῷ ποδί
γᾶν (= fr. 167). coniungitur c. fr. 166 quod papyro non confirmatur

4 ἁ μὲν? | M[vel [[M[‖ 5 ό] δ’ vel ἁ] δ’ ? | A͞ | ἁλινα[ιετ ... Lobel ‖ 6 ό]λεῖ-
ται? | Ξ[, Z[pot. qu. Δ[? ‖ 7 suppl. Lobel ‖ 8 fort.]A | I vel ï | έ͗ | ἀïκέα vel
ἀ⟨ε⟩ικέα vel]αικ’ έαδ[Lobel ‖ 9 fort.]Ξ, vix]Z sec. Lobel, vel βασι-]λεὺς? το-
]ξεύσει? | T[pot. qu. Π[, Γ[‖ **128f** 3 ἀριστεύοντι Lobel ‖ 4 possis κλειται, περι]κλεί-
ταν, sim. ‖ 6]Αἰαία vel]αι Αἶα i. e. Colchis? (Lobel) ‖ 7 ἐλάτῃσι codd. (ut Apol-
lon. v. 64) ‖ 8 οἴχεται L, ᾤχετο F, ᾤχετ’ ἐς χϑόνα P reliquis omissis; ᾤχεϑ’ ὑπὸ
χϑόνα Boe. (cf. καταδὺς ... ὑπὸ γῆν Plut.)

129 ⟨tres sunt animarum post mortem viae: una qua Hercules ad deos pervenit
(? cf. v. 15 ?), altera quae ducit ad⟩ εὐσεβῶν χῶρον,

τοῖσι λάμπει μὲν μένος ἀελίου
τὰν ἐνθάδε νύκτα κάτω,
³φοινικορόδοις ⟨δ᾽⟩ ἐνὶ λειμώνεσσι προάστιον αὐτῶν
καὶ λιβάνων σκιαρᾶν ⟨   ⟩
5 καὶ χρυσοκάρποισιν βέβριθε ⟨δενδρέοις⟩
⁶καὶ τοὶ μὲν ἵπποις γυμνασίοισι ⟨τε ——⟩
τοὶ δὲ πεσσοῖς
τοὶ δὲ φορμίγγεσσι₁ τέρπονται₁ι, παρὰ δέ σφισιν
εὐανθὴς ἅπας τέθ₁αλεν ὄλβος·
ὀδμὰ δ᾽ ἐρατὸν κατὰ₁ χῶρον κίδν₁αται
⁹ †αἰεὶ .. θύματα μειγ₁νύντων π₁υρὶ τηλεφανεῖ
10 ⟨παντοῖα θεῶν ἐπὶ βωμοῖς⟩
]ροι μοῖρ᾽ ἔνθα . [
]δώροις βουθυ[
]φαν ἄλοχόν [
]αν·
15   ]πρὸς [Ὄ]λυμπον [
. . .

καὶ ποταμοί τινες ἄκλυστοι καὶ λεῖοι διαρρέουσι, καὶ διατριβὰς ἔχουσιν ἐν μνήμαις
καὶ λόγοις τῶν γεγονότων καὶ ὄντων παραπέμποντες αὐτοὺς καὶ συνόντες,

129 1–10 Plut. consol. ad Apoll. 35 p. 120C λέγεται δ᾽ ὑπὸ μὲν τοῦ μελικοῦ Πιν-
δάρου ταυτὶ περὶ τῶν εὐσεβῶν ἐν Ἅιδου· τοῖσι — βωμοῖς ‖ 1–3 λειμώνεσσι et 130
id. de lat. viv. 7 p. 1130C (ex Heraclide Pontico ?, sed cf. Wehrli ad fr. 95 et 100)
φύσιν εὐσεβῶν χῶρον, τοῖσι λάμπει — λειμώνεσσι, καὶ [τοῖσιν] ἀκάρπων μὲν ἀνθη-
ρῶν ⟨δὲ⟩ add. Wil.) καὶ σκυθίων (συσκίων Ruhnken) δένδρων ἄνθεσι τεθηλὸς ἀνα-
πέπταται πεδίον, καὶ ποταμοί τινες . . . τὰς ψυχάς, ἔνθεν — ποταμοί, δεχόμε-
νοι καὶ ἀποκρύπτοντες ἀγνοίᾳ καὶ λήθῃ τοὺς κολαζομένους; id. de aud. poet. 2
p. 17C οὔτε Ὅμηρος οὔτε Πίνδαρος . . . πεπεισμένοι ταῦτ᾽ ἔχειν οὕτως ἔγραψαν·
ἔνθεν — ποταμοί ‖ 7–15 Π³² fr. 38

129 de prima via Wil. Pind. 499; vix recte obloquitur E. Reiner, Tüb. Beitr.
30, 85 ‖ 1 μὲν om. Plut.¹ ‖ 2 ἐνθένδε Plut.² ‖ 3 φοινικορόδοις ἐν λειμώνεσσι Plut.²,
φοινικορόδιαί τε λειμῶνες Plut.¹ : Boe., Bgk. ‖ 4 λιβάνῳ σκιαρὰν (-ρὸν B) Plut. :
corr. et lacun. indic. Sn. ‖ 5 suppl. Wil. ‖ 6 γυμνασίοις : Hartung | τε suppl.
Boe., τε γυίων Wil. ‖ 7 ΟΛ ‖ 8 ΚΙΔ ‖ 9 αἰεὶ θύα Boeckh quod multo brevius spatio
papyri; αἴσια Erbse ‖ 10 om. II, praebet Plut., sed incertum an huc inserendum ‖
11 supra]ΕΟΙ fort.]ΑΝ | P Πˢ | Έ | Ν[, I[sim. ‖ 12 ω̣ | [σι .. vel [τ .. Lobel ‖
13 ΟΝ́, i. e. [τε, [γε sim. ‖ 15]ΠΡ,]ΙΟ sim., suppl. Lobel | sc. Hercules venit ? ‖
16 ἄκλυστοι : byz.

131 a   ὄλβιοι δ' ἅπαντες αἴσᾳ λυσιπόνων τελετᾶν.

130 ἡ δὲ τρίτη τῶν ἀνοσίως βεβιωκότων καὶ παρανόμως ὁδός ἐστιν, εἰς ἔρεβός τι καὶ
βάραθρον ὠθοῦσα τὰς ψυχάς,

> ἔνθεν τὸν ἄπειρον ἐρεύγονται σκότον
> βληχροὶ δνοφερᾶς νυκτὸς ποταμοί

131 b (96)

metrum: dactyloepitr.

e_Dᴗe|²_De_D‖³E_D_E_ |⁴_ee_D|

> σῶμα μὲν πάντων ἕπεται θανάτῳ περισθενεῖ,
> ζωὸν δ' ἔτι λείπεται αἰῶνος εἴδω-
> λον· τὸ γάρ ἐστι μόνον
> ³ ἐκ θεῶν· εὕδει δὲ πρασσόντων μελέων, ἀτὰρ εὑ-
> δόντεσσιν ἐν πολλοῖς ὀνείροις
> δείκνυσι τερπνῶν ἐφέρποισαν χαλεπῶν τε κρίσιν.

132 (97) spurium

**133 (98)

metrum: dactyloepitr.

D_E|²Dᴗ|e_D‖³e_d¹D_ |⁴e_D_ ‖⁵E_DE_|

> οἶσι δὲ Φερσεφόνα ποινὰν παλαιοῦ πένθεος
> δέξεται, ἐς τὸν ὕπερθεν ἅλιον κείνων ἐνάτῳ ἔτεϊ
> ³ ἀνδιδοῖ ψυχὰς πάλιν, ἐκ τᾶν βασιλῆες ἀγαυοί

131a vide ad 131b; inter 129 et 130 inserendum esse vidit Wil. (Pindaros
497sq.) ‖ 131b Plut. consol. ad Apoll. 35 p. 120C (post fr. 129) καὶ μικρὸν προελ-
θὼν {ἐν ἄλλῳ θρήνῳ περὶ ψυχῆς λέγων secl. Bgk., Wil.} φησίν· ʽὄλβιοι – τελετᾶν'
καὶ ⟨ἐν ἄλλῳ θρήνῳ περὶ ψυχῆς λέγων huc voc. Wil.⟩ ʽσῶμα – κρίσιν'. Plut. Rom.
28, 8 φατέον (ἐατέον: Madvig) οὖν, ἐχομένοις τῆς ἀσφαλείας, κατὰ Πίνδαρον ὡς
σῶμα – θεῶν ‖ {132 Clem. Alex. str. 4, 640; a Pindaro abiudicavit Dissen} ‖
133 Plat. Menon 14 p. 81B λέγει δὲ καὶ Πίνδαρος καὶ ἄλλοι . . . τὴν ψυχὴν τοῦ
ἀνθρώπου εἶναι ἀθάνατον . . . δεῖν δὴ διὰ ταῦτα ὡς ὁσιώτατα διαβιῶναι τὸν βίον·
οἶσιν γὰρ ἂν Φερσεφόνα – καλέονται (v. l. καλεῦνται); eadem Stob. ecl. 4, 1, 114
= 4, 59 W.-H.

131a ὀλβία . . . λυσίπονον τελετάν : Wil. ‖ 130 παρανόμων : Hartman ‖
133 1 οἶσι γὰρ ἂν : Boe. ‖ 2 δέξηται Stob. ‖ 3 ψυχὰς Plat. W, ψυχὰν Plat. BTF,
Stob.

καὶ σθένει κραιπνοὶ σοφίᾳ τε μέγιστοι
5 ἄνδρες αὔξοντ᾽· ἐς δὲ τὸν λοιπὸν χρόνον ἥροες ἁ-
γνοὶ πρὸς ἀνθρώπων καλέονται

134 (99)

metrum: dactyloepitr. __e|E__|

εὐδαιμόνων δραπέτας οὐκ ἔστιν ὄλβος

135 (100)

metrum: dactyloepitr.

E__ (vel d¹e__)|E__|

Οἰνόμαος

πέφνε δὲ τρεῖς καὶ δέκ᾽ ἄνδρας·
τετράτῳ δ᾽ αὐτὸς πεδάθη·

*136a (101)

metrum: dactyloepitr.?

ἄστρα τε καὶ ποταμοὶ καὶ κύματα πόντου
τὴν ἀωρίαν τὴν σὴν ἀνακαλεῖ

*136b (p. 619 Boe.)

flebili sponsae iuvenemve raptum plorat et viris animumque moresque aureos
educit in astra nigroque invidet Orco

---

134 Stob. ecl. 4, 39, 6 (5, 903 W.-H.) Πινδάρου θρήνων· εὐδαιμόνων — ὄλβος ‖
135 schol. Pind. O. 1, 127a καὶ ἐν θρήνοις τὸν αὐτὸν ἀριθμὸν τίθησι τῶν ὑπὸ τοῦ
Οἰνομάου ἀναιρεθέντων μνηστήρων· πέφνε — πεδάθη; Porphyr. (1 p. 148, 13 Schra-
der) ap. schol. B Hom. Κ 252 καὶ τετράτῳ δ᾽ αὐτὸς πεδάθη ‖ **136a** Aristid. or.
11, 12 (2, 215 K.) ἐπέρχεταί μοι τὸ τοῦ Πινδάρου προσθεῖναι, ἄστρα — πόντου τὴν
ἀωρίαν τὴν σὴν ἀνακαλεῖ (idem paulo ante p. 212, 9 K. ποῖος ταῦτα Σιμωνίδης θρη-
νήσει, τίς Πίνδαρος ποῖον μέλος ἢ λόγον τοιοῦτον ἐξευρών;) ‖ **136b** Hor. c. 4, 2, 21
de Pindaro

135 2 τετράτῳ Porph., τετάρτῳ schol. Pind.

*137 (102)

ΙΠΠΟΚΡΑΤΕΙ[?] *ΑΘΗΝΑΙΩΙ*

περὶ τῶν ἐν Ἐλευσῖνι μυστηρίων·

ὄλβιος ὅστις ἰδὼν κεῖν᾽ εἶσ᾽ ὑπὸ χθόν᾽·   D_e∪E_ ||
οἶδε μὲν βίου τελευτάν,
οἶδεν δὲ διόσδοτον ἀρχάν   _D_ |

138 (103)

ἤτοι (ὑποτασσόμενον)

*139. (187. 188) = 128 c

---

137 Clem. Alex. strom. 3, 3, 17 (2, 203 St.) Πίνδαρος περὶ τῶν ἐν Ἐλευσῖνι μυσ-
τηρίων λέγων ἐπιφέρει· ὄλβιος — ἀρχάν; θρῆνον εἰς Ἱπποκράτη composuisse test.
schol. Pind. P. 7, 18 a || **138** Antiatt. Bekk. Anecd. Gr. 1, 99, 2 ἤτοι· οὐκ ἄρχον, ἀλλ᾽
ὑποτασσόμενον· Πίνδαρος θρήνοις

137 1 ἐκεῖνα κοινὰ εἶσ᾽ : Teuffel

INCERTORVM LIBRORVM

140a

ΣTP

```
 1  ⏑⏑⏑ ⏑[
 2     ⏑  . . [
 3   . (.) ⏑⏑ . [
 4  ⏑⏑ . [    ] . .
 5    . (.) ⏑⏑ . [
 6   ⏑⏑ ⏑⏑ . . . . [
 7   ⏑(⏑) ⏑ . (.) . . . [
 8   ⏑⏑⏑  ⏑⏑ [
 9   ⏑⏑ ⏑⏑ ⏑(⏑) ⏑ ‖
10   ⏑ ⏑  |
11  ⏑⏑⏑ [  ⏑  . . ?
12     ⏑⏑ ⏑⏑ ⏑ ⏑
13   ͜?⏑ ⏑⏑   |
14   ⏑⏑ ⏑(⏑) |
15  ⏑ . ⏑⏑  ⏑⏑(⏑) ⏑|
16    . ⏑ . ⏑⏑   
17   ⏑⏑   ͞͞͞ |
18  ⏑⏑ ⏑⏑ 
19    ⏑ . ⏑ . ⏑⏑|
20  ⏑ ⏑  ‖‖
```

} ia⏝ $\wedge gl^{3d}$ ‖ ?

$ia\ ba$ |

13? ?

metrum: responsiones perspexit Sn.; aut corruptela aut alia colometria vid. fuisse
in v. 13

140a.b Π¹¹ ‖ **12—15** Π²⁶ fr. 97 ‖ versus 73—80 et fr. 140b sub v. 72 non sine
dubio posuerunt G.-H., quod metro confirmari videtur (antistr. 1—16 ∼ 53—68 ?)

140a fort. huc trahendum Π²⁶ fr. 16 = pae. 19, 3a
Π]ΑΡΙΌΙΣ[
]επρ[

EΠ

```
1  __∪∪_∪ . [. . .]
2  _∪_∪_|
3  _[     ]∪∪_[
4  ∪ . [
```

*   *   *

```
-8  . . [
-7   ∪ . . [
-6   __[
-5  ∪_[
-4  ∪∪_[
-3  _∪_ . [
-2  _ . [
-1  _ . [        |||
```

. . .

(a) col. 1

		6	]ποι
			]σιδε [. .] .
			]γεγ[.]ῳγ
			]ον
5		9	]φα
			]
			] .
		12	] . .
			]πα[. . . .]
10			] . [. . .]
		15	]μεπερλι
			]ωι πολλόν
	⌊ἄλση⌋?		]ρντ᾽ ἐν
		18	]
15			]αν τρίχα
—			]ι

. . .

21   5   ]α

. . .

---

¹² ΣΠ¹¹ μαντευμάτων | ΣΠ²⁶ ἐσχοντ[|] ἢ ἐσχον[‖ ¹³]ΟΝΤΕΝ Π¹¹,]ΝΤ’ΕΝ Π²⁶ | ΣΠ²⁶ τὰ ἄλση μετ[|] . . λογος ιγ[| Δίδυμο(ς) δ(ὲ) πρ(ότερον ?) τα[| ἐσχ]ον τ᾽ e Σ v. 13 ?

24   8   ]ι

. . .

desunt non minus quam 23 versus (epodi 9–12 vel 15, strophae 1–19)

(a) col. 2   ²⁰φ[ι]λ[.]ν μι[— —
⟨ΑΝΤΙCΤΡ.⟩   τοὶ πρόϊδ[ο]ν αἶσαν α̣[
        50   ζοι̣ τότ' ἀμφε . ουτατ̣ . [
        (25)   ³ Ἡρακλέης· ἁλίαι̣ [. .] . . [
                  ναὶ μολόντας [.]ν̣[. .]π̣[.] . [.] . σρεν
                  θο . . οι φύγον ον[. . . . . .] . [.] . . .
                  ⁶ πάντων γὰρ ὑπ[έ]ρβιος ανα . σεφα[
        55   ψυχὰν κενεῶ[ν] εμε[.] . ἔρυκεν . . [
        (30)   λαῶν ξενοδα[ι̣]κτα βασιλῆ[-]
                  ⁹ ος ἀτασθαλίᾳ κοτέω[ν] θαμά,
                  ἀρχαγέτᾳ τε [Δ]άλου
                  πίθετο παυσέν [τ'] ἔργ' ἀναιδῆ· . . . .
        60   ¹²   γάρ σε λ[ι]γυσφαράγων κλυτᾶν αυ-
        (35)   τά, Ἑκαβόλε, φορμίγγων.
                  μνάσθηθ' ὅτι τοι ζαθέας
                  ¹⁵ Πάρου ἐν γυάλοις ἔσσατο ἄ[ν]ακτι
                  βωμὸν πατρί τε Κρονίῳ τιμάεν-
        65   τι πέραν ἰσθμὸν διαβαίς,
        (40) ¹⁸ ὅτε Λαομέδον-
                  τι πεπρωμένοι̣' ἤρχετο
                  μόροιο κάρυξ.
⟨ΕΠ⟩   ἦν γάρ τι παλαίφατον [. .] . . . ον
        70   ἷκε συγγόνους
        (45)   ³ τρεῖς π[. .] . εω[.]ν κεφαλὰν . . ρ . . ται[
                  ἐπιδ[. . . . .]αιμα[. .] . [. . . .] . [

                  . . .

(b)   αλμα[
                  τε μαχα [η̣-

49 [o] Sn., [ω] G.-H. longius spatio ‖ 50 ΦЄ pot. qu. ΦΙ | ΑΤ[G.-H., ЄΤΑ[Welles ‖ 51 [δ' ε]πι vel [δ' ἀ]νὰ legi potest ‖ 52]Υ[vel]Φ[|]π[pot. qu.]ΗC[vel sim. | ЄΝ, ЄΔΙ vel sim. | expectes ἄλυξαν καί ‖ 54 ἄναξ εφα[? ‖ 55 ἐπέων vix legi potest, neque expectes 'verborum' sed 'factorum' | fort. ἔρυκε καίπ[ερ ‖ 57 ΑΤΑΝΘ : Πᵖᶜ ‖ 58 ΑΡΧΑΠΤΑΙ : Πᵖᶜ ‖ 59 CЄΝ pot. qu. CON, cetera valde incerta | ἔργ' ἀναιδῆ legit Sn. | in fine v. expectes βοᾶι, τίεν sim. ‖ 64 τιμιεαν|τι : G.-H. ‖ 67 vix ΜЄΝΟC (Theiler) | expectes ἄρχετο ‖ 69 ΤΙ pot. qu. ΤΟ | fort. [καὶ] κακόν ‖ 70 ЄΙΚΕ

75 −6   ῥώων α[
(50)   λάχον κ[
              νον ἐγὼ [
       −3 ὀργίοις α[
              αὐξαν̣ε̣[
80   αἰολ[⊗

140b

ΣΤΡ

1 ∪ _ [
2 ∪ _ _ ∪ _ ∪∪ _ | wil |
3 _ _ ∪ . . ∪ . |
4 _ ∪ . _ ∪ _ _ ∪∪ _ |
5 _ ∪∪∪ _ ∪ _ _ | ia ba |
6 _ _ ∪∪] _ ∪∪ _ [∪ _ | ?
7 . [   ] . _ [
8 _ ∪∪ _ ∪∪ . [
9   ∪ . _ _ _ ∪ [
10 ∪ _ _ ∪∪ . [
11 _ ∪∪∪ _ [.
12 _ ∪∪ _ ∪∪ [
13 _ _ ∪ _ʌ _ [ ] ∪∪
14   _ ∪ _ ∪∪ _ _ [|
15 ∪∪ _ _ _ ∪∪ . ∪ _ |
16 _ ∪∪ _ ∪∪ _ _ _ ∪∪ _ ||
17 _ _ ∪ _ _ ∪∪ _ ∪ . |

(55)   Ａ′   ⊗   Ἰων[
                  ἀοιδ[ὰν κ]αὶ ἁρμονίαν
             ³ αὐλ[οῖς ἐ]πεφράσ[ατο
                τῶ[ν γε Λο]κρῶν τις, ⌞οἵ τ᾽ ἀργίλοφον⌟
             5 π⌞ὰρ Ζεφυρί⌟ου κολώ⌞ναν⌟
(60)   ⁶ ν[. . . ὑπὲ]ρ Αὐσονία[ς ἁλός
                λι[. . . . . .]ις ἀνθ . [

140b Π¹¹ post fr. 140a ‖ 4sq. οἵ − κολώναν schol. Pind. O. 10, 17 = fr. 200 Bgk.

140b v. M. G. Fileni, Senocrito di Locri e Pindaro (1987) 35sqq. ‖ **3** suppl. Schr. ‖ **4** γε Garrod ‖ **6** νάουσ᾽ G.-H., ναίονθ᾽ Schr., sed lacuna verbo νάουσ᾽ vel ναῖον expletur | ἁλός Wil. ‖ **7** ι[, н[sim. | ἀνθ[ηκε G.-H.

PINDARVS

οἶον [ὄ]χημα λιγ[υ
9   κες λό[γ]ον παιηρ[ν
10   Ἀπόλλωνί τε καὶ [
(65)   ἄρμενον. ἐγὼ μ[
        ¹²παῦρα μελ[ι]ζομεν[
        [γλώ]σσαργον ἀμφέπω[ν ˌἐρε-
                θίζˌομαι πρὸς αυ . [
15   ¹⁵ˌἁλίοˌυ δελφῖνος ὑπˌόκρισινˌ,
col. 3   (70)   ˌτὸν μὲν ἀκύμονος ἐν πόντου πελάγει
        αὐλῶν ἐκίνησ᾽ ἐρατὸν μέλος.ˌ

**140c (fr. adesp. 133 Bgk.⁴ = 998 Page)

metrum: dactyloepitr.

⌣D_e_|e_d¹...

οἱ Τυνδαρίδαι

ἐπερχόμενόν τε μαλάσσοντες βίαιον
πόντον ὠκείας τ᾽ ἀνέμων ... ῥιπάς

140d (104)

ιί θεύς, {ὗιι} ιὸ λιάν.

141 (105)

θεὸς ὁ πάντα τεύχων βροτοῖς
καὶ χάριν ἀοιδᾷ φυτεύει

13sqq. Plut. qu. conv. 7, 5, 2 p. 704 F Πίνδαρός φησι κεκινῆσθαι πρὸς ᾠδὴν
ἁλίου − μέλος, soll. anim. 36 p. 984 : Πίνδαρος ἀπεικάζων ἑαυτὸν (delphini) ἐρεθί-
ζεσθαί φησιν ⟨ἁλί⟩ου − μέλος (fr. 235 Bgk.⁴) ‖ 140c Plut. def. orac. 30 p. 426C οἱ
Τυνδαρίδαι τοῖς χειμαζομένοις βοηθοῦσιν ἐπερχόμενον − ῥιπάς (eadem adv. Epic. 23
p. 1103C) = lyr. adesp. 133 Bgk. = PMG 998; Pindaro dubitanter tribuit Bgk.
probantibus Snell et Turyn (fr. 205) ‖ 140d Clem. Alex. strom. 5, 14, 129 (2, 413 St.)
Πίνδαρός τε ὁ μελοποιὸς οἷον ἐκβακχεύεται, ἄντικρυς εἰπών· τί θεός; ὅ τι τὸ πᾶν ‖
141 Didym. Caec. de trin. 3, 1 p. 320 ed. Bon. καὶ οἱ ἔξω φασίν· θεὸς − φυτεύει;
Clem. Alex. strom. 5, 14, 129 (2, 413 St.) (post fr. 140d) καὶ πάλιν· θεὸς − βροτοῖς

Λ
8sq. [εὐπλε]κὲς Fileni ‖ 9 KECO[pap. | παιήρ[νι? ‖ 11 μ[ὰν κλύων G.-H. ‖
12 -ομέν[ου τέχναν G.-H. ‖ 14 AYZ[, AYΞ[pot. qu. AYT[ut vid.; προσαυξ[άνων?
(ἀϋτά[ν Lobel, ἀοιδάν G.-H., Bl. e Plut.) ‖ 16 μὲν del. Schr. ‖ 140c 1 -ερχόμενοί
Plut.¹ | μαλάξοντας Plut.² | βία τὸν Plut.¹ ‖ 140d secl. Schr. ‖ 141 1 τὰ πάντα
Did.

126

142 (106) = 108 b

143 (107)

metrum: aeolica, iambi

$$\_\_\_\cup\cup\_\cup\cup\_\cup\_|$$ *g*^*ld* |

$$\cup\_\cup\_\_\cup\cup\cup\_|$$ *2 ia* |

$$\_\_\cup\_\cup\cup\cup\_\ \dots$$ *2 ia* ...

(περὶ τῶν θεῶν)

κεῖνοι γάρ τ᾿ ἄνοσοι καὶ ἀγήραοι
πόνων τ᾿ ἄπειροι, βαρυβόαν
πορθμὸν πεφευγότες Ἀχέροντος

144 (108)

⊗ Ἐλασίβροντα παῖ ῾Ρέας

145 = 35 a

146 (112)

Ἀθηνᾶ

πῦρ πνέοντος ἅτε κεραυνοῦ
ἄγχιστα δεξιὰν κατὰ χεῖρα πατρός
ἡμένη τὰς ἐντολὰς τοῖς θεοῖς ἀποδέχεται

147 (114) = 33 a

143 Plut. de superst. 6 p. 167 E κοινὸν ἀνθρώπων τὸ μὴ πάντα εὐτυχεῖν· κεῖνοι — Ἀχέροντος, ὁ Πίνδαρός φησι (eadem adv. Stoic. 31, 2 p. 1075 A); amator. 18 p. 763 C ἐκεῖνοι μὲν γὰρ οἱ τῶν φιλοσόφων ἄνοσοι — Ἀχέροντος; threnis adscripsit Boe. ‖ **144** schol. Aristoph. eq. 624 τὸ δὲ ἐλασιβρόντα παρὰ τὰ ἐκ τῆς ἀρχῆς Πινδάρου (Sud. s. v. ἐλασίβροντ᾿ ἀναρρηγνὺς ἔπη· Ἀριστοφάνης, τῆς ἀρχῆς Πινδάρου· ἐλασίβροντε παῖ ῾Ρέας) ‖ **146** schol. T Hom. Ω 100 (de Minerva) παρ Διὶ πατρί· ἐκ δεξιῶν, ὥς φησι Πίνδαρος, πῦρ — πατρὸς ἵζεαι; Plut. qu. conv. 1, 2, 4 p. 617 C διαρρήδην δ᾿ ὁ Πίνδαρος λέγει· πῦρ — ἄγχιστα ἡμένη; Aristid. or. 2, 6 (2, 305, 21 K.) Πίνδαρος δ᾿ αὖ φησι δεξιὰν κατὰ χεῖρα τοῦ πατρὸς αὐτὴν καθεζομένην τὰς ἐντολὰς τοῖς θεοῖς ἀποδέχεσθαι

144 -βροντε : Schneider, sed fort. -βρεντα scribendum, cf. pae. 12, 9 ‖ **146** 1 ἅτε] ἄτερ schol. Hom. ‖ 3 ἡμένη Plut., ἵζεαι schol. Hom., καθεζομένη Aristid.

PINDARVS

148 (115)

ὀρχήστ᾽ ἀγλαΐας ἀνάσσων, εὐρυφάρετρ᾽ Ἄπολλον

149 (116) = pae. 16, 6

150 (118)

metrum: dactyloepitr. _D_e|

μαντεύεο, Μοῖσα, προφατεύσω δ᾽ ἐγώ

151 (119)

Μοῖσ᾽ ἀνέηκέ με

152 (266)

metrum: dactyloepitr.? ∪E|∪D_|

μελισσοτεύκτων κηρίων ἐμὰ γλυκερώτερος ὀμφά

153 (125)

metrum: aeolicum gl ∧pher cr ‖ pher |

δενδρέων δὲ νομὸν Διώνυσος πολυγαθὴς αὐξάνοι,
ἁγνὸν φέγγος ὀπώρας

154 = pae. 4, 50−54

148 Athen. epit. 1, 40 p. 22 B Πίνδαρος τὸν Ἀπόλλωνα ὀρχηστὴν καλεῖ· ὀρχηστά −
Ἄπολλον (eadem Eust. Od. 1602, 23) ‖ 150 Eustath. Il. p. 9, 45 καὶ Πίνδαρος . . .
λέγει· μαντεύεο − ἐγώ; schol. A Hom. A 1 καὶ Πίνδαρος· μαντεύεο Μοῦσα (eadem
Eust. Il. 9, 24) ‖ 151 Eustath. Il. p. 9, 40 οὗ (scil. Ὁμήρου) ἀνάπαλιν Πίνδαρος ποιεῖ
ἐν τῷ Μοῦσα ἀνέηκέ με, ἤγουν ἀνέπεισεν et 179, 14 ἀνέηκέ με ἡ Μοῦσα ‖ 152 epim.
Hom. Cram. Anecd. Ox. 1, 285, 19 Πίνδαρος· μελισσοτεύκτων − ὀμφά ‖ 153 Plut.
Is. Osir. 35 p. 365 A ὅτι δ᾽ οὐ μόνον τοῦ οἴνου Διόνυσον ἀλλὰ καὶ πάσης ὑγρᾶς φύ-
σεως Ἕλληνες ἡγοῦνται κύριον καὶ ἀρχηγόν, ἀρκεῖ Πίνδαρος μάρτυς εἶναι λέγων·
δενδρέων − ὀπώρας, cf. quaest. conv. 9, 14 p. 745 A et amator. 15 p. 757 F

150 ~ Isthm. 9, 7 sq. ? ‖ 151 ἀνέηκέ με ἡ Μοῦσα Eustath.² | fort. = fr. 6 a
(e), 3, nam Eust. Isthmia ipse legit (Sn.) ‖ 153 Διον. : Wil.

128

155 (127)

τί ἔρδων φίλος σοί τε, καρτερόβρεντα
Κρονίδα, φίλος δὲ Μοίσαις,
Εὐθυμίᾳ τε μέλων εἴην, τοῦτ᾽ αἴτημί σε

156 (67)

ὁ ζαμενὴς δ᾽ ὁ χοροιτύπος,
ὃν Μαλέας ὄρος ἔθρεψε, Ναΐδος ἀκοίτας
Σιληνός

157 (128)

metrum: dactyloepitr.? e⌣D⎯|D⎯|

διαλεγόμενος Σιληνὸς Ὀλύμπῳ·
ὦ τάλας ἐφάμερε, νήπια βάζεις
χρήματά μοι διακομπέων

158 (129)

metrum: dactyloepitr.? D⎯|e?|

(περὶ τῶν τῆς Δήμητρος ἱερειῶν)

ταῖς ἱεραῖσ⟨ι⟩ μελίσσαις τέρπεται

155 Ath. 5, 18 p. 191 F (de Aegyptiis) καθήμενοι μὲν γὰρ ἐδείπνουν τροφῇ . . .
χρώμενοι καὶ οἴνῳ τοσούτῳ ὅσος ἱκανὸς ἂν γένοιτο πρὸς εὐθυμίαν, ἦν ὁ Πίνδαρος
αἰτεῖται παρὰ τοῦ Διός· τί ἔρδων − αἴτημί σε ‖ **156** Paus. 3, 25, 2 τραφῆναι μὲν δὴ
τὸν Σιληνὸν ἐν τῇ Μαλέᾳ δηλοῖ καὶ τάδε ἐξ ᾄσματος Πινδάρου· ὁ ζαμενὴς − ἀκοίτας
Σιληνός ‖ **157** schol. Aristoph. nub. 223 τί με καλεῖς, ὦ ᾽φήμερε; . . . περιέθηκεν
οὖν αὐτῷ φωνὴν τὴν τοῦ παρὰ Πινδάρῳ Σειληνοῦ. ὁ γάρ τοι Πίνδαρος διαλεγόμενον
παράγων τὸν Σειληνὸν τῷ Ὀλύμπῳ τοιούτους αὐτῷ περιέθηκε λόγους· ὦ τάλας −
διακομπέων; eadem Sud. 3, 630, 25 ‖ **158** schol. Pind. P. 4, 106 a τὰς περὶ τὰ θεῖα
καὶ μυστικὰ μελίσσας καὶ ἑτέρωθι· ταῖς − τέρπεται; schol. 106 c μελίσσας δὲ τὰς
ἱερείας, κυρίως μὲν τὰς τῆς Δήμητρος, καταχρηστικῶς δὲ καὶ τὰς πάσας, διὰ τὸ τοῦ
ζῴου καθαρόν

155 1 -βροντα : Sn. ‖ **156** 2 μαλέγορος : Wil. ‖ **157** 1 νήπιε : Kuster ‖ 2 δια-
κομπεύων : Herm. ‖ **158** ⟨ι⟩ Boe.

PINDARVS

159 (132)

metrum: dactyloepitr. _eE_|

ἀνδρῶν δικαίων Χρόνος σωτὴρ ἄριστος

160

θανόντων δὲ καὶ {λόγοι} φίλοι προδόται.

161 (134)

⟨de Cercopibus⟩

οἱ μὲν κατωκάρα δεσμοῖσι δέδενται

162. 163 (137)

162   (Ὦτος καὶ Ἐφιάλτης)

πιτνάντες θοὰν κλίμακ' οὐρανὸν ἐς αἰπύν

* * *

163   ἀλλαλοφόνους ἐπάξαντο λόγχας ἐνὶ σφίσιν αὐτοῖς

164 (142)

φιλόμαχον γένος ἐκ Περσέος

159 Dion. Hal. de or. ant. 2 (1, 4, 20 U.-R.) ἀλλὰ γὰρ οὐ μόνον ἀνδρῶν − ἄρι-
στος κατὰ Πίνδαρον, ἀλλὰ καὶ τεχνῶν κτλ. ‖ 160 Stob. ecl. 4, 58, 2 (5, 1142 W.-H.)
Πινδάρου· θανόντων − προδόται ‖ 161 schol. Aristoph. pac. 153 κατώκαρα . . .
Ἀττικοὶ οὐ διῃρημένως ἀλλ' ὑφ' ἕν. Πίνδαρος· οἱ μὲν − δέδενται (ad Cercopidas re-
ferendum esse ci. Schneidewin) ‖ 162 Cram. Anecd. Ox. 1, 201, 14 Πίνδαρος ἐπὶ
τοῦ Ὦτου καὶ Ἐφιάλτου· πίτνοντες − αἰπύν ‖ 163 Apoll. synt. 2, 148 p. 243, 4
Uhl. καὶ τὸ Πινδαρικόν . . . ἐσημειοῦντο ἐπί τε τοῦ Ὦτου καὶ τοῦ Ἐφιάλτου συγκα-
τατιθέμενοι μὲν τῷ ἀλλαλοφόνους − αὐτοῖς· οὐ γὰρ ἑαυτοῖς τὰ δόρατα ἐνῆκαν, ἀλλ'
ἀλλήλοις ‖ 164 Athen. 4, 41 p. 154F φιλόμαχον − Περσέως παρὰ Πινδάρῳ

159 nom. prop. esse monuit R. Pfeiffer ‖ 160 secl. Bgk. ‖ 162 πίτνοντες :
Herm. | ἐς αἰπὺν οὐρανόν Schneidewin

165 (146) + 252 (145)

metrum: dactyloepitr. e＿ (vel ∪∪＿＿) | E＿e＿

165   ἰσοδένδρου
τέκμαρ αἰῶνος θεόφραστον λαχοῖσα.

166 (147)

metrum: dactyloepitr.

D＿e|²＿D＿‖³D＿D＿|⁴D＿D|⁵＿e＿＿∪...

⟨ἀνδρ⟩οδάμαν⟨τα⟩ δ᾽ ἐπεὶ Φῆρες δάεν
ῥιπὰν μελιαδέος οἴνου,
³ ἐσσυμένως ἀπὸ μὲν λευκὸν γάλα χερσὶ τραπεζᾶν
ὦθεον, αὐτόματοι δ᾽ ἐξ ἀργυρέων κεράτων
5 πίνοντες ἐπλάζοντο ...

167 (148) = thren. 6

168 (150)

metrum: dactyloepitr.

...d¹|D|³＿d¹＿?|D|⁵＿D＿ee‖⁶D∪E (vel E∪E)|

252 + 165 Charo Lamps. (FGrHist 262 F 12) ap. schol. Ap. Rhod. 2, 476 Ῥοῖκος θεασάμενος δροῦν ὅσον οὔπω μέλλουσαν ἐπὶ γῆς καταφέρεσθαι, προσέταξε τοῖς παισὶν ὑποστηρίξαι ταύτην· ἡ δὲ μέλλουσα συμφθείρεσθαι τῇ δρυὶ νύμφη ἐπιστᾶσα τῷ Ῥοίκῳ χάριν μὲν ἔφασκεν εἰδέναι ὑπὲρ τῆς σωτηρίας, ἐπέτρεπεν δὲ αἰτήσασθαι ὅ τι βούλοιτο· ὡς δὲ ἐκεῖνος ἠξίου συγγενέσθαι αὐτῇ, ὑπέσχετο δοῦναι τοῦτο· φυλάξασθαι μέντοι γε ἑτέρας γυναικὸς ὁμιλίαν παρήγγειλεν, ἔσεσθαι δὲ μεταξὺ αὐτῶν ἄγγελον μέλισσαν. καί ποτε πεσσεύοντος αὐτοῦ παρίπτατο ἡ μέλισσα· πικρότερον δέ τι ἀποφθεγξάμενος εἰς ὀργὴν ἔτρεψε τὴν νύμφην, ὥστε πηρωθῆναι αὐτόν. καὶ Πίνδαρος δέ φησι περὶ νυμφῶν ποιούμενος τὸν λόγον· ἰσοδένδρου – λαχοῦσα; eadem fere Et. gen. et Et. M. s. v. Ἀμαδρυάδες; Plut. orac. def. 11 p. 415D; amator. 15 p. 757E (sequitur fr. 153); schol. D Hom. C (de Marco, Mem. dei Lincei ser. VI vol. IV fasc. IV 1932 p. 32 [14]) ἀμαδρυάδες δὲ αἱ ἐπὶ τῶν δρυῶν (sc. νύμφαι) ἃς Πίνδαρος ἰσοδ. – λαχε⟨ῖ⟩ν ⟨φησιν⟩ (suppl. Latte) ὥστε συναύξεσθαι μὲν αὐτοῖς (-τῶν : Sn.) τοῖς δένδρεσιν, ἀυαινομένων δὲ αὐτῶν καὶ ξηραινομένων συναποθνῄσκειν (fr. 165); extat fabula etiam apud schol. Theocr. 3, 13c; schol. Lycophr. 480 (p. 172 Scheer); Plut. qu. nat. 36 (2, 1126 Dübn. ed. Paris.) ‖ **166** Athen. 11, 51 p. 476B Πίνδαρος μὲν ἐπὶ τῶν Κενταύρων λέγων· οδαμαν δ᾽ ἐπεὶ — ἐπλάζοντο

165 τέκμωρ schol. Hom., Plut. p. 415D | θεόφρ. schol. Hom., om. schol. Ap., Plut. | λαχοῦσα schol. Ap., -οῦσαι Plut. (λάχεν schol. Hom.) ‖ **166** 1 suppl. Casaubonus, Boe.

PINDARVS

(a)　　(Ἡρακλῆς) εἰς τὴν τοῦ Κορωνοῦ στέγην ἀφικόμενος σιτεῖται βοῦν ὅλον,
　　　ὡς μηδὲ τὰ ὀστέα περιττὰ ἡγεῖσθαι.

* * *

(b)　　　　　　　　ʿδοιὰ βοῶν
　　　θερμὰ πρὸς ἀνθρακιὰν
　　　στέψαν πυρὶ δεῖπνον
　　　σώματα· καὶ τότ᾽ ἐγὼ
　5　σαρκῶν τ᾽ ἐνοπὰν ⟨∪∪?⟩ ἠδ᾽ ὀ-
　　　στέων στεναγμὸν βαρύν·
　　　ἦν διακρῖναι ἰδόντα πολλὸς ἐν καιρῷ χρόνος᾽

169a (151)

ΣΤΡ

1	∪∪∪ _ _∪∪ _|	wil | = cr cho |
2	_ _∪∪ _∪∪ _|	wil |
3	∪_∪ _ _∪∪ _∪∪ _||	ia hem || = ia ∧ wil ||
4	$\overset{44}{\smile}$ _∪ _ _∪∪ _∪ _||	
5	_ _∪ _ _∪∪|	ia cr || ?
6	∪_ _∪∪ _∪ _|	gl |
7	_$\overset{7}{\smile\smile}$ _∪∪ _∪∪ _$\overset{7}{\smile\smile}$ _ _|| ?	
8	$\overset{8?}{\smile}$_ _∪∪ _∪∪ _∪∪ _|	
9	_[. .]∪∪ _∪∪ _ _|	
10	_ . (.)∪ _ _∪∪ _	
11	∪∪ _∪∪∪ _ _|	
12	_∪ _ _∪∪ _∪∪ _|	
13	∪∪ _ _ _∪ _ _|||	

ΕΠ

1	∪∪ _[.] . ∪ _ _|
2	∪∪ _∪∪∪ _ _|
3	∪_(∪) _ _∪ _∪∪ _|
4	_ _ _∪∪ _ _∪ _ _|
5	_ . _ _∪∪ _|

168 (a) Philostr. imag. 2, 24 ‖ (b) Athen. 10, 1 p. 411 Πινδάρου . . . εἰπόντος·
διαβοῶν − χρόνος

168 (b) 1 διαβοῶν : Boe. ‖ 2 δ᾽ εἰς : πρὸς Schr. ‖ 3 ὑπνόων τε : Lehnus cl. Cal-
lim. fr. 590 Pf. (ὤπτων Sn.) ‖ 5 ⟨ἴδον⟩ Schr., ⟨κλύον⟩ Sn. ‖ 6 ἰδ. διακρ. transp.
Bgk. | ἰδόντ᾽ ⟨οὐ⟩ Coraës

6 ∪ _ _ ∪∪∪ _ .|

7]∪ _ [(.) .]∪[

8 . ∪∪ _ ∪∪ _ ∪∪ _ | ?

9 ∪∪ . [ ]∪ _ [

10 _]∪ _ _ ∪(∪) _ [∪∪] _ . | ?

11] _ ∪ . [ ] _ _ [?

metri causa correctum: 20]ϱε{ν}, 45 κέλευσε⟨ν⟩

A′ Νόμος ὁ πάντων βασιλεύς
    θνατῶν τε καὶ ἀθανάτων
    ³ ἄγει δικαιῶν τὸ βιαιότατον
    ὑπερτάτᾳ χειρί. τεκμαίρομαι
    5 ἔργοισιν Ἡρακλέος·
col. 2   ⁶ ἐπεὶ Γηρυόναₗ βόας
    Κυκλώπειₗον ἐπὶ πρόθυροιₗῡ̆ₗ Εₗὐρυσₗθέος
    ἀνατεί τε] κₗαὶ ἀπριάτας ἔλασεν,
    ⁹ _ ??] Διομήδεος ἵππους
    10 _ ? μ]όναρχον Κ[ι]κόνων
    παρὰ] Βιστοₗνίδι λίμνᾳ

169a 1–8 Plat. Gorg. 484B δοκεῖ δέ μοι καὶ Πίνδαρος ἅπερ ἐγὼ λέγω ἐνδείκνυσθαι ἐν τῷ ᾄσματι, ἐν ᾧ λέγει ὅτι νόμος – ἀθανάτων· οὗτος δὲ δή, φησίν, ἄγει – ἀπριάτας ... ἠλάσατο τὰς βοῦς, cf. Leg. 714E–715A; Aristid. or. 2, 226 (I 208 Lenz-Behr) νόμος – ἐπεὶ ἀπριάτας et schol. ad loc. (3, 408 Dind.) τὰ λοιπὰ τῆς χρήσεως ἦν οὕτως· ἐπεὶ Γηρυόνου βόας Κυκλωπείων ἐπὶ προθύρων Εὐρυσθέως συναιρεῖται· καὶ ἀπριάτας ἔλασεν· ὁ δὲ νοῦς τοιοῦτος· ἐπειδὴ τὰς τοῦ Γηρυόνου βόας οὔτε αἰτήσας οὔτε πριάμενος ἤλασεν ‖ 1–4 schol. Pind. N. 9, 35a ἐν ἄλλοις ὁ Πίνδαρος· νόμος – χειρί ‖ 1–2 Plut. ad princ. inerud. 3 p. 780C; Clem. Alex. str. 1, 181, 4 (111, 9 St.) et 2, 19, 2 (122, 21 St.) ‖ initium carminis respiciunt Herodot. 3, 38, 4; Plat. Protag. 337D; Leg. 690BC; 889E–890A; Aristot. rhet. 3, 3 p. 1406a 22; Chrysipp. fr. 314 (III 77, 34 Arnim); Plut. vit. Demetr. 42, 8; Dio Chrysost. 75, 2; Orig. in Cels. 5, 34 (qui affert verba Herodoti a Celso laudata); Stob. 4, 5, 77 (e Iamblicho); Liban. decl. 1, 87 (V 62, 11 Foerster); Olympiod. in Plat. Gorg. 484B (p. 129, 12 Norvin) ‖ 6–39 Π³³ fr. 1 col. 2, 1–34 (+ fr. 2 ?)

169a 3 δικαιῶν τὸ βιαιότατον schol. Pind., Aristid., βιαιῶν τὸ δικαιότατον Plat. ‖ 7 -πείων et -ρων schol. Aristid. | ΕΠ[Ε]Ι | ad -σθέος v. ad v. 20 ‖ 8 schol. Π i. m. · ελεν | ἀναιρεῖται (vel συναιρεῖται) καὶ ἀπρ. schol. Aristid.; Platonis paraphrasis : οὔτε πριάμενος οὔτε δόντος τοῦ Γηρυόνου ἠλάσατο τὰς βοῦς, Aristidis scholiastae : οὔτε αἰτήσας οὔτε πριάμενος, unde Boeckh ἀναιτήτας τε, quod contra metrum esse nunc apparet; suppl. Mette, Glotta 40, 1962, 42 | ΑΤ | ΕΝ· ‖ 9 καὶ κλυτάς] (tum 10 τὸν γὰρ, 13 ἀπάτησ' sim.) Sn. vel οὗτος καὶ] (10 τόν τε, 13 ἐκράτησ' sim.) | ΜΗΔ ‖ 10]:Ν |]ΚΌ | 10sqq. suppl. Lobel ‖ 11 ΝΊ | ΛΊ | schol. Βίστον[ε]ς Θρακῶν ἔθνος καὶ Βιστονὶς λίμνη{ι} ἐν Θράκῃ (ΦΑΙΚΗΙ Π)

¹² χαλκοθώρ]ακος Ἐνναλίου

‿‿_] ἔκαγλον υἱόν

‿‿‿] . ιαντα μέγαν

15 _οὐ κό]ρῳ ἀλλ᾽ ἀρετᾷ.

³ ‿_ γ]ὰρ ἁρπαζομένων τεθνάμεν

× _]μάτων ἢ κακὸν ἔμμεναι.

__]εσελθὼν μέγα

⁶ ‿_ ν]υκτὶ βίας ὁδόν

20]ρε{ν}, λαβὼν δ᾽ ἔν[α] φῶ[τ]α πεδάσα[ις]

φά[τναις] ἐν λιθίναις βάλ[‿_‿‿_

⁹ ἵππο[ι]έναν φρέ[ν ‿__

καί μ[ιν] . ζον. ταχέως

δ᾽ ἀράβη[σε] δια[λ]εύκων

25 ¹² ὀστέ[ων] δοῦπος ἐ[ρ]⟨ε⟩ικομένων.

ὁ δ᾽ ἄφ[αρ π]λεκτόν τε χαλκόν

ὑπερη[. .] . ε τραπεζαν

προβάι τωι ν ἁλυσιωτόν

27 schol. ἀν(τὶ) τῆς φάτνης | Aristoph. Byz. (fr. 123 Slater) Mill. Mél. 430 et
Eustath. Il. 877, 55 et 1649, 2 (= fr. 316): Πίνδαρος ... τὰς Διομήδους ἵππους
πρόβατα καλεῖ, τὴν φάτνην αὐτῶν λέγων προβάτων τράπεζαν ‖ 28 schol. τῶν
ἵππω(ν)

12 ΝΎ | ΛΊ ‖ 14] .. ΑΝ? (acc. non certus) | νόον ἀεί]ραντα e. g. Sn. ‖ 15 suppl.
Lobel (vel οὐ μὰν Sn., οὔτοι Mette, παῖδ᾽ οὐ Page) | schol. οὐκ ἐπὶ ὕβρει, ἀλλ᾽ ἀρετῆς
ἕνεκα. τὸ γὰρ [τὰ ἑαυτοῦ μὴ προ]ίεσθαι ἀνδρείου (ἐστίν) [ ] ἀλλ᾽ οὐχ ὑβριστ[οῦ.
Ἡρα]κλῆς δ(ὲ) ἠδ[ί]κει [ἀφελό]μενος (suppl. Lobel qui affert Aristid.1.1. [I 209 Lenz-
Behr] οὐ γὰρ εἰκός φησιν [Pindarus] ἁρπαζομένων τῶν ὄντων καθῆσθαι παρ᾽ ἑστίᾳ
καὶ κακὸν εἶναι et schol. ad l. 3, 409 Dind.) | ΑΛΛ᾽ | ΤΑΙ̑᾽ | 16 suppl. Lobel; κρέσ-
σον γ]ὰρ Sn., καλὸν γ]ὰρ Mette | Έ | Ά ‖ 17 χρη]μάτων sim. Lobel, πρὸ χρ. Page |
ΑΙ᾽ ‖ 18 αὔλισμ᾽], στέγος δ᾽] Sn. | ΜΈΓ | schol. ὁ Ἡρακλῆς ⟨τὸ⟩ τοῦ Διομήδο[υς
(suppl. Lobel) ‖ 19 κρυφᾷ ν] Sn., λάθρᾳ Gentili ‖ 20]ΡΕΝ vel]ΡΕ[Ν], εὔ]ρε Sn.,
Page (ἥρως εὖ]ρε Mette) | Έ | Φ⸱[suppl. Lobel | ΔΆ C spatio unius litterae inter
et Ά et C relicto; πεδά⟨ρ⟩σιον Lobel, πεδάσα[ις] Sn. quamquam displicent participia
non coniuncta ‖ 21 suppl. Lobel | Ί | [Ε]ΒΑΛ | βάλ[(εν) vel βάλ[ετο cf. Pyth. 1, 74 ‖
22 Ο[, Θ[sim. | μαινομ]έναν φρέ[ν(α) Lobel |]ΈΝΑ sscr. Τ· vel Π· | ΡΈ ‖ 23 ΑΊΜ: Ν[
Π^pc |]Υ pot. qu.]Ι sim.? | ΟΝ· | διέσχ]ιζον Lobel, (ἐ)λάκ]ιζον Sn., κερά]ιζον
Page; fr. 9, 3]ΕΛΆ[huc trahi posse negat Lobel ‖ 24–26 suppl. Lobel ‖ 24 Δ᾽ΑΡΆΒ |
ΔΙΑ | ΩΝ ‖ 25 Έ[| ΟΥ | ΙΚ | ΩΝ[‖ 26 ΟΔ᾽Ά | ΤΟΝ ‖ 27 Η[fere certum |
ὑπερή[ρα]ρε vel ὑπὲρ ἤ[ρα]ρε τραπεζᾶν Erbse, ὑπερή[γν]υε Page | ΖΑ̑Ν, sed cf.
testim. ‖ 28 ΟΒ | ΑΛῨΣΙ̑ΩΤΟΝ

³ δι᾽ ἑρκ[έ]ων, τεῖρε δὲ στερεῶ⟨ς⟩

30 ἄλλαν [μ]ὲν σκέλος, ἄλλαν δὲ πᾶχ[υν,
τὰν δὲ πρυμνὸν κεφαλᾶς
⁶ ὀδ[ὰ]ξ α[ὐ]χένα φέροισαν.
. ϱ . μι[ ] δ᾽ ὅμως ε[ ]σ᾽ ὕπα . [. |] . θυ . [ ]με
πικρο[τά]ταν κλάγεν ἀγγε[λία]ν

35 ⁹ ζαμενε[   ]τυρανν[   ]
ποι]κίλῳ[ν ἐ]κ λεχέῳ[ν ἀπέ]δ{ε}ιλ[ος
]ν καθε . [   ]ς ῥᾶ . [
] . ιον κακ[   ]
] . ον ἔ[   ]

. . .

col. 3 40 . νατ[   ]ν . [

)——
Β' ἔμολε[.]αι παῖδα[‿ —   ]
Ἡρακλ[έ]ος εξα . [.] . [.]ν [ ]
³ τεταγμένον τουτά . [. . . .]εκατ . [
Ἥρας ἐφετμαῖς· Σθενέλο[ι]ό μιν

45 υἱὸς κέ[λ]ευσε⟨ν⟩ μόνον
⁶ ἄνευ συ[μμ]αχίας ἴμεν.
καὶ Ἰόλαο[ς ἐ]ν ἑπταπύλοισι μένῳ[ν τε
Θήβαις] Ἀμ↓φιτρύωνί τε σᾶμα χέω[ν

29–33 P. Flor. inv. 557 (= fr. 344) col. I, 4–8 ‖ 33–39 fin. Π³³ fr. 2 huc revocat Lobel haud sine dubio ‖ 37 init. Π³³ fr. 13, 1 ἀν]ώρρο[νσε]ν hic collocari posse negat Lobel ‖ 40–62 Π³³ fr. 1 col. 3, 1–23

29–32 suppl. Lobel ‖ 29 ΔΙ͞Ε, sed fort. διερκέων legendum esse put. Lobel |
ωΝˊ | Ρ pot. qu. Λ | Ε⸌ω⸍Ι : Lobel ‖ 30 ΑΛΛᾹΝ | C·Ά | ΠᾹ ‖ 31 ΤᾹΝ | Υ̇ | ΛᾹ ‖
32 Ο̇Δ⸌Ξ | ΑΝˈ ‖ 33 ΕΡ pot. qu. CΒ sim., tum ΗΜ vel ΟΙΜ ? | ΔˎΟ͞ | Ε̇[, ε̇[οῖ]σ᾽ Lobel | ΑΝ[, ΑΜ[, ΑΛ[? |]ΟΘ pot. qu.]CΘ,]ωΘ ‖ 34 suppl. Lobel | ΤᾹΝ pot. qu.
ΓᾹΜ sim. ‖ 35 ζαμενε[ῑ τε] τυράνν[ωι vel ζαμενέ[᾽ εἰς] τύρανν[ον lacunam explere
vid. ‖ 36 suppl. Lobel | ΚΙ̇ | Λω̇[, ΑC[sim. | fort. τ᾽ ἐ]κ vel δ᾽ ἐ]κ propter lacunam ‖ 37 ΕΙ̣[sim. ? ‖ 38 fort.]CΙΟΝ,]ΕΙΟΝ,]ΚΙΟΝ ? ‖ 39]ΓΟ vel]ΤΟ | Ε̇ | Ε̇ ·
Φ[? (Mette) ‖ inter 39 et 40 quot vv. desint incertum ‖ 40 v. ad 43 | Ε, C sim. |
]ΝΟ,]ΝΕ sim. ‖ 41 Ε[, Ο[sim. | [κ]αὶ ? | ΑΙ̂Δ ‖ 42 Α⟦Ρ ? |][Ο]][vel][C]][pot.
qu.][͟Ε]][vel][Θ]][? ‖ 43 ΕΠΙ supra ΤΕΤ scr. | ΜΕΝ | ΤΑ̇ | τοῦτ᾽ ἄρ[α (δω)δ]έκατο[ν tempt. Lobel, qui v. 40 ἐνατ[legi posse dicit | ΤΟ[? ‖ 44sqq. suppl. Lobel ‖
Η̇ | ΜΑ̂ΙCˈˈ | Ο̇ ‖ 45 κέλευε Πᵃᶜ, ἐκέλευσε Πᵖᶜ | Ο̇ ‖ 46 ΑΝ | ΙΑ̇ | ΙΜ vel ΙΜ̂ | ΕΝˈ ‖
47 ΟΛ | ΥΛ | ω[, Ο[sim. | ω[ν Lobel, τε add. Sn. (cf. ad v. 20), sed fort. Θή-/βαισιν ? ‖ 48 suppl. Lobel | Υ̇ | Ι̇ | Α̂ | Ε̂ω | schol. Ἀμφιτρύων[ος ? |]θήκῃ κεκη[-
δώς ?

⁹_ ??◡   ]μιᾷ δ᾽ ἐπὶ ϑήκᾳ
50   ]ν καλλικέρας
    12   ]άδις, οὕς οἱ
           ]ου στρατὸς οὐκ ἀέκ[ων
...]. αϑ[......]όντ[.]κ[. .]. ᾱ
———
           ]φέ[. .]. [ ]ϱμα . [   ]
55   ]. ῳ πϱϱ[ ]λιμ[   ]ν
    ³   ]. νεκα[   ]. πολ[
           ]υϱεκα[   ]αμον
           ]. οσ[   ]
    ⁶   ]υσ᾽ε[   ]. ενογ
60   ]ελ[   ]. νδέμ[
           ]. [   ]. έκ[
    ⁹   ]. [
                          . . .

169 b

                    . . .
        . (.)]ευγογ[
        εσσαν . [
        ‾‾‾‾‾‾‾
        Λατοίδ[α
        εὗϱε βιῶ[ι
5   ἀέλιον δ[
        βαϱυπε[νϑ
)——
        χϱυσο[
        πασιφ[
        παῖ μ[

169 b P. Flor. inv. 557 col. 2 (v. ad 169 a, 29 – 33)

49 Â, sscr. Ι | ΗΚΑΙ ‖ 50 ΕΡΑC, schol. -ϱως | βόας vel ταύϱους βάλε]ν e. g. Sn. | propter μιᾷ expectes numerum velut δέκα ‖ 51]ΑΔΙC˙ | χαμ]άδις e. g. Lobel | ΟΥCΟΙ | οἱ encl. post vocalem P. ponere solet, sed οὔ σ᾽ οἱ vix hic aptum ‖ 52 expectes δῶκ(εν), πέμψ(εν) sim. | ΑΕ ‖ 53]C,]O sim. | A vel [A] | Θ[pot. qu. Ε[| ·ΑΙ ‖ 54]P[,]Φ[sim. ? | Ν[, Λ[pot. qu. Μ[? | schol. ὁ Ἡϱα[κλῆς? ‖ 56]ΑΝ ? |]ΙΠ,]ΝΠ sim. ? ‖ 57 (ἐξ)ε]ῦϱε Sn. ‖ 58 schol.]ιος καὶ Θη[‖ 59]Μ,]Π pot. qu.]Λ,]X,]K,]A | ΟΝ[, non ΟΙ[, ΟΥ[‖ 60]Ι,]Η sim. ‖ 61]Τ vel]Γ ‖ 169b 1 ΕΥ ‖ 2 Ν[vel Η[‖ 3 ΟΙ | Δ[vel Λ[, vix Α[‖ 4 ΕΥ | ῷ[‖ 6 ΒΑΡ

10   κωριδ[
            ιοισισ . [
            μη[
            δε[
            . . .

                    170 (154)

(περὶ ἑκατομβῶν)

πάντα θύειν ἑκατόν

                    171 (157)

metrum: dactyloepitr.? ∪∪D| _e_ |e − − ∪ ...

⟨Hercules?⟩

κατὰ μὲν φίλα τέκν᾽ ἔπεφνεν θάλλοντας ἥβᾳ
δώδεκ᾽, αὐτὸν δὲ τρίτον ⟨sc. Neleum?⟩

                    172 (158)

metrum: dactyloepitr.

D|²_D_|³e|_E_|⁴D|⁵e_D_|⁶D_D|eE|

Πηλέος ἀντιθέου
μόχθοις νεότας ἐπέλαμψεν
³ μυρίοις· πρῶτον μὲν Ἀλκμήνας σὺν υἱῷ
Τρώϊον ἂμ πεδίον,
5 καὶ μετὰ ζωστῆρας Ἀμαζόνος ἦλθεν,

170 Strab. 3, 3, 7 p. 155 (de Lusitanis) ποιοῦσι δὲ καὶ ἑκατόμβας ἑκάστου γένους Ἑλληνικῶς, ὡς καὶ Πίνδαρός φησι· πάντα − ἑκατόν, unde Eust. Il. 49, 11 || 171 Porphyr. (1 p. 148, 11 Schrader) ap. schol. B Hom. Κ 252 ὁτὲ δὲ τὸν προκείμενον περιγράφουσι τῷ ἐπιτρέχοντι ἀρκούμενοι, οἷον· κατὰ − τρίτον, ἀντὶ τοῦ τρίτον καὶ δέκατον, καὶ (sequitur fr. 135), φησὶν ὁ Πίνδαρος (ad duodecim Nelidas et ipsum Neleum ab Hercule interfectos spectare vidit Boe.) || 172 schol. Eur. Androm. 796 οἱ μὲν πλείους Τελαμῶνά φασι συστρατεῦσαι τῷ Ἡρακλεῖ ἐπὶ τὴν Ἴλιον, ὁ δὲ Πίνδαρος καὶ Πηλέα, παρ᾽ οὗ ἔοικε τὴν ἱστορίαν Εὐριπίδης λαβεῖν· λέγει δὲ ὁ Πίνδαρος οὕτως· Πηλέος − δόμοις

171 κἀμ? | θάλλοντα : Boe. || 172 cf. fr. 227 || 2 μόχοι νεωτάτοις M, μόχθοιν νεώτατ᾽ A : Bgk. || 3 υἱῷ M, ὑμῖν A || 5 Ἀμαζόνος M, Ἀμαζόνας A

PINDARVS

⁶καὶ τὸν Ἰάσονος εὔδοξον πλόον ἐκτελέσαις
εἷλε Μήδειαν ἐν Κόλχων δόμοις

173—176 (159—162)

ₗἈμαζόνεςↄ

ₗΣύριον εὐρυαίχμαν διεῖↄπον στρατόν
]σφαράγων
]αλαον ἀνδρὸς λ[
]ις
5   ]ασίᾳ φρενί
]
φ]αρέτραν ταν[
ὑπ]εραίσιον
]ναι·
10   ]αις· ον. [...]αρ
]
]πιχ. [....]
...

* * *

174 Ἀμαζόνας τὸ ἱερὸν (sc. τὸ ἐν Διδύμοις τοῦ Ἀπόλλωνος) ἱδρύσασθαι στρατευομένας
ἐπὶ Ἀθήνας τε καὶ Θησέα

* * *

175 Ἀντιόπην (Ἀμαζόνα) ὑπὸ Πειρίθου καὶ Θησέως ἁρπασθῆναι

* * *

176 Δαμοφῶν Θησέως

177 (164)

metrum dubium

̣᷅c̣‿‿υ‿̣᷅ḍ ̣f̣?̣‿̣‿‿υ‿υ‿̣᷆

173 Π¹²; Strab. 12, 3, 9 p. 544 Πίνδαρός φησιν ὅτι αἱ Ἀμαζόνες Σύριον — στρα-
τόν, τὴν ἐν τῇ Θεμισκύρᾳ κατοικίαν οὕτω δηλῶν (coniunxit Körte APF 5, 551) ‖
174 Paus. 7, 2, 6 ‖ **175** Paus. 1, 2, 1 ‖ **176** Plut. vit. Thes. 28, 2 (Θησεύς) τῆς δ'
Ἀντιόπης ἀποθανούσης ἔγημε Φαίδραν, ἔχων υἱὸν Ἱππόλυτον ἐξ Ἀντιόπης, ὡς δὲ
Πίνδαρός φησι, Δημοφῶντα

6 ἔνδοξον **A**, om. **M** : byz. ‖ ἐκτελέσας **A**, ἐκτελευτήσας **M** ‖ **173** 2 ἐρι]σφ. vel
βαρυ]σφ. Hunt ‖ **3** λαὸν vel ἀλαὸν ... λ[ῆμα Sn.

138

(a)   πεπρωμέναν {ε}ϑῆκε μοῖραν μετατραπεῖν

* * *

(b)   ἀνδροφϑόροῦ, οὐδὲ σιγᾷ κατερρύη

* * *

(c)   τροχὸν μέλος, ⟨τ⟩αὶ δὲ Χίρωνος ἐντολαί

* * *

(d)   αἴνιγμα παρϑένοι᾽ ἐξ ἀγριᾶν γνάϑων.

* * *

(e)   ἐν δασκίοισιν πατήρ, νηλεεῖ νόῳ δ᾽

* * *

(f)   δ᾽ οὐδὲν προσαιτέων ἐφϑεγξάμαν ἔπι

178 (169) = 35 c

179 (170)

metrum: dactyloepitr.?

...∪_D_e‖__∪...

... ὑφαίνω δ᾽ Ἀμυϑαονίδαισιν ποικίλον
ἄνδημα

180 (172)

metrum: dactyloepitr.

D_E‖D|_e|_D_e|

---

177 Prisc. de metris Terent. (Gramm. Lat. 3, 427 K.) *Pindarus teste Heliodoro
ἀντέστρεψεν, hoc est convertit rythmum iambicum hoc modo* (a. b) πεπρωμέναν −
κατερρύη. *in secundo enim iambo pyrrichium secundum et tertium trochaeum et quar-
tum spondeum posuit. idem* (c) τροχὸν − ἐντολαί. *hic iambus et in tertio trochaeum
habet et in quarto spondeum. idem* (d) αἴνιγμα − γνάϑων. *hic quarto loco spondeum
posuit. idem* (e) ἐν − νόῳ δ᾽. *in hoc quoque iambo trochaeum in tertio loco posuit et
in quarto spondeum. idem* (f) δ᾽ οὐδὲν − ἐπί. *hic similiter in quarto loco spondeum
habet*; ad fr. 68 videntur trahenda esse ‖ **179** schol. Pind. N. 7, 116 τὸ ποίημα
ὑφάσματι παρέοικεν, ὡς καὶ αὐτὸς ἐν ἄλλοις· ὑφαίνω − ἄνδημα

177 (a) ἔϑηκε : Bgk. ‖ (c) αιδε : Herm. ‖ **179** Ἀμυϑαωνίδαις : Boe., Christ

PINDARVS

μὴ πρὸς ἅπαντας ἀναρρῆξαι τὸν ἀχρεῖον λόγον·
ἔσθ᾽ ὅτε πιστόταται σιγᾶς ὁδοί·
κέντρον δὲ μάχας ὁ κρατιστεύων λόγος

181 (174)

metrum: dactyloepitr. ...∪∪__D__e?

... ὁ γὰρ ἐξ οἴκου ποτὶ μῶμον ἔπαινος κίρναται

182 (175)

ὦ πόποι, οἳ᾽ ἀπατᾶται φροντὶς ἐπαμερίων   D__|D|
οὐκ ἰδυῖα   e...

183 (177)

Φοῖνιξ

ὃς Δολόπων ἄγαγε θρασὺν ὅμιλον σφενδονᾶσαι
ἱπποδάμων Δαναῶν βέλεσι πρόσφορον

184 (179)

ὑπερμενὲς ἀκαμαντοχάρμαν Αἴαν

180 Clem. Alex. strom. 1, 10, 49, 1 (2, 32 St.) *Πινδάρου . . . γράφοντος· μὴ πρὸς —*
λόγος, unde Theodoret. graec. aff. cur. 1, 115 p. 19 (1, 133 Canivet) *ἢ οὐδὲ Πινδάρῳ*
τῷ λυρικῷ πείθεσθε σαφῶς ἀπαγορεύοντι· μὴ πρὸς — ἀρχαῖον λόγον ‖ **181** schol.
Pind. N. 7, 89 b *οὐδείς με ψέγει ὅτι ἐπαινῶ τοὺς Αἰγινήτας· οὐ γὰρ πολίτας ὄντας*
ἐμαυτοῦ διὰ τοῦτο ἐπαινῶ· προσχαρίζεσθαι γὰρ ἂν ἐδόκουν διὰ τὴν οἰκειότητα ἐγ-
κωμιάζων· ὁ γὰρ — κίρναται (Pindaro tribuit Schneider) ‖ **182** Aristid. or. 51, 5
(2, 238 K.) *(Πίνδαρος) ὁρμηθεὶς ἐκ τῶν περὶ τῆς Ἐριφύλης λόγων· ὦ πόποι — εἰ-*
δυῖα ‖ **183** Strab. 9, 5, 5 p. 431 *Πίνδαρος μνησθεὶς τοῦ Φοίνικος· ὃς Δολόπων —*
πρόσφορον, unde *θρασὺν ὄμ. σφενδ.* Eust. Il. 311, 22 ‖ **184** Herodian. 2, 659, 26
(667, 30) L. *(Πίνδαρος) τὴν κλητικὴν εἰς ν̄ εἶπεν, οἷον ὑπερμενὲς — Αἴαν*

180 1 ἀρχαῖον : Boe. ‖ 2 πιστοτάταις . . . ὁδοῖς : Bgk., πιστοτάτα . . . ὁδός Syl-
burg ‖ **182** εἰδυῖα : Boe.

140

185 (184)

† ἔστι δέ τοι χέκων † κᾱκίει καπνός

186 (185) = Callim. (?) fr. 813 Pf.

187 (186)

ἥρωες αἰδοίαν ἐμείγνυντ᾽ ἀμφὶ τράπεζαν θαμά

188 (190)

φθέγμα μὲν πάγκοινον ἔγνω-   E_
κας Πολυμνάστου Κολοφωνίου ἀνδρός·   e_D_|

189 (197)

(de Persis)

πανδείμαντοι μὲν ὑπὲρ πόντιον Ἕλλας πόρον ἱερόν

190 (198)

ἁ Μ⟨ε⟩ιδύλου δ᾽ αὐτῷ γενεά   _e_d¹

185 Et. Gud. p. 321, 55 St. (Cramer, Anecd. Par. 4, 35, 18) ex Apollodoro (FGr Hist 244 F 251) s. v. κίκυς· ἡ δύναμις . . . ἀπὸ τοῦ ἀνακικύειν . . . καὶ παρὰ Πινδά-ρῳ· ἔστι – καπνός ‖ 187 Plut. qu. conv. 2, 10, 1 p. 643 D τὰ δὲ Πινδαρικὰ (συμ-πόσια) βελτίω δήπουθεν, ἐν οἷς ἥρως – θ᾽ ἅμα τῷ κοινωνεῖν ἁπάντων ἀλλήλοις ‖ 188 Strab. 14, 28 p. 643 λέγει δὲ Πίνδαρος καὶ Πολύμναστόν τινα τῶν περὶ τὴν μουσικὴν ἐλλογίμων· φθέγμα – ἀνδρός, cf. {Plut.} de mus. 5, 6 p. 1133 A ‖ 189 schol. Aristoph. Vesp. 308 πόρον Ἕλλας . . . ἐπήνεγκε δὲ παρὰ τὸ Πινδαρικὸν τὸ Ἕλλας ἱερόν· πανδείμαντοι – ἱερόν ‖ 190 schol. Pind. P. 8, 53a φατρία ἐν Αἰγίνῃ Μιδυλιδῶν ἀπὸ Μιδύλου προγόνου ἐπιδόξου γεγονότος· αὐτὸς δ᾽ ἐν ἄλλοις· ἁ Μιδύ-λου – γενεά

185 ἔτι Hey. | δέ τοι χέκων Guelf., δὲ ταχέων Paris. : ἐκ δὲ τειχέων vel τοί-χων West (δὲ τειχέων iam Boe.) | κακίει Paris., ἀκύει Guelf. ‖ 187 ἥρως . . . ἐμίγνυτο . . . θ᾽ ἅμα : Stephanus ‖ 189 cf. fr. 51 ‖ 190 fort. trahendum ad Isthm. 9, ∼ v. 1 vel 7 | Μ⟨ε⟩ιδ. Bgk. | γέννα : Herm.

PINDARVS

**191 (201)

Αἰολεὺς ἔβαινε Δωρίαν κέλευθον ὕμνων

192 (204)

*Δελφοὶ θεμίστων {ὕμνων} μάντιες
Ἀπολλωνίδαι*

193 (205)

metrum: dactyloepitr.   D＿‖＿d¹e＿De|

(Pindarus de se ipso:)

*πενταετηρὶς ἑορτά
βουπομπός, ἐν ᾇ πρῶτον εὐ-
νάσθην ἀγαπατὸς ὑπὸ σπαργάνοις*

194 (206)

⟨ΘΗΒΑΙΟΙΣ⟩

metrum: dactyloepitr.

E＿D＿|E＿|e|e＿d¹✻✻e＿D|＿D＿e|E＿

*κεκρότηται χρυσέα κρηπὶς ἱεραῖσιν ἀοιδαῖς·
εἶα τειχίζωμεν ἤδη ποικίλον
κόσμον αὐδάεντα λόγων*

*   *   *

191 schol. Pind. P. 2, 128b τοιοῦτόν ἐστι καὶ τὸ ἑτέρωθι λεγόμενον· Αἰολεὺς —
ὕμνων ‖ 192 schol. Pind. P. 4, 4 δύναται δὲ καὶ τοὺς Δελφοὺς λέγειν· ἑτέρωθι γὰρ
Ἀπολλωνίδας αὐτοὺς προσηγόρευσε· Δελφοὶ — Ἀπολλωνίδαι ‖ 193 vit. Pind. Ambr.
p. 2, 18 Dr. καὶ γὰρ ἐν τῇ τῶν Πυλίων ἑορτῇ ἐγεννήθη, ὡς αὐτός φησι· πενταετη-
ρὶς — σπαργάνοις ‖ 194 Aristid. or. 49, 57 (2, 159 K.) οὐ γὰρ δή που καὶ Πίνδαρον
φήσεις ὑπ᾽ ἐμοῦ ταῦτα (fr. 237) ἀναπεισθέντα ἐμβαλεῖν εἰς τὴν ποίησιν τὴν ἑαυτοῦ·
ἄκουε δὴ καὶ ἑτέρων· κεκρότηται — λόγων. Ἡράκλεις, ταυτὶ μὲν οὐδὲ παντάπασιν
ἀναίτια τοῖς ῥήμασιν, ἀλλ᾽ ὅμως καὶ ἐπὶ τούτοις σεμνύνεται ὡς οὐδὲν ἀτιμοτέροις

191 ⟨αὐλὸς⟩ Αἰολ. Bgk. | Αἰολ. i. e. Βοιώτιος (Σ), itaque Pindarus de suo car-
mine loqui videtur (Sn.) ‖ 192 θεμίτων Turyn | secl. Hey. ‖ 194 2 οἶα codd.,
εια cod. Aᵃᶜ | ποικίλων Bgk.

FRAGMENTA 191–198a

τὸ νέκταρ sc. mei carminis

καὶ πολυκλείταν περ ἐοῖσαν ὅμως
5 Θήβαν ἔτι μᾶλλον ἐπασκήσει θεῶν
καὶ κατ᾽ ἀνθρώπων ἀγυιάς

195 (207)

⊗ · Εὐάρματε χρυσοχίτων ἱερώτατον   _D_e‖?
ἄγαλμα, Θήβα   ‿e_…

196 (209)

λιπαρᾶν τε Θηβᾶν μέγαν σκόπελον

197 (210) spurium

**198a

οὗτοί με ξένον   …__e‖
οὐδ᾽ ἀδαήμονα Μοισᾶν ἐπαίδευσαν κλυταί   DE|
Θῆβαι   __…

τοῦ νέκταρος καί φησιν ὅτι οὗτος μέντοι ὁ τῶν λόγων κόσμος καὶ πολυκλείταν —
ἀγυιάς, ὥσπερ οὐκ ἀρκοῦν, εἰ κατὰ ἀνθρώπους μόνον, ἀλλὰ καὶ τοὺς θεοὺς ἔτι μει-
ζόνως τιμήσοντας δι᾽ ἐκεῖνον τὴν τῶν Θηβαίων πόλιν εἰς τὸ λοιπόν; v. 1 affert Plut.
mon. democr. olig. 1 p. 826 A κεκρότηται — ἀοιδαῖς; idem quom. quis sent. prof.
virt. 17 p. 86 A κεκρότηται — κρηπίς; Luc. Demosth. enc. 11 χρυσέα κρηπίς; Clem.
Alex. paedag. 1, 1, 1, 1 (89, 25 St.) κεκρότηται κρηπίς
195 schol. Pind. P. 4, 25 b εἰώθασι δὲ οὗτοι συμπλέκειν τὰ τῶν χωρῶν ἢ πόλεων
καὶ τὰ τῶν ἡρωΐδων ὀνόματα διακοινοποιοῦντες, οἷον· εὐάρματε — Θήβα· τὸ μὲν γὰρ
εὐάρματε τῆς πόλεως, τὸ δὲ χρυσοχίτων τῆς ἡρωΐδος; schol. T Hom. Δ 391 εὐάρ-
ματον τὴν Θήβην φησὶν ὁ Πίνδαρος, cf. schol. Pind. P. 2 inscr. ‖ 196 schol. Pind.
P. 2 inscr. καὶ τὰς Θήβας δέ που εἶπε λιπαράς· λιπαρᾶν — σκόπελον ‖ {197 vita
Thom. (I p. 6, 1 Dr.) ὦ ταλαίπωροι Θῆβαι v. l. codd. recc. pro ὦ ταὶ λιπαραί, cf.
O. Schroeder, Philol. 54, 1895, 286} ‖ 198a Chrysipp. π. ἀποφατικῶν fr. 180, 2
(2, 53 Arn.) ἀληθὲς ἐ[λέχθη ὅπερ] λεχθείη ἂν οὕτως· οὗτοι — Θῆβαι (Pindaro tri-
buit Letronne, Journal des savants 1838, 309 sqq.)

198a μουσαν : Schneidewin

143

PINDARVS

198b (211)

μελιγαθὲς ἀμβρόσιον ὕδωρ
Τιλφώσσας ἀπὸ καλλικράνου

199 (213)

metrum: dactyloepitr.

ee_ | E_e_ | e_D |

περὶ τῶν Λακεδαιμονίων·

ἔνθα βουλαὶ γερόντων
καὶ νέων ἀνδρῶν ἀριστεύοισιν αἰχμαί,
καὶ χοροὶ καὶ Μοῖσα καὶ Ἀγλαΐα

200 (214) = 140b, 4 sq.

201 (215)

metrum: dactyloepitr.

_E_e_ | e_D ‖ ᴗe (vel ᵁᵁe)ᴗe___ ...

Αἰγυπτίαν Μένδητα, πὰρ κρημνὸν θαλάσσας
ἔσχατον Νείλου κέρας, αἰγιβάται
ὅθι τράγοι γυναιξὶ μίσγονται

198b Athen. 2, 15 p. 41 E καὶ Πίνδαρος· μελιγαθὲς − καλλικρήνου· κρήνη δ᾽ ἐν Βοιωτίᾳ ἡ Τιλφῶσσα· ἀφ᾽ ἧς Ἀριστοφάνης (= Ar. Boeotus) φησὶ Τειρεσίαν πιόντα διὰ γῆρας οὐχ ὑπομείναντα τὴν ψυχρότητα ἀποθανεῖν, unde Eust. Od. 1668, 7; cf. Strab. 9, 2, 27 p. 411 Πίνδαρος δὲ καὶ Κηφισσίδα καλεῖ ταύτην (scil. Copaida, cf. P. 12, 27)· παρατίθησι γοῦν τὴν Τιλφῶσσαν κρήνην ὑπὸ τῷ Τιλφωσσίῳ ὄρει ῥέουσαν πλησίον Ἁλιάρτου καὶ Ἀλαλκομενῶν, ἐν ᾗ τὸ Τειρεσίου μνῆμα· αὐτοῦ δὲ καὶ τὸ τοῦ Τιλ[φωσσίου Ἀπόλλω]νος ἱερόν, unde Steph. Byz. s. v. Τέλφουσα ‖ 199 Plut. vit. Lycurg. 21, 6 Πίνδαρος δέ φησιν· ἔνθα − Ἀγλαΐα, idem an seni 10 p. 789 E ἔνθα − αἰχμαί), idem p. 787 C (καὶ χοροὶ − Ἀγλαΐα) ‖ 201 Strab. 17, 1, 19 p. 802 Μένδης, ὅπου τὸν Πᾶνα τιμῶσι καὶ τῶν ζώων τράγον· ὡς δὲ Πίνδαρός φησιν, οἱ τράγοι ἐνταῦθα γυναιξὶ μίγνυνται· Μένδητα − μίσγονται (om. codd. EF); Aristid. or. 48, 112 (2, 289 K.) αὐτίκα Πινδάρῳ πεποίηται, ὥσπερ μάλιστ᾽ ἀληθείας ἀντέχεσθαι δοκεῖ τῶν ποιητῶν περὶ τὰς ἱστορίας, καὶ οὐ πόρρωθεν, ἀλλ᾽ ἐξ αὐτῶν τῶν τόπων καὶ οὗτος ὁ ἔλεγχος· φησὶ γάρ· Αἰγυπτίαν − θαλάσσας· καίτοι οὔτε κρημνός ἐστιν οὐδεὶς ἐκεῖ οὔτε θάλαττα προσηχεῖ, ἀλλ᾽ ἐν πεδίῳ πολλῷ κτλ.; cf. Aelian. nat. animal. 7, 19 καὶ ὁμιλεῖν γυναιξὶ φασιν αὐτοὺς (hircos), καὶ ἔοικεν αὐτὸ θαυμάζειν Πίνδαρος; ad hymnum in Iovem Ammonem (fr. 36) referebat Hartung, sed cf. L. Lehnus, L'inno a Pan di Pindaro, 199 sqq.

198b 2 καλλικρήνου : Boe. ‖ **199** 2 ἀριστεύοισιν Plut.², ἀριστευόντων Plut.¹ ‖ **201** 2 αἰγίβατοι (-βοτον) : Herm.

202 (216)

λευκίππων Μυκηναίων προφᾶται   ... _ _ _E_|

203 (217)

metrum: ionicum

```
_ _ _   ∪∪_ _∪∪_|
∪∪_ _  ∪∪_  ∪∪_ _∪∪_∪_∪_ _|
∪∪_∪_∪_∪_∪∪_ _∪∪_  ...
```

ἄνδρες θήν τινες ἀκκιζόμενοι {Σκύθαι}
νεκρὸν ἵππον στυγέοι-
σι λόγῳ κείμενον ἐν φάει, κρυφᾷ δέ
σκολιαῖς γέννσσιν ἀνδέροντι πόδας ἠδὲ κεφαλάν

204 (218)

καὶ λιπαρῷ Σμυρναίων ἄστεϊ

205 (221)

metrum: dactyloepitr.

_D|_eE|E_ _...

⊗? Ἀρχὰ μεγάλας ἀρετᾶς,
ὤνασσ᾽ Ἀλάθεια, μὴ πταίσῃς ἐμάν
σύνθεσιν τραχεῖ ποτὶ ψεύδει

202 schol. Pind. P. 4, 207 εὐεπίφορος ὁ Πίνδαρος λευκίππους καλεῖν· λευκίππων – προφᾶται ‖ **203** Zenob. 3, 23 (S. Kougeas, Sitzungsber. Bayer. Akad. d. Wiss. 1910, 4, 16) τὸν ἵππον ὁ Σκύθης· ἐπὶ τῶν κρύφα τινὸς ἐφιεμένων, φανερῶς δὲ ἀπωθουμένων καὶ διαπτυόντων αὐτὸ ἡ παροιμία εἴρηται· μαρτυρεῖ δὲ καὶ Πίνδαρος λέγων· ἄνδρεθάν τινες – κεφαλάς; eadem fere Ps. Diogenian (ἀτιζόμενοι Σκύθαι νεκρὸν ἵππον λόγῳ, κρύφα δὲ σκολιοῖς γάνυσιν ἀναδέρουσι πόδας) et Apostol. 13, 7; cf. Suda s. v. Σκύθης ‖ **204** schol. Pind. P. 2 inscr. καὶ γὰρ καὶ ἄλλας πλείους (πόλεις) λιπαρὰς καλεῖ, ὥσπερ τὴν Σμύρναν· καὶ λιπαρῷ – ἄστει (sequuntur frr. 82 et 196; ad fr. 264 rettulit Bgk. ‖ **205** Stob. ecl. 3, 11, 18 (3, 432 W.-H.) Πινδάρου· ἀρχὰ – ψεύδει (eadem Ioannes Philoponus mundi creat. 4, 20 p. 203 Reichardt); Clem. Alex. strom. 6, 83, 3 (473, 18 St.) ἀρχὰ – ἀλήθεια; respicit Plut. vit. Mar. 29, 5

202 προφάτᾳ (sc. Amphiarao ?) Bgk. ‖ **203** 1 ἄνδρεθάν : Schr. | ἀγαζόμενοι Zenob., ἀτιζ. Diogenian., ἀτυζ. Apostol. : Boe. e Sud. | Σκύθαι secl. Schr. ‖ 2 κτάμενον : Wil. | φασί : Hey. ‖ 3 σκολιαί vel σκολιοὺς Zenob., σκολιοῖς Diog., Apost. : Boe. | κεφαλάς : Bgk. ‖ **204** fort. ad 264 sq. trahendum | Σμυρναίῳ : Boe.

PINDARVS

206 (222)

παρὰ Λύδιον ἅρμα πεζὸς οἰχνέων

207 (223)

Ταρτάρου πυθμένα †πτίξεις ἀφανοῦς
σφυρηλάτοις ἀνάγκαις

208 (224) = dith. 2, 10

209 (227)

τοὺς φυσιολογοῦντας

ἀτελῆ σοφίας καρπὸν δρέπ(ειν)

210 (229)

χαλεπώτατοι δ' ἄγαν φιλοτιμίαν μνώμενοι ἐν πόλεσιν ἄνδρες·
ἱστᾶσιν ἄλγος ἐμφανές

fort. huc trahendum Π³⁰ fr. 3:

. . .
χαλεπώ₁τα̣τ̣₁οι
ἄγαν φιλοτιμ₁ίαν μ₁νώμενοι

---

206 Plut. vit. Nic. 1, 1 (de Timaeo) οὐ μὰ Δία παρὰ – οἰχνεύων, ὥς φησι Πίν-
δαρος, ἀλλ' ὅλως τις ὀψιμαθὴς καὶ μειρακιώδης φαινόμενος ἐν τούτοις (eadem de
discr. adul. et am. 24 p. 65 B) ‖ **207** Plut. consol. Apollon. 6 p. 104 A ἀνθρώπων
γὰρ ὄντως θνητὰ μὲν καὶ ἐφήμερα . . . τὰ κατὰ τὸν βίον, ἅπερ ΄οὐκ ἔστι φυγεῖν βρο-
τὸν οὐδ' ὑπαλύξαι' (Hom. Μ 327) τὸ παράπαν, ἀλλὰ Ταρτάρου – ἀνάγκαις, ὥς φησι
Πίνδαρος ‖ **209** Stob. ecl. 2, 1, 21 (2, 7 W.-H.) Πινδάρου· τοὺς φυσιολογοῦντας ἔφη
Πίνδαρος ἀτελῆ – δρέπειν; eadem vit. Pind. Ambr. p. 4, 6 Dr.; cf. Plat. rep. 5, 6
p. 457 B et Eust. prooem. Pind. 33 (3, 302, 29 Dr.) ‖ **210** Plut. cohib. ira 8 p. 457 B
χαλεπώτατοι δὲ ἄγαν΄ – ἐμφανές (cum Π³⁰ fr. 3 coniungendum esse ci. Sn.)

206 οἰχνεύων (ἰχνεύων) : Bgk. ‖ **207** 1 πυθμένα πτίξεις pg Plan., πυθμένα πιέζεις
Z bv, πυθμὴν πιέζει σ' D ‖ ποθ' ἥξεις ἀχανοῦς Wil., πτήξεις Edmonds, Cl. Qu.
51, 1957, 60 cf. Eur. Ion. 1280 (debuit in Pind. πτάξεις) ‖ ἀφανής Herm. ‖
210 2 ἱστᾶσιν CX³S², ἢ στάσιν plerique; fortasse non omnia Pindari ‖ Π³⁰ 1]ΤΑΤ[,
]ΤΑΓ[,]ΤΑΠ[,]ΤΛ·[sim. ‖ 2 Μ[, Ν[, Π[, Ι[, Λ[sim.

146

ἐν πόλεσιν ἄν⌊δρες⌋ ·

. . . .] . . . . . [

5 . . . .] . [.]νϝ

] . μοναν[

]εχοιρα . [

. . .

211 (230)

(ἡ κακία?) κακόφρονά τ᾽ ἄμφαν(εν) πραπίδων καρπόν

212 (231)

φθόνον κενεοφρόνων ἑταῖρον ἀνδρῶν

213 (232)

πότερον δίκᾳ τεῖχος ὕψιον
ἢ σκολιαῖς ἀπάταις ἀναβαίνει
ἐπιχθόνιον γένος ἀνδρῶν,
δίχα μοι νόος ἀτρέκειαν εἰπεῖν

211 Plut. ser. num. vind. 19 p. 562 A ἄχρις ἂν ἐκχυθεῖσα (κακία) τοῖς πάθεσιν ἐμφανὴς γένηται, κακόφρονα – καρπόν, ὥς φησι Πίνδαρος ‖ **212** Plut. inim. util. 10 p. 91 E πᾶσα φύσις ἀνθρώπου φέρει φιλονικίαν καὶ ζηλοτυπίαν καὶ φθόνον, κενεοφρόνων ἑταῖρον ἀνδρῶν, ὥς φησι Πίνδαρος ‖ **213** Maxim. Tyr. 12, 1 (145, 13 Hob.) πότερον – εἰπεῖν. σὺ μέν, ὦ Πίνδαρε, ἀμφισβητεῖς πρὸς ἑαυτὸν περὶ ἀπάτης καὶ δίκης; Euseb. pr. ev. 15, 798 d πότερον – ἀνδρῶν; Plat. rep. 2, 8 p. 365 B συλλογίσασθαι . . . ποῖός τις ἂν ὢν καὶ πῇ πορευθεὶς τὸν βίον ὡς ἄριστα διέλθοι; λέγοι γὰρ ἂν ἐκ τῶν εἰκότων πρὸς αὑτὸν κατὰ Πίνδαρον ἐκεῖνο τὸ πότερον – ἀναβὰς καὶ ἐμαυτὸν οὕτω περιφράξας διαβιῶ; Cic. ad Attic. 13, 38 nunc me iuva, mi Attice, consilio, πότερον δίκα τεῖχος ὕψιον, id est, utrum aperte hominem asperner et respuam, ἢ σκολιαῖς ἀπάταις. ut enim Pindaro, sic δίχα μοι νόος ἀτρέκειαν εἰπεῖν; schol. Pind. pae. 2, 38 καὶ Θέω(ν) · ὅμοιον τῶι πότερον – ἀπάταις

4 vestigia incerta, sed nullo modo cum litteris v. 2 coniungi posse affirmat Lobel ‖ 5]Φ[,]Ψ[,]Ρ[,]Υ[? ‖ 7 Δ[, Λ[sim., Lobel cf. Pyth. 10, 52 πρῷραθε χοιράδος ‖ **211** (ἄχρις ἂν . . .) ἀμφάνῃ : Schr. ‖ **212** ἀνδρ. ἑτ. KJ, ἑτ. ἀνδρ. plerique ‖ **213** 1 ὕψιστον schol. Pind. ‖ 3 ἐπιχθόνιον Max., -νίων Eus. | ἀνδρῶν Eus., ἀνθρώπων Max.

147

PINDARVS

214 (233)

metrum: iambi, aeolica?

ὃς ἂν δικαίως καὶ ὁσίως τὸν βίον διαγάγῃ,

γλυκεῖά οἱ καρδίαν
ἀτάλλοισα γηροτρόφος συναορεῖ
Ἐλπίς, ἃ μάλιστα θνατῶν πολύστροφον γνώ-
μαν κυβερνᾷ

215 (152)

[ΘΗΒΑΙΟΙΣ?]

metrum: dactyloepitr.

(a) ²e_D_E_|⁴d¹_E‖?⁵e|⁶e?_D|⁷E_e_‖|?

(b) ⁸E_e_|(∼(a)⁷?) |⁹d²d²_?|¹⁰__◡[ ]¹²e_D_D?|

(a)   .] . [. . .] . [. . . .] . . [
ἄλλₐₐⱼ δ' ἄλλₗοιⱼσιν νₗόμιμα, σφετέραν
3   δ' αἰνεῖ δίκαν ἀνδρῶν ἕκₗαστος.
γάϊον, ὦ τάν, μή με κερτόμ[ει γόνον.
5 ἔστι μοι
⁶πατρίδ' ἀρχαίαν κτενὶ Πιερίδ[ων

214 Plat. rep. 1, 5 p. 331 A τῷ δὲ μηδὲν ἑαυτῷ ἄδικον συνειδότι ἡδεῖα ἐλπὶς ἀεὶ πάρεστι καὶ ἀγαθὴ γηροτρόφος, ὡς καὶ Πίνδαρος λέγει· χαριέντως γάρ τοι, ὦ Σώκρατες, ταῦτ' ἐκεῖνος εἶπεν, ὅτι ὃς ἂν δικαίως καὶ ὁσίως τὸν βίον διαγάγῃ, γλυκεῖά οἱ — κυβερνᾷ, unde Stob. 4, 31 d, 118; Iustin. coh. gent. 26 p. 25 B; Synes. de insomn. 17 p. 149 a et Niceph. Greg. in schol. Synes. p. 406 c; Ps. Aristot. oeconom. 2, 167 p. 654 Rose; Plut. de tranq. an. 19 p. 477 B; Theod. Metoch. p. 350; Ioann. Chrysost. PG 47, 347 Migne; Dexippus in Aristot. categ. 3, 1 (64, 11 Busse); Olympiod. in Plat. Alcib. prior. 23, 14 (p. 17 Westerink) et al. ‖ 215 Π³⁴ ‖ (a) = fr. 1 ‖ 2−3 schol. h Hom. B 400 (Ag Gen.¹, cf. A. G. 475, 27 Matr.) καὶ Πίνδαρος· ἄλλα δ' − ἕκαστος; eadem Artemid. onirocrit. 4, 2 p. 243 ‖ 6−7 Π³⁷, 3−6 Πίν-δ]αρός φη[σιν | πατρί]δ' ἀρχαία[ν | χ]αίταν παρθέν[ου | το]ῦτο δὲ διθυρα[μβῶδες (suppl. Lobel)

215 (a) 1 ·]Ρ[, ·]Τ[, sim. |]ΓΟ[,]ΤΟ[,]Ψ°Ο[pot. qu.]ΓΑ[sim. ‖ 2 ἄλλα schol. Gen.¹ et Artemid., ἄλλοι A. G. Matr. et Anecd. Paris. 3, 154 Cramer ‖ 3 ἀνδρῶν om. test. ‖ 4 Ψ pot. qu. Γ ? | fort. γάϊον e γάϊον correctum (Lobel per litt.) | ΙΟΝ vix dubium | Α̂ ? | ΤΑΝ | ΜΕ punctis superpositis deletum, sed metro desidera-tur | γάϊον (vel γᾷον) . . . γόνον Sn. ‖ 6 ΙΕΡῙ (pro ΙΕΡΙ ?) | suppl. Lobel

148

ὦ]στε χαίταν παρθένου ξανθ[α ⏑_(_)?

?—‚

.]ν[..]εν γάρ, Ἄπολλον[

.....]ραι τε καὶ ὔ[μν

10 ³.....]αι μελ ΄. [..]ων ἀγλαΐαις[

.....]σκ[.]τονε[   ] . [

......]συνετοῖ[ς

] . τ[..]ψεις· ἔπομ[αι

] . [.] ΄. [

. . .

(b)

col. 1?

. . .

] . α .. [

]παντ .. [

] . ας ἄλλοι· . [.]δ . [

....] . αν· ὁ δ᾿ ἐπράϋν[ε

5   ] . σ . [.]τρα . [

                    ]

....]ναιγιν χθόν᾿, ά[..... χ]άριν

ἀμ]φέπων χρυ[σο]π[λόκοις εὔδ]οξα Μοίσαις[

νέ]μομαι παρὰ [   ]

10 Παρ]νασσίδι [..] . ρ[....... ἀκρο]τόμοι[ς]

³πέ]τραισι Κίρρα[   ] . . . ν πεδίων

(b) col. 1 = fr. 2a + b + 3a + b, sed incertum an hoc modo coniungi possint (cf. Lobel p. 135)

7 suppl. Lobel | [ᾶς pot. qu. [ἀν | ἀγάλλειν Sn ‖ post 7 fort. paragraphus et coronis cuius vestigia ante v. 6 ‖ 8 propter metrum expectes π]ν vel κ]ν; π]ν[έο-μ]εν longius spatio, π]ν[εῦσ]εν lacunam expleret; sed fort. ~ (b), 9 ‖ 9 ϋ[| λύ]ρα ... ὔ[μνοις vel sim. Lobel ‖ 10 μελί[φρ]ων lacunae aptius quam μελί[ζ]ων ‖ 11 κ[αί] lac. expleret | ϵ[pot. qu. C[‖ 12 Ộ![, suppl. Sn. ‖ 13]Ο,]Ρ,]C | στ[ρέ]-ψεις, τ[ρέ]ψεις, τ[έρ]ψεις sc. ἦτορ Sn. | ϵ̄ | Μ[pot. qu. Ν[, suppl. Sn. ‖ 14]Φ[,]Ψ[? ‖ (b) 1]Λ,]Χ,]Α? ‖ 2 fort. ΤΑ·[| Λ[, Χ[‖ 3]Τ,]Γ sim. | fort. Ψ[; ψ[εν]δ ? | ἄλλοι ~ (a) 2 ἄλλοι(σιν) ? ‖ 4]Κ,]Χ,]Υ | Ọ̄ | ΑΫ | fort. Ν[vel Μ[| suppl. Lobel ‖ 5]Ι ? | Ι[C], Π sim. | Τ[pot. qu. Ι[sim. | possis]ισι [σ]τρατ[‖ 7 μελά]ν-αιγιν vel κνά]ναιγιν Lobel | Χ vel Α | Θ pot. qu. ϵ | ante Α potius punctum quam apostrophus | ἄ[στεως Sn., χ]άριν Lobel (vix κίθαριν) ‖ 8 εὔδ] suppl. Sn., cetera Lobel |]Ο (quod Lobel non probat) vel pot.]ϵ, (sed nihili vid. ἔρ], ἔλ], ὤρ], ἔπλ]) | Ξ pot. qu. Ζ | Μ, Π sim. | C[vel ϵ[‖ 9 in marg. εομαι vel [ν]έομαι | suppl. Lobel | [κράνα ? ‖ 10 ΙΔΙ ex ΙΟΙ correctum, suppl. Lobel |]ΑΟ[,]ΛΟ[,]ΧΟ[,]ΔΟ[? |]ΪΌ Lobel | ἀκρο]τόμοι[ς] Sn., sed]ΤΟ legi posse negat Lobel ‖ 11]Υ, non]Τ sec. Lobel, sed cf. litt. Τ in verbo κτενὶ (a) 6; ἀρο]ύραισι Lobel, πέ]τρ. Sn. | Κίρρα[ς ἐκ, Κιρρα[ίων sim. Sn.

149

...] .. ν εὐκάρπ[ου χθον]ὸς ὀ[μ]φαλόν· οὔθ᾽ ἵπ[-
    ποισι]ν ἀγαλλόμ[ενος

    ....] . [.]υ[. .]μαν[ ] . . [   ] . . ω . [

15   ] . . [.]αν . [ ]ερρ[   ] . θε . . [

        ] . . . [ ] . . [   ]

        ]ν . α[   ]σόμενο[

        ] . . δο[   ]κτεανω[

        ] . [   ] . . τ . [

       . . .   . . .

col. 2?   . . .

    ]ωμ[

    ] . ρ . ριδων[

    ]ς καὶ λύ[.]ρα . [

    ] . ματων[

5   ] . [

    . . .

    deesse videntur vv. 11

(17)   ] . . [.] . . [

    ] . ν φευγρ[

    ] . ν . ν . [.] . . [

(20)   ] . ρ . δ᾽ ὑβρισαι αἱ[

    ] . μ . τα νυκτὸς ὕπ . [

(c)   . . .

    ]Ἀθάνας

    ]μεγίστων [

    ]

    ] . βασιλη[

(b) col. 2 = fr. 2 (c) + (d) | cum Π³⁴ fr. 2 (c) poni non posse supra fr. 3 (a) affirmet Lobel, fr. 3 (a) et (b) autem ad fr. 2 (a) trahenda esse videantur, fr. 2 (c) + (d) columnae insequenti assignavit Sn.; col. 2 v. 2 a dextra col. 1 v. 1 stetisse e fibris apparet || (c) Π³⁴ fr. 7

12 fort.]·ΙΝ, ἔπει]σιν Sn. | ὀμφ. Lobel, cetera Sn. | N·ΌΥΘ᾽ || 13 init. suppl. Lobel, fin. Sn. || 14]Φ[,]Ψ[? |]ΝΙ[sim. |]ωω vel]·Ιω ? | Ν[, Μ[|| 15 fin. ΕΙΝ[? || 16]ΙΟ[sim. || 17 fort.]Ν˙ΕΑ[, vix]ΝΤΑ[|| col. 2 1 Μ[pot. qu. Ν[? || 2]ΓΟ,]ΤΟ sim. | ΚΡ vel ΥΡ | Ρ pot. qu. Τ | Δω vel Λω || 3 Λ[, Χ[sim. || 4]Α,]Δ,]Λ || 17]ΟΤ[,]ΕΤ[pot. qu.]ΟΙ[|]ΡΙ[,]ΥΝ[sim. || 19]ΙΝΟΝ ? |]ΑC[,]ΔΕ[sim. || 20]ΤΟ,]ΨΟ pot. qu.]ΓΟ | ΝΔ᾽ sim. vel Ι[.]Δ᾽ | ΡΙCΑΙΑΙ || 21]Γ,]Τ ? | ΜΑΤ ? | Ϋ | Ο[, Ε[?

FRAGMENTA 215–220

5   ]χϑονος αἰχμα[
     ]
     ]ευξάμενοι
            ] . [ ] . . [
     . . .

216 (235) = 35 b

217 (237)

γλυκύ τι κλεπτόμενον μέλημα Κύπριδος

218 = 124 b

219 (240)

οἱ δ᾽ ἄφνει πεποίθασιν

220 (241)

τῶν ἐπὶ ταῖς τραπέζαις

οὔτε τι μεμπτόν
οὔτ᾽ ὦν μεταλλακτόν, ⟨. . .?⟩ ὅσσ᾽ ἀγλαὰ χϑών
πόντου τε ῥιπαὶ φέροισιν

217 Clem. Alex. paedag. 3, 72, 1 (1, 275 St.) *Πίνδαρος· γλυκύ τι, φησί, κλεπτό-μενον μέλημα Κύπριδος* ‖ **219** Et. Gen. 55 Miller *οἷον δ᾽ ἄφνει πέποιθεν· ἔστιν ἕνος ὁ ἐνιαυτός· ἐκ τούτου γίνεται ἄφενος;* Et. M. 178, 10 *παρὰ τὸ ἄφενος γίνεται ἄφνος κατὰ συγκοπήν, ᾧ κέχρηται Πίνδαρος· οἱ δ᾽ ἄφνει πεποίθασιν (ὅδ᾽ ἄφνει πέποιθεν* cod. V) ‖ **220** Plut. qu. conv. 7, 5, 3 p. 705 F *αἱ δὲ (τοῦ Μουσείου ἢ θεάτρου ἡδοναὶ) παντὸς ὀψοποιοῦ καὶ μυρεψοῦ δριμύτερα καὶ ποικιλώτερα φάρμακα ⟨τὰ⟩ τῶν μελῶν καὶ τῶν ῥυθμῶν καταχεόμεναι τούτοις ἄγουσιν ἡμᾶς καὶ διαφθείρουσιν, αὐτῶν τρό-πον τινὰ καταμαρτυροῦντας· τῶνδε γὰρ οὔτε — μεταλλακτόν, ὡς Πίνδαρος ἔφη, τῶν ἐπὶ ταῖς τραπέζαις, ὅσσ᾽ ἀγλαὰ — φέρουσιν;* cf. Clem. Alex. paedag. 2, 1 (1, 155, 15–17 St.) *ὅσα τε χϑὼν πόντου τε βένθη καὶ ἀέρος ἀμέτρητον εὖρος ἐκτρέφει*

215 (c) 5]χϑονὸς vel pot. ἐλασί]χϑονος Sn. ‖ 8 fort.]ΑΝ[,]ΔΝ[,]ΛΝ[‖ **217** βλε-πτόμενον : Arethas ‖ **219** οἷον δ᾽ . . . πέποιθεν Et. Gen. ‖ **220** 2 μεταλλάττων (vel -ττον) : Amyot, Hey. | ὡς ἀγλαόχϑων : Turnebus, Reiske

151

PINDARVS

metrum: dactyloepitr.

221 (242)

DE_|² - — D (vel _ _ d¹) |³ _e _D|⁴eᴗD|D_˘?

⟨ _ᴗ⟩ ἀελλοπόδων μέν τιν᾽ εὐφραίνοισιν ἵππων
τιμαὶ καὶ στέφανοι,
τοὺς δ᾽ ἐν πολυχρύσοις θαλάμοις βιοτά·
τέρπεται δὲ καί τις ἐπ᾽ οἶδμ᾽ ἅλιον
5   ναῒ θοᾷ †διαστείβων

222 (243)

Διὸς παῖς ὁ χρυσός·
κεῖνον οὐ σὴς οὐδὲ κὶς δάπτει,
βροτεᾶν †φρένα κράτιστον φρενῶν

223 (244) + 277 (245) + 278 (251)

χρυσέων βελέων ἐντὶ τραυματίαι
   * * *
κῆρες ὀλβοθρέμμονες . . . μεριμναμάτων ἀλεγεινῶν
   * * *
θέλγητρ᾽ ἁδονᾶς

221 Sext. Emp. hyp. Pyrrh. 1, 86 (1, 23 Mutschm.) ὁ μὲν γὰρ Πίνδαρός φησιν·
ἀελλοπόδων – διαστείβων ‖ **222** schol. Pind. P. 4, 410c ἄφθιτον δὲ αὐτὸ (τὸ κῶας)
εἶπε καθὸ χρυσοῦν ἦν· ὁ δὲ χρυσὸς ἄφθαρτος· καὶ ἡ Σαπφὼ ⟨lacunam statuerunt
Schneider et Boe.⟩ ὅτι Διὸς παῖς ὁ χρυσός· κεῖνον οὐ σὴς οὐδὲ κὶς δάπτει, βροτεᾶν
φρένα κράτιστον φρενῶν, quae verba Pindari non Sapphus esse ostendit Plut. ap.
Proclum ad Hes. op. 430 (p. 149, 4 Pertusi) τὸ δὲ ἄσηπτον ἐδήλωσεν εἰπὼν ἀκιώτα-
τον· ὁ δὲ Πλούταρχος (fr. 65 Sandbach) ἐξηγήσατο τὴν αἰτίαν λέγων εἶναί τι θηρί-
διον, ὃ καλεῖται κίς, διεσθίον τὰ ξύλα· τοῦτο καὶ Πίνδαρον οὕτω καλεῖν περὶ τοῦ
χρυσοῦ λέγοντα· κεῖνον οὐ σής, οὐ κὶς δάμναται, ὡς ἄσηπτον ‖ **223. 277. 278** Theod.
Metoch. p. 562 (de avaris) καὶ φέρονταί πως ὑπὸ δούλειον τύχην αἰχμάλωτοι καὶ
χρυσέων – τραυματίαι, Πίνδαρός φησι, καὶ ἀφύλακτοι (cf. p. 566 ἡττώμενοι τοῖς
δυσαντιβλέπτοις τοῦ χρυσοῦ βέλεσιν); p. 282 τίνα δὲ τῶν ἐν μακραῖς συμβιούντων
οὐσίαις οὐ κατατρέχουσι καὶ σπαράττουσι δή τινες κῆρες ὀλβοθρέμμονες, φησὶ Πίν-
δαρος, μεριμναμάτων ἀλεγεινῶν (respicit p. 493) = fr. 278; p. 562 καὶ λαμβάνειν
ἐξὸν καὶ χρηματίζεσθαι ῥᾶστα, κἂν εἰ πλάττωνται κατολιγωρεῖν καὶ παρορᾶν ἀν-
επιστρόφως καὶ παρατρέχειν, νύττει γ᾽ ὅμως σφᾶς θέλγητρ᾽ ἡδονᾶς, φησὶν ἡ ποίησις
(= PMG 1022)

221 5 θοᾷ LMT, θοσῶν dett. | διαμείβων Maas, σῶς διαστείβων ⟨ἀήτας⟩ Lie-
berg ‖ **222** 2 κεῖνον οὐ] κείνου scho1. Hes. | οὐδὲ] οὐ scho1. Hes. | δάπτει] δάμναται
scho1. Hes. ‖ 3 φρένα] κέντρον, multa alia conicias

152

224 (246)

(Πίνδαρος ἐκέλευσεν) ὑποτρέσαι

ἴσον μὲν θεὸν ἄνδρα τε φίλον ⟨θεῷ⟩

225 (247)

ὁπόταν θεὸς ἀνδρὶ χάρμα πέμψῃ,
πάρος μέλαιναν καρδίαν ἐστυφέλιξεν

226 (248)

οὔτις ἑκὼν κακὸν εὕρετο

227 (250)

metrum: dactyloepitr.

D? _ | e _ d¹ | E _ e ‖ D? _ …

… νέων δὲ μέριμναι σὺν πόνοις εἱλισσόμεναι
δόξαν εὑρίσκοντι· λάμπει δὲ χρόνῳ
ἔργα μετ᾽ αἰθέρ᾽ ⟨ἀερ⟩θέντα

228 (252)

τιθεμένων ἀγώνων πρόφασις
… ἀρετὰν ἐς αἰπὺν ἔβαλε σκότον

224 schol. A Hom. P 98 ὁ γὰρ φωτὶ μαχόμενος τῷ ὑπὸ θεῶν τιμωμένῳ … αὐτῷ τῷ θεῷ μάχεται … ὁ Πίνδαρος ἴσον μὲν θεὸν ἄνδρα τε φίλον ὑποτρέσαι ἐκέλευσεν ‖ 225 schol. Pind. O. 2, 42 e πρὸ τῶν ἀγαθῶν τοῖς ἀνθρώποις τὰ κακά· ὅπερ καὶ ἐν ἑτέρῳ (-ροις v. l.) φησίν· ὁπόταν − ἐστυφέλιξεν ‖ 226 Aristid. or. 51, 5 (2, 238 K.) Πλάτων καὶ Πίνδαρος πολλαχῇ μὲν καὶ ἄλλῃ σοφοί, καὶ δὴ καὶ κατὰ τόνδε τὸν λόγον οὐχ ἥκιστα, ὁ μὲν οὑτωσὶ λέγων· οὔτις − εὕρετο, καὶ πάλιν (sequitur fr. 182) ‖ 227 Clem. Alex. strom. 4, 7, 49, 1 (2, 270 St.) καὶ ὁ Πίνδαρος· νέων δὲ − αἰθέρα λαμπευθέντα ‖ 228 Plut. an seni 1 p. 783 B καὶ πιθανῶς ὑπ᾽ αὐτοῦ (τοῦ Πινδάρου)· τιθεμένων − σκότον; eadem Plut. soll. anim. 23 p. 975 D

224 suppl. Hey. ‖ 225 2 προ(σ)μελαιναν : Nauck ‖ 227 1 ελισσ. : Boe. ‖ 3 αἰθέρα λαμπευθέντα : Boe. | hoc fr. ante 172 ponit Clapp, Class. Ph. 4, 1909, 465

PINDARVS

229 (253)

νικώμενοι γὰρ ἄνδρες ἀγρυξίᾳ δέδενται·
οὐ φίλων ἐναντίον ἐλθεῖν

230 (254)

ἐπὶ λεπτῷ δενδρέῳ βαίνειν

231 (255)

τόλμα τέ μιν ζαμενὴς καὶ σύνεσις πρόσκοπος ἐσάωσεν

232 (256)

τὸ πεπρωμένον οὐ πῦρ, οὐ σιδάρεον σχήσει τεῖχος

233 (257)

πιστὸν δ᾽ ἀπίστοις οὐδέν

234 (258)

metrum: dactyloepitr.

D∪|e‿d¹E‿‖‿e‿D|‿e‿‿∪...

229 schol. Pind. O. 8, 92 καὶ ἀλλαχοῦ· νικώμενοι – ἐλθεῖν; P. 9, 163 καὶ
ἑτέρωθί πού φησι· νικώμενοι – δέδενται; Plut. inim. util. 4 p. 88 B νικώμενοι,
φησὶ Πίνδαρος, ἄνδρες ἀγρυξίᾳ δέδενται; cf. Hesych. s. v. ἀγρυξίᾳ· σιωπῇ ‖ 230 Li-
ban. ep. 1218 (11, 299, 2 Foerst.) μὴ τὰ μὲν ὑπερπήδα, τὰ δὲ συκοφάντει μηδ᾽
οἷον τὰ ἡμέτερα κατὰ Πίνδαρον ἐπὶ λεπτῷ δένδρῳ βαίνειν, ἀλλά τι καὶ ἀδάμαντος
μετέχειν ‖ 231 schol. Pind. N. 7, 87 ὅλως ἀποδέχεται ὁ Πίνδαρος τὴν μετὰ συν-
έσεως τόλμαν· τόλμα – ἐσάωσεν ‖ 232 Plut. vit. Marcell. 29, 11 ἀλλὰ γὰρ τὸ πε-
πρωμένον – τεῖχος κατὰ Πίνδαρον; cf. Eupolidis fr. 162 K. ap. Plut. max. c. princ. 3
p. 778 E ὥσπερ οὖν τοὺς Καλλίου κωμῳδουμένους κόλακας γελῶσιν, οὓς οὐ πῦρ
οὐδὲ σίδηρος οὐδὲ χαλκὸς ἀπείργει μὴ φοιτᾶν ἐπὶ δεῖπνον κατὰ τὸν Εὔπολιν ‖
233 Clem. Alex. paed. 3, 12, 92, 4 (1, 286 St.) πιστὸν δὲ ἀπίστοις οὐδὲν κατὰ Πίν-
δαρον; cf. K. Buresch, Klaros, Leipzig 1889, 122, 19 ὅτι κατὰ Πίνδαρον ἀπίστοις
πιστὸν οὐδέν

229 1 γὰρ schol. Ol., δὲ (om. ἄνδρες) schol. Pyth., om. Plut. ‖ 2 οὐ BEQ, καὶ
NV, καὶ οὐδὲ C ‖ 231 τὲ μὲν B, τὲ D : Beck ‖ 232 ἔσχε Schr.

154

⟨ ‿∪⟩ ὑφ᾽ ἅρμασιν ἵππος,
ἐν δ᾽ ἀρότρῳ βοῦς· παρὰ ναῦν δ᾽ ἰθύει τάχιστα δελφίς,
κάπρῳ δὲ βουλεύοντα φόνον κύνα χρή
τλάθυμον ἐξευρεῖν ⟨∪ . . .

235 = 140b, 13–17

236 (260)

οἱ δελφῖνες (sc. ἐκ τῶν ληστῶν γενόμενοι)

φιλάνορα δ᾽ οὐκ ἔλιπον βιοτάν

237 (261)

ὄπισθεν δὲ κεῖμαι θρασειᾶν ἀλωπέκων ξανθὸς λέων

238 (262)

ἔνθα ποῖμναι κτιλεύονται κάπρων λεόντων τε

239 (265)

ἰαχεῖ βαρυφθεγκτᾶν ἀγέλαι λεόντων

---

234 Plut. virt. mor. 12 p. 451 D ὑφ᾽ ἅρμασι γὰρ ἵππος, ὥς φησι Πίνδαρος, ἐν δ᾽ ἀρότρῳ βοῦς, κάπρῳ δὲ – ἐξευρεῖν; tranq. an. 13 p. 472 C ἐν ἅρμασιν – ἐξευρεῖν ‖ **236** schol. Hom. κ 240 αὐτὰρ νοῦς ἦν ἔμπεδος· . . . οὐχ ὁ σύμπας, ἀλλ᾽ ⟨ὁ⟩ κατὰ τὸ φιλάνθρωπον μόνον· διὸ καὶ σαίνουσιν ὥσπερ δελφῖνες· φιλάνορα – βιοτάν, κατὰ Πίνδαρον; Eustath. Od. 1657, 13 ὥσπερ καὶ οἱ δελφῖνες ἐξ ἀνθρώπων γενόμενοι φιλάνορα – βιοτάν; cf. Porphyr. 2, 100, 2 Schrader; respicit Philod. π. εὐσεβ. 91 p. 42, 2 Gomp. καὶ Π[ίνδα]ρος δὲ διέρχ[εται] περὶ τῆς λη[στεί]ας (= fr. 267) ‖ **237** Aristid. or. 49, 56 (2, 159 K.) (Πίνδαρος) πάλιν τοίνυν πρός τινα τῶν ἀκροατῶν, ἐπειδὴ νυστάζοντα ἑώρα καὶ οὐκ εἰδότα ὅτῳ σύνεστιν, οὕτωσὶ πεποίηκεν· ὄπισθεν – λέων ‖ **238** schol. Pind. P. 2, 31 a καὶ αὐτὸς ὁ Πίνδαρος τὸ τιθασσεύεσθαι κτιλεύεσθαι λέγει· ἔνθα – τε ‖ **239** Herodian. de fig. (Rhet. gr. 3, 100, 26 Sp.) Πινδαρικὸν δὲ τὰ τοῖς πληθυντικοῖς ὀνόμασιν ἑνικὰ ῥήματα ἔχοντα ἐπιφοράν, οἷον ἄνδρες ἐπὶ πόλεως (fr. 78) καὶ ἰαχεῖ – λεόντων

234 1 ὑφ᾽] ἐν Plut.² ‖ 3 βουλεύοντι v. l. Plut.¹·² ‖ **238** ποιμένεις **CV**, αἱ ποῖμναι **EGQ**

PINDARVS

240 (269)

μὴ σιγᾷ βρεχέσθω
.

241 (280)

ποτίκολλον ἅτε ξύλον παρὰ ξύλῳ

242 = pae. 22 (h)?

ἁ μὲν πόλις Αἰακιδᾶν

243 + 258 (163)

258 γαμβρὸν τοῖς Διοσκούροις Θησέα εἶναι βουλόμενον ⟨ἁρπασθεῖσαν τὴν Ἑλένην
διαφυλάξαι⟩, ἐς ὃ ἀπελθεῖν αὐτὸν Πειρίθῳ τὸν λεγόμενον γάμον συμπράξοντα
                              *   *   *
243 (περὶ Πειρίθου καὶ Θησέως)

φὰν δ᾽ ἔμμεναι
Ζηνὸς υἱοὶ καὶ κλυτοπώλου Ποσειδάωνος

244 (136)

χεῖρ᾽ Ἀκιδαλίας (nymphae Orchomeniae)

240 schol. Pind. O. 10, 62a βρέχετο· ἀντὶ τοῦ κατεσιωπᾶτο· ... καὶ ἀλλαχοῦ·
μὴ — βρεχέσθω ‖ 241 Athen. 6, 53 p. 248C διαδεξάμενος τὸν λόγον ὁ Δημόκριτος,
ἀλλὰ μὴν καὶ αὐτός, ἔφη, τὸ ποτίκολλον ἅτε ξύλον παρὰ ξύλῳ, ὡς ὁ Θηβαῖος εἴρη-
κεν ποιητής, περὶ κολάκων ἐρῶ τι; eadem epit. 1, 44 p. 24 B ‖ 242 schol. Aristoph.
pac. 250 ὅτι πόλιν εἶπε τὴν Σικελίαν νῆσον οὖσαν ... καὶ Πίνδαρος δὲ περὶ τῆς
Αἰγίνης· ἁ μὲν — Αἰακιδᾶν (cf. Pind. N. 7, 9) ‖ 243 Herodian. de fig. (Rhet. gr. 3,
100, 13 Sp.) σύλληψις δὲ ὅταν κτλ. ... οἷον ... καὶ τὸ παρὰ Πινδάρῳ ἐπί τε τοῦ
Πειρίθου καὶ τοῦ Θησέως λεγόμενον· φὰν — Ποσειδάωνος; cf. schol. A Hom. Γ 144
ὡς γὰρ ἱστορεῖ Ἑλλάνικος (FGrHist 4 F 134), Πειρίθους καὶ Θησεύς, ὁ μὲν Διὸς ὤν,
ὁ δὲ Ποσειδῶνος, συνέθεντο γαμῆσαι Διὸς θυγατέρας; ad idem Pindari carmen
spectare quae refert Paus. 1, 41, 4 ci. Bgk. Μεγαρέως δὲ Τίμαλκον παῖδα τίς μὲν ἐς
Ἄφιδναν ἐλθεῖν μετὰ τῶν Διοσκούρων ἔγραψε; πῶς δ᾽ ἂν ἀφικόμενος ἀναιρεθῆναι
νομίζοιτο ὑπὸ Θησέως, ὅπου καὶ Ἀλκμὰν (PMG 21) ποιήσας ᾄσμα ἐς τοὺς Διοσκού-
ρους, ὡς Ἀθήνας ἕλοιεν καὶ τὴν Θησέως ἀγάγοιεν μητέρα αἰχμάλωτον, ὅμως Θησέα
φησὶν αὐτὸν ἀπεῖναι; Πίνδαρος δὲ τούτοις τε κατὰ ταὐτὰ ἐποίησε καὶ γαμβρὸν ...
(= fr. 258) ‖ 244 Et. gen. B (Miller, Mél. 186) Κιδαλία· ἡ γὰρ λίμνη Ἀκιδαλία ἐκα-
λεῖτο, οἷον Κιδαλίης κρηνίδος (Callim. fr. 751 Pf.). ἐλπίζω δὲ ὅτι ἐπλανήθη ἐκ τοῦ
Πινδαρικοῦ· ἄλλως γὰρ διέστειλε καὶ διεπλανήθη χειρακιδαλιας, τὸ ᾱ ἔδωκε τῇ αἰτι-
ατικῇ (οὐ γὰρ ἔκθλιψιν ἐποίησε)· χεῖρα Κιδαλί⟨α⟩ς, ἔνθεν εἶπεν Κιδαλίης, cf. Et.
M. 513, 19

240 μησὶ γὰρ BCDEQ, μὴ κεῖται A : Boe. ‖ βρέχεσθαι A ‖ 258 βουλόμενος :
Calderini ‖ suppl. Schr.

245

Πίνδαρος μὲν βληχρὸν τὸ ἰσχυρόν·

προφασιν βληχροῦ γενέσθαι νείκεος   ◡◡ — — E|

246 a – b (286 a – b)

(a)   μελιρρόθων δ᾽ ἕπεται πλόκαμοι

       . . .

(b)   διοίγετο σάρκες

247 (123) = 85 a

248 (124)

τῷ Λυαίῳ λύοντι δυσφόρων σχοινίον μεριμνᾶν

249 a = dith. 2   249 b = 70

250 (135) = Nem. 1, 1 sqq.?

250 a

Θόρυβος filius Ἀδικίας

---

245 epim. Hom. Cram. anecd. Ox. 1, 95, 5 Πίνδαρος . . . πρόφασιν − νείκεος φησί (doctrina grammatica Heraclidis est Milesii sec. schol. A Hom. Θ 178, cf. Herodian. 2, 166, 4 L.); Sud. s. v. βληχρόν ‖ **246** Lesbon. de fig. p. 44 sq. Rud. Müller ἔστι δὴ καὶ ἄλλο σχῆμα . . . ὃ . . . Πινδαρικὸν καλεῖται . . . γίνεται δὲ οὕτως· Λακεδαιμόνιοι πολεμεῖ Ἀθηναίοις (exemplum male confictum), μελιρρόθων − πλόκαμοι (a) ἀντὶ τοῦ ἕπονται, καὶ διήγετο δὲ σάρκες (b) ἀντὶ τοῦ διήγοντο (eadem correctius affert schol. Philostr. p. 193 Kays. διοίγετο δὲ σάρκες ἀντὶ τοῦ διοίγοντο) ‖ **248** Plut. adul. amic. 27 p. 68 D εὐδίᾳ γὰρ ἐπάγει νέφος ὁ κινῶν ἐν παιδιᾷ καὶ φιλοφροσύνῃ λόγον ὀφρῦν ἀνασπῶντα καὶ συνιστάντα τὸ πρόσωπον, ὥσπερ ἀντιταττόμενος τῷ Λυαίῳ θεῷ καὶ λύοντι τὸ τῶν δυσφόρων σχοινίον μεριμνῶν κατὰ Πίνδαρον ‖ **250 a** schol. Pind. P. 8, 1 a (Πίνδαρος) ποιητικώτατα δὲ τὴν ἡσυχίαν τῆς δικαιοσύνης ἔφη παῖδα εἶναι (P. 8, 1), ᾗ καὶ ἐκ τῶν ἐναντίων τῆς ἀδικίας τὸν θόρυβον

245 γίνεσθαι : Schr. ‖ **246 (a)** ἐπέων πλόκοι Schr. | **(b)** διοίγετο schol. Philostr., διήγετο Lesb. ‖ **248** Λυδίῳ : Λυαίῳ Wyttenbach | μεριμνῶν : Boe. ‖ **250 a** cf. D. S. Robertson, Cl. Rev. 73, 1959, 11

PINDARVS

251 (139)

Aristaeum . . . de Cea in Arcadiam migrasse ibique vitam coluisse Pindarus . . . ait

252 (145) = 165

253 (140)

Ἐριχθόνιον . . . ἐκ γῆς φανῆναι

254 (144) secludendum

255 (149)

⟨Σ⟩κοπάδαι (i. e. Θετταλοί)?

256 (155)

εἰς Πύλας Γαδειρίδας . . . ὑστάτας ἀφῖχθαι . . . τὸν Ἡρακλέα

257 (156) = Pyth. 10, 41 sq.

258 (163) = 243

259 (176)

πεντηκοντερέτμους . . . τὰς ναῦς τῶν Ἀχαιῶν εἶναι

251 Serv. Verg. georg. 1, 14 ‖ 253 Harpocr. p. 41 Bekk. ὁ δὲ Πίνδαρος καὶ ὁ τὴν
Δαναΐδα πεποιηκώς φασιν Ἐριχθόνιον καὶ Ἥφαιστον ἐκ γῆς φανῆναι ‖ {254 Apollod.
2, 38 W.} ‖ 255 schol. Pind. N. 7, 103 ὡς ⟨Σ⟩κοπάδας καὶ Ἀλευάδας (cf. P. 10, 5
cum schol.) εἴωθε καλεῖν τοὺς Θετταλούς ('de Scopadis a Pindaro celebratis hoc
singulare testimonium, ut aut Simonidis nomen addendum esse [cum Bergkio] aut
grammatici errorem subesse facile suspicere' Schr.) ‖ 256 Strab. 3, 5, 5 p. 170 καὶ
τὰς Πλαγκτὰς καὶ τὰς Συμπληγάδας ἐνθάδε μεταφέρουσί τινες, ταύτας εἶναι νομί-
ζοντες Στήλας, ἃς Πίνδαρος καλεῖ πύλας Γαδειρίδας, εἰς ταύτας ὑστάτας ἀφῖχθαι
φάσκων τὸν Ἡρακλέα, cf. 3, 5, 6 p. 172 et Eust. ad Dion. Per. 64 (228, 21 Müller) ‖
259 schol. T Hom. Π 170 καὶ Πίνδαρος πεντήκοντα ἐρετμούς φησι τὰς ναῦς τῶν
Ἀχαιῶν εἶναι

ad 254 cf. Wil., Pindaros 150, 0 ‖ 255 κοπάδαι : Hey. ‖ 259 πεντήκοντα ἐρετ-
μούς : Sn. (πεντηκοντηρέτμους Boe.)

158

260 (178)

. . .

τιν ἐλεγχο[
κρυφίου δὲ λό[γου
ἀνίατον ει[
      λεν χαλεπα[
5 Ὀδυσεὺς δὲ π[
παιδὶ δικτυ[
κυριώτερο[ἰεἰς σοφίας λόγον
ἀθρέων ἀν[
τον[
10 διο[
μεσ[
αδυ[
φερον[

. . .

261 (180) = Isthm. 6, 47

262 (181)

Ῥῆσος . . . μίαν ἡμέραν πολεμήσας πρὸς Ἕλληνας μέγιστα αὐτοῖς ἐνεδείξατο κακά,
κατὰ δὲ πρόνοιαν Ἥρας καὶ Ἀθηνᾶς ἀναστάντες οἱ περὶ Διομήδεα ἀναιροῦσιν αὐτόν

263 (34)

τὰ ἐς Γλαῦκον

260 Π¹³; Aristid. 3,478 (1, 456 L.-B.) καίτοι τίς οὐκ ἂν φήσειεν οὑτωσὶ πολλὴν
εἶναι τὴν ἀλογίαν, ὄντα μὲν αὐτὸν (sc. Palamedem) κυριώτερον τοῦ Ὀδυσ-
σέως εἰς σοφίας λόγον, ὡς ἔφη Πίνδαρος, εἶθ᾽ ἡττηθῆναι ὑπὸ τοῦ χείρονος; ‖
262 schol. (B) T Hom. K 435 ‖ 263 Paus. 9, 22, 7 (de Glauci responsis) Πινδάρῳ
δὲ καὶ Αἰσχύλῳ πυνθανομένοις παρὰ Ἀνθηδονίων, τῷ μὲν οὐκ ἐπὶ πολὺ ἐπῆλθεν
ᾆσαι τὰ ἐς Γλαῦκον, Αἰσχύλῳ δὲ καὶ ἐς ποίησιν δράματος (vid. TrGF 3 p. 142)
ἐξήρκεσε

260 1 μῆ]τιν Maas ‖ 2 Sn., tum δάκος vel sim. Körte ‖ 5 Π[αλαμήδει Sn. ‖
6 δικτυ[βόλου i. e. Ναυπλίου vel δίκτυ᾽ [ἔστασε δόλον sim. Sn.

PINDARVS

264 (189a)

Ὅμηρον τοίνυν Πίνδαρος μὲν ἔφη Χίόν τε καὶ Σμυρναῖον γενέσθαι

265 (189b)

(Ὅμηρος) ἀπορῶν ἐκδοῦναι τὴν θυγατέρα, ἔδωκεν αὐτῇ προῖκα τὰ ἔπη τὰ Κύπρια, καὶ ὁμολογεῖ τοῦτο Πίνδαρος.

266

[τοὺς Κύκλωπάς φησι Πίν]δαρος δε[ϑῆναι ὑ]πὸ Διὸς φο[βηϑέντος] μή τινί πο[τε ϑεῶν] ὅπλα κατασκευά[σωσι

267 = 236   268 = 109

269 (191)

Σακάδας ὁ Ἀργεῖος ποιητὴς μελῶν τε καὶ ἐλεγείων μεμελοποιημένων· ὁ δὲ αὐτὸς καὶ αὐλητὴς ἀγαϑὸς καὶ τὰ Πύϑια τρὶς νενικηκὼς ἀναγέγραπται· τούτου καὶ Πίνδαρος μνημονεύει.

270 (193)

Ἄβαριν παραγενέσϑαι Πίνδαρος κατὰ Κροῖσον τὸν Λυδῶν βασιλέα (λέγει)

271 (194)

τὰ περὶ τὸν Προκοννήσιον Ἀριστέαν (ἔοικεν) εἰληφέναι (Celsus) ... ἀπὸ Πινδάρου καὶ Ἡροδότου (4, 14—15).

272 (195)

Πίνδαρος μέμνηται τῆς Κάδμου βασιλείας (sc. fil. Scythae, de quo cf. Herodot. 7, 163).

264 Ps.-Plut. vit. Hom. p. 25, 4 Wil.; vit. Hom. Scorial. p. 29, 5 Wil.; vit. Rom. p. 30, 25 Wil. (cf. fr. 204) ‖ 265 Aelian. var. hist. 9, 15 ‖ 266 Philodem. π. εὐσεβ. col. 45a/b p. 17 Gomp. ‖ 269 Ps.-Plut. de mus. 8 p. 1134 A; Paus. 9, 30, 2 ὁ δὲ Σακάδα τοῦ Ἀργείου τὸν ἀνδριάντα πλάσας οὐ συνεὶς Πινδάρου τὸ ἐς αὐτὸν προοίμιον, ἐποίησεν οὐδὲν ἐς τὸ μῆκος τοῦ σώματος εἶναι τῶν αὐλῶν μείζονα τὸν αὐλητήν ‖ 270 Harpocr., Phot. Berol. s. v. Ἄβαρις (brevius Sud. s. v.) ‖ 271 Orig. c. Cels. 3, 26 ‖ 272 vit. Pind. Ambr. 1, 3, 2 Dr.

266 suppl. Gomperz, Bgk., Philippson, Schober ‖ 269 αὐλητὴς] ποιητής : Wyttenbach ‖ 271 e Celso ?, cf. Herter, Rh. Mus. 108, 1965, 201 n. 71

160

273 (202)

Aἰσωνὶς πόλις τῆς Μαγνησίας ἀπὸ τοῦ πατρὸς Ἰάσωνος, ὡς καὶ Πίνδαρός φησι.

274 (288)

non enim pluvias ut ait Pindarus aquas colligit, sed vivo gurgite exundat.

275 (289)

Πίνδαρος δὲ καὶ περὶ τρόπου μελῳδίας ἀμελουμένου καθ' αὑτὸν ἀπορεῖν ὁμολογεῖ καὶ θαυμάζει⟨ν⟩ ὅτι ★★★

276 (264) spurium?   277 (245) = 223

278 (251) = 223   279 (349) = Ol. 2, 19

280 = Ol. 2, 2?   281 = Sim. PMG 582

282 (110)

(περὶ τοῦ Νείλου·) ἐν Αἰθιοπίᾳ, ὅθεν ἄρχεται, ταμίας αὐτῷ δαίμων ἐφέστηκεν, ὑφ' οὗ πέμπεται ταῖς ὥραις σύμμετρος.

***

οἱ δὲ τὸν παρὰ Πινδάρῳ
ἑκατοντορ⟨ό⟩γυιον
⟨δαίμονα⟩, ἀφ' οὗ τῆς κινήσεως τῶν ποδῶν τὸν Νεῖλον πλημμυρεῖν

283 (141)

(Ἥρα) παρὰ Πινδάρῳ . . . ὑπὸ Ἡφαίστου δεσμεύεται ἐν τῷ ὑπ' αὐτοῦ κατασκευασθέντι θρόνῳ.

---

273 schol. Ap. Rhod. 1, 411 ‖ **274** Quintil. 10, 1, 109 ‖ **275** Plut. Pyth. orac. 18 p. 403 A ‖ {**276** Plut. de sera num. vind. 32 p. 567 F} ‖ **282** Philostr. imag. 1, 5; cf. Philostr. Apollon. Tyan. 6, 26 de Nili fontibus: *πολλὰ γὰρ καὶ περὶ δαιμόνων ᾄδουσιν, οἷα καὶ Πινδάρῳ κατὰ σοφίαν ὕμνηται περὶ τοῦ δαίμονος, ὃν ταῖς πηγαῖς ταύταις ἐφίστησιν ὑπὲρ ξυμμετρίας τοῦ Νείλου*; schol. Arat. 283 (p. 396 M.) ‖ **283** Boethus ad Plat. rep. 2, 378 D ap. Phot. lex. 74, 1; Sud. 2, 585, 1 Adl.; cf. Aristid. 41 (4) (2, 331, 18 K.)

275 *-ζει⟨ν⟩* Reiske ‖ **282** *-ορ⟨ό⟩γυιον* Bgk. | pro *δαίμονα* praeb. *ἀνδριάντα* schol. Arat., corr. Wil. ‖ **283** e dithyrambo?

PINDARVS

284 (141) v. ad dith. 4, 15

285?

(corvus) solus inter omnes aves sexaginta quattuor significationes habet vocum
secundum Pindarum.

286 (117)

τὴν περιπομπὴν αὐτῷ (sc. Apollini Delo Delphos proficiscenti) εἶναι ... Πίνδαρος
ἐκ Τανάγρας τῆς Βοιωτίας (λέγει).

287 (120)?

Μοῖσαι ἀργύρεαι

288 (121)

(Πίνδαρος πού φησιν εἶναι)

μάλων χρυσῶν φύλαξ,

τὰ δὲ εἶναι Μουσῶν καὶ τούτων ἄλλοτε ἄλλοις νέμειν

289 (234) spurium

290 (208)

(περὶ τῶν Ἀσωποῦ θυγατέρων) ὡς μιχθείη Ζεὺς τῇ Θήβῃ

291

Pindarus initio Alcidem nominatum postea Herculem dicit ab Hera ..., quod eius
imperiis opinionem famamque virtutis sit consecutus

285 Fulgent. mytholog. 1, 13 ‖ 286 schol. Aesch. Eum. 11 ‖ 287 Iulian. (?) ep.
18 p. 344 Herch. (194 p. 264 B.-C.) Πινδάρῳ μὲν ἀργυρέας εἶναι δοκεῖ τὰς Μούσας
οἱονεὶ τὸ ἔκδηλον αὐτῶν καὶ περιφανὲς τῆς τέχνης εἰς τὸ τῆς ὕλης λαμπρότερον ἀπει-
κάζοντι ‖ 288 Liban. ep. 36, 1 (10, 34, 3 Foerst.) ‖ {289 Stob. fl. 111, 12 Πινδά-
ρου· Πίνδαρος δὲ εἶπε τὰς ἐλπίδας εἶναι ἐγρηγορότων ἐνύπνια} ‖ 290 Pausan.
5, 22, 6 λέγεται δὲ ἐς μὲν Κόρκυραν ὡς μιχθείη Ποσειδῶν αὐτῇ· τοιαῦτα δὲ ἕτερα
ᾖσε Πίνδαρος ἐς Θήβην τε καὶ ἐς Δία ‖ 291 Prob. ad Verg. ecl. 7, 61

286 παραπομπὴν Heyne | Τανάγρας] Τεγύρας K. O. Müller, Orchomenos² 141 n. 3

162

292 (226)

ἡ διάνοια . . . πέτεται

τᾶ⟨ς⟩ τε γᾶς ὑπένερθε . . . οὐρανοῦ θ᾽ ὕπερ

293 = pae. 7, 3

294 (138)

Ἀλέρας υἱὸν (sc. Tityum)

295 (203)

Ἀπέσαις ὄρος τῆς Νεμέας, ὡς Πίνδαρος

296 (268)

ἀράχνας (ἀρσενικῶς τὸ ζωύφιον)

297 (270)

διάβολος

298 v. pae. 10, 19

---

292 Plat. Theaet. 173 E de philosopho a rebus civilibus alieno τῷ ὄντι τὸ σῶμα μόνον ἐν τῇ πόλει κεῖται αὐτοῦ καὶ ἐπιδημεῖ, ἡ δὲ διάνοια . . . πανταχῇ πέτεται κατὰ Πίνδαρον τᾶς τε γᾶς ὑπένερθε καὶ τὰ ἐπίπεδα γεωμετροῦσα, οὐρανοῦ θ᾽ ὕπερ ἀστρονομοῦσα, unde Clem. Alex. str. 5, 14, 98, 8 (391, 16 St.); Porph. de abstin. 1, 36; Iambl. protrept. 14 p. 212 K.; Euseb. praep. ev. 12, 29, 3 et 13, 13, 20; Theodoret. graec. aff. cur. 12, 25 p. 169, 11 || **294** Et. M. 60, 37 (de Tityo) Ἀλέρα καὶ Ἐλάρα· . . . Ἀλέρα δὲ παρὰ Πινδάρῳ· Ἀλέρας υἱόν (cf. Et. gen., Miller Mél. 22 = Herodian. 2, 387, 16 L.) || **295** Steph. Byz. 104, 13 M. Ἀπέσας || **296** Sud. s. v. ἀράχνη· θηλυκῶς τὸ ὕφασμα, ἀράχνης δὲ ἀρσενικῶς τὸ ζωύφιον . . . εἴρηται δὲ ἀράχνης καὶ παρ᾽ Ἡσιόδῳ (op. 777) καὶ παρὰ Πινδάρῳ || **297** Eustath. Il. 128, 38 et Od. 1406, 14 ὁ παρὰ Πινδάρῳ διάβολος κοινῶς διαβολεύς

292 πέτεται B^{pc}W testim., φέρεται BT | τα τε : Campbell | 'de anima poetae' Wil. Plat.[5] 415 n. 1 || **294** cf. pae. 13 (b), 3 || **295** Ἀπέσας : Schr.

299 (271)

ἐξεστακώς

300 (272)

ἐπέτειον

301 = Ol. 13, 20

302?

(νεφέλη vel ἀὴρ) ζοφώδης

303

εὔαν (θηλυκόν)

304 (273)

ἐχέτας (i. e. πλούσιος)

305 (274)

ἠλαιοῦντο

299 Et. Gud. 486, 2 de Stef. ἐξεστηκώς· διχῶς λέγεται παρὰ Θουκυδίδῃ καὶ παρὰ Πινδάρῳ· ὁτὲ μὲν τὸ μαίνεσθαι καὶ ἔκφρονα εἶναι, ὁτὲ δὲ τὸ ὑπαναχωρεῖν καὶ ὑπεξέρχεσθαι ἢ ἀφίστασθαι δηλοῖ ‖ **300** Et. M. 354, 58; Et. Gen. ἐπέτειον· ἀπὸ τοῦ νῦν ἔτους. ἐπέτος γὰρ δεῖ λέγειν τὸν ἐνεστῶτα καιρὸν οὐχὶ διὰ τοῦ ᾡ ἀλλὰ διὰ τοῦ π, ὥς φησι Πίνδαρος καὶ Δημοσθένης (23, 92); eadem fere 'Synagoge' ap. Sud. 2, 340, 25 Adl.; Anecd. Paris. 4, 169, 9 Cramer; Zonaras 809 Tittm. ‖ **302** schol. Pind. Ol. 7, 86 c ξανθὰν δὲ . . . ὁ Πίνδαρος νεφέλην τὴν ἔγκυον οὖσαν χρυσοῦ, καθὸ καὶ τὴν ὕδωρ ἔχουσαν ζοφώδη ⟨φασίν⟩ add. Drachm.); eadem fere **89** c: καθάπερ ὅταν ὕδωρ ⟨ἔχῃ⟩ add. Schr.) ὁ ἀήρ, ζοφώδης ἐστίν ‖ **303** Heliodor. ap. schol. Dion. Thrac. 540, 27 Hilg. τὸ καρβὰν παρασύνθετον . . . μόνον τὸ εὔαν θηλυκὸν παρὰ Πινδάρῳ ‖ **304** Et. M. 404, 21, Et. Gen. ἐχέτης ὁ πλούσιος, ὡς Πίνδαρος ‖ **305** Eustath. Il. 975, 48 ἔστι δὲ καὶ γυμναστικὴ λέξις τὸ ἀλείφειν, ἐπεὶ καὶ οἱ γυμνικοὶ ἀγῶνες εἶχον ἔλαιον, ἐξ οὗ τινες ἠλαιοῦντο, εἰπεῖν κατὰ Πίνδαρον

303 εὐνάν, -νᾶρος Dind. cf. Choerobosc. 1, 315, 27 Hilg.

306 (143)

ἰχϑὺν παιδοφάγον

307 (113)

Ἀφροδίτα ἰογλέφαρος

308 (275) = pae. 7 a, 7

309 (212)

Κρηστωναῖος

310 (276)

μάρη (i. e. χείρ vel potius χεῖρες)

311 (278)

ξεινοδόκησέν τε δαίμων

312 (279) = pae. 6, 123

313 (267)

ὀρεικτίτου συός

306 schol. T Hom. *Φ* 22 καὶ Πίνδαρος ἰχϑὺν παιδοφάγον ἐπὶ τοῦ κήτους ‖ **307** Ps.-Lucian. imag. 8 (2, 365 Macleod) συνεπιλήψεται δὲ τοῦ ἔργου αὐτῷ καὶ ὁ Θηβαῖος ποιητής, ὡς τὸ βλέφαρον ἐξεργάσασϑαι; cf. Luc. pro imag. 26 (3, 131 Macleod) ἕτερος δέ τις ἰοβλέφαρον τὴν Ἀφροδίτην εἶπε ‖ **309** Herodian. π. παρωνύμων 2, 875, 1 L. (Steph. Byz. s. v. Κρηστών) πόλις Θρᾴκης . . . ὁ πολίτης Κρηστωναῖος παρὰ Πινδάρῳ ‖ **310** schol. BT Hom. *O* 137 μάρψει· κυρίως χερσὶ συλλήψεται· μάρη γὰρ ἡ χεὶρ (αἱ χεῖρες schol. T) κατὰ Πίνδαρον, ὅϑεν καὶ εὐμαρές; cf. Orion 98, 10 Sturz; Eust. Il. 1009, 24 ‖ **311** Apollon. lexic. Hom. 117, 25 B. ὁ δὲ Πίνδαρος ῾ξεινοδόκησέν τε δαίμων᾿ ἀντὶ τοῦ ῾ἐμαρτύρησε᾿; eadem fere Et. M. 610, 43; Et. Gud. 414, 36; Zonaras 1415 Tittm. ‖ **313** schol. Pind. P. 2, 31 c (κτίλον) ἔστι γὰρ παρὰ τὸ κτίσαι, ὅ ἐστι τὸ ϑρέψαι, ὡς αὐτὸς ὁ Πίνδαρος ἐν ἄλλοις· ὀρεικτίτου συός, τοῦ ἐν ὄρει τεϑραμμένου (eadem schol. Eur. Phoen. 683 et Or. 1621); Π³ συὸ]ς ὀρικτίτου (ed. Wil., SB Berl. 1918, 749)

307 τὸ βλέφαρον : ἰοβλέφαρον Solanus, ἰογλ. Boe. ‖ **313** cf. pae. 22 (a), 2 et fr. 333g

PINDARVS

314

πέροδος (Nem. 11, 40), περιέναι

315 = Nem. 6, 55?

316 (182) = 169a, 27 sq.

317 (183)

πρόβατον (sc. ὁ Πήγασος)

318 (281)

ῥερῖφθαι ἔπος

319 (282)

Σκοτίος

320 (283)

τουτάκι πεξαμένης (?)

321 (284)

τετείχηται (?)

---

314 schol. Dion. Thrac. 443, 6 Hilg. ἐπὶ τῆς π̄ε̄ρ̄ ἀντὶ τοῦ περί Πίνδαρος πέροδον (N. 11, 40) ἔφη ἀντὶ τοῦ περίοδον, καὶ περιέναι τετρασυλλάβως ἀντὶ τοῦ περι⟨ι⟩έναι ‖ **317** Aristoph. Byz. (fr. 123 Slater) ap. Eustath. Il. 877, 56 καὶ Πίνδαρός που τὰς Διομήδους ἵππους πρόβατα καλεῖ κτλ. (vide ad fr. 169 a, 27). οὕτω δέ που, φησί, καὶ ἐπὶ τοῦ Πηγάσου ποιεῖ ‖ **318** Herodian. 2, 789, 44 L. (Choerobosc. 2, 80, 23 Hilg.) τὸ δὲ ῥερυπωμένα (Hom. ζ 59) ἀντὶ ἐρρυπωμένα ... καὶ ῥερῖφθαι ἔπος παρὰ Πινδάρῳ ‖ **319** schol. BT Hom. Z 24 σκότιον δὲ ὡς λόγιον· τὸ γὰρ κύριον παροξύνεται παρὰ Πινδάρῳ ‖ **320** Et. M. 172, 7 αὐτίκα ... καὶ δέκα δεκάκι, καὶ παρὰ τούτων Δωρικῶς τουτάκι, ὡς παρὰ Πινδάρῳ· τουτάκι πεξαμένης ‖ **321** Et. M. 249, 50 (Zonar. 466 T.) δαυλός· ὁ δασύς. παρὰ τὸ δάσος γίνεται ῥῆμα δασῶ, ὡς τεῖχος, τειχῶ· ἀφ' οὗ φησι Πίνδαρος τετείχηται

320 πεξαμένας vel τε ζαμενής (Boe.) ? ‖ **321** = τετείχισται Pyth. 6, 5; Isthm. 5, 44 ?

322 (219) = Callim. fr. 1, 36 Pf.

323 (207) = dith. 2, 26   324 = Nem. 3, 41

325 (285)

ὑψικέρατα πέτραν (sc. Delum?)

326 (220)

Ὠκεανοῦ πέταλα κρᾶναι

327

χεράδει σποδέων

328 (129) spurium

329

κατὰ χρυσόκερω λιβανωτοῦ

325 Et. M. 504, 3 κεραβάτης· κέρατα γὰρ καλοῦσι πάντα τὰ ἄκρα, ὥς φησι Πίνδαρος ὑψικέρατα πέτραν, ἀντὶ τοῦ ὑψηλὰ ἀκρωτήρια; eadem Et. Gud. 315, 12 Sturz; Zonaras 1185 Tittm. (= Aristoph. nub. 597) ‖ 326 schol. Ammon. Hom. Φ 195 (POxy. 221 col. 9, 17 post fr. 70 supra p. 73 allatum) ἑτέρως γοῦν λέγειν Ὠκεανοῦ πέτ[αλ]α κράνα[ς (suppl. Sn.); cf. Galen. de puls. diff. 8, 682 ed. Lips. καίτοι γε οὐδ' ἀπὸ τῶν κυρίων ὡς ἔτυχε μεταφέρειν ἔξεστιν οὐδὲ τοῖς ποιηταῖς, ἀλλὰ κἂν Πίνδαρος ἤ τις ᾖ (εἴη τις ᾖ : Bgk.) Ὠκεανοῦ τὰ πέταλα τὰς κρήνας λέγων, οὐκ ἐπαινεῖται ‖ 327 Et. M. 808, 43 (Et. Gen. Miller Mél. 309) χεράδος· . . . καὶ Πίνδαρος τὴν δοτικὴν εἶπε, χεράδει σποδεων· Ἀρίσταρχος δέ φησι χεράδας καλεῖσθαι τοὺς ποταμοὺς καὶ τοὺς ἐν αὐτοῖς λίθους; eadem fere schol. AT Hom. Φ 319 ‖ {328 schol. Pind. P. 7 inscr. b} ‖ 329 Aristid. or. 26, 1 (2, 91 K.) ἔθος τοῖς πλέουσι καὶ ὁδοιποροῦσιν εὐχὰς ποιεῖσθαι καθ' ὧν ἂν ἕκαστος ἐπινοῇ· ποιητὴς μὲν οὖν ἤδη τις εἶπε σκώψας εὔξασθαι κατὰ χρυσοκέρω λιβανωτοῦ c. schol. cod. Paris. 2995 (B. Keil, Herm. 48, 1913, 319) ὁ Πίνδαρος διασύρων τινὰ πλούσιον ὡς ἄγαν τρυφῶντα τοῦτο εἶπεν, ἐντεῦθεν δεικνὺς αὐτόν, ὅτι καὶ ἐν ταῖς πρὸς θεοὺς εὐχαῖς βλακείᾳ ἐχρῆτο (= CAF 3, 546 nr. 784 Kock); cf. Porphyr. de abstin. 2, 15 τοῦ Θετταλοῦ ἐκείνου ⟨τοῦ⟩ τοὺς χρυσόκερως βοῦς καὶ τὰς ἑκατόμβας τῷ Πυθίῳ προσάγοντος

329 ad fr. 277/78 trahit Schr.

330

χϱυ[. . . .]ταις

331

ἀλαθεῖς

332

αἶξ φϱιμάσσεται

330 schol. Hom. *H* 76 POxy. 1087, 25 τὸ δὲ μάϱτυϱος παϱώνυμον [τῇ γ]ενικῇ τοῦ πϱωτοτύπου συμ[πέ]πτωκεν, ὡς τὸ Τϱοίζηνος, ἔνθεν [Τϱο]ιζήνοιο, χϱυσάοϱος, ἔνθεν χϱυ[. . . .]ταις εἴϱηκε Πίνδαϱος ‖ **331** Hesych. s. v. ἀληθεῖς (a 2922)· οἱ μηδὲν ἐπιλανθανόμενοι, ὡς Πίνδαϱος ‖ **332** gloss. ad Ael. hist. animal. 6, 10 in cod. Laur. 86, 7 ed. de Stefani, Stud. ital. fil. cl. 7, 1899, 414 (e Diogeniano): φϱιμάττεται· Πίνδαϱος ⟨ὁ suppl. de Stef.⟩ λυϱικὸς ἐπὶ τῶν ἀγϱίων αἰγῶν εἴϱηκεν· οἷον σκιϱτᾷ καὶ ἐπεγείϱεται (cf. Hesych. φϱιμάσσεται· σκιϱτᾷ καὶ ἐπεγείϱεται)

330 χϱυ[σάοϱος] παῖς Sn. (longius spatio ut videtur) ‖ **331** fort. recte trahitur ad fr. 30, 7

DVBIA

333 (adesp. 85 Bgk.[4])

[*EXEKPATEI OPXOMENIΩI*]

. . .

(a) . . . ρ̣ν . .
. ν̣ετεπεαι̣ρ̣ω̣[
. οσε . κ̣λ̣ . . θεμις . [
Ἀ[π]όλλωνι μὲν θ̣[εῶν
ἀτὰρ ἀνδρῶν Ἐχεκ̣[ρά]τε̣ι
παιδὶ Πυθαγγέλω
στεφάνωμα δαιτί̣κ̣λ̣υτ[ον
πόλιν ἐς Ὀρχομενῶ διώ-[
    ξιππον· ἔνθα ποτε . [
. .]υ̣π̣ . ε̣υ̣ρυχμ̣α Χάρι̣τ̣[ας] π̣[
. . .]α̣σ̣σ̣ιας ἔτικτεν
. . .]ε̣ψονι̣τοδε παρθ̣ε̣[
. . .]σ᾽ ἀγλαὸν μέλος
παρ]θενηΐας ὀπὸς εὐηρ[ατ
. . .]ο̣ντι γὰρ ανα

(b) χα με[γ]αλοσθεν̣[
τὸν ὕμν̣[ον
τομα̣χ[
τοδα̣ . σ̣α[
γαυρα̣[
ατ[
μο[
ε[
ρας· ει . . αθ[
μνα· σ . θρι[
ση[
α̣λλο̣[
. . .

col. 1

(d) . . .
]φ[
]εν·
]

333 Π[14] (Bl., Rh. Mus. 32, 1877, 450; contulit Sn.)

333 **(a)** **2** NЄ vel MЄ | IPΩ[vel .ΓΩ[|| **3** .KΛ.A vel ΔΩ.Є | Є[, C[, Θ[, Φ[, O[, Ω[, K[|| **4** H[pot. qu. Θ[vel Є[| suppl. Bl. || **5** P vel I | K[vel N[| Є vel O | suppl. Bl. || **7** fort. ÍKΛ, suppl. Bgk. || **8** *Ἐρχομ.* ? || **10** MA vel ΛOA | *Εὐρυνόμα* Bl. | PI[vel N[| suppl. Bl. || **11**]ACCI vel]XΘЄI vel]ΘOCI | *θαλ*]*ασσίας* Bgk., *π*[*αρα*-|*θα*-*λ*]*ασσίας* Sn. || **12**]Є vel]C, vix]O | ΘЄ[vel ЄΞ[| *τὸ δὲ παρθέ*[*νων ἄχη*]*σ᾽* e. g. Sn. || **14** suppl. Bl. || **(b)** **1**sq. suppl. Bl.; paragr. agn. Sn. || **5** vel *γαυκ̣*[? || **10** *σ*[*ὲ*] vel *σ*[*ὺ*] *θρί*[*αμβε* Maas || **(d)** **1**]Φ[vel]Ψ[

]ρθων·   col. 2

5   ]   . . .
    ]ν   δ[
    ]ασιν ἐπιφο-   )——
    ]   · [
    ἀν]εψιοῦ   ν[
10]τος   ο[
    ]ται κρατεῖν   [
    ]. ρατει   [
    ]... διέπει·   [—]
    ].. ες   α[
15]ινος·   δυναμ[
    ].. [ ]   τυ[
    ]κιον   ποσα[
    ]εχει φρεναμ ... κρατ[
    ]λασσων   ε[
20]τι φιλης   θρασε[
    ]ιπης   δευτ[
    ]αι πάννυχος   ωνα[
    ]ς   ν[
    σ]τεφες·   )——
25]ἀρετάν τε νέμεις τ[
    ]ον   ( )
    ]μαι   δ[
    ]. [ ]δαιμον

(e)]οσε   (f)   . . .
    ]ευφρα[   ]γεν[
    ]καμ[   ]ατιχν[
    ]ρωτα[   ]γμα[
5   ]κορε[. . .
    ]. ανα[
    ]τεπ[(g)   . . .
    ]. ναι[   ]οθ[
    . . .   ]νη[
                   Μελ]έαγρος [
                      ]νοτης[

4 vel]θεων ‖ **7**]ΛCΙ,]ΛΟΙ sim. ‖ **9** suppl. Blass ‖ **10** vel]πες ‖ **12**]Κ legi potest; Ἐχε]κράτει Blass ‖ **13**]CCA ? ‖ **14**].. ΕC pot. qu.].. ΤΟ ‖ **21** λ]ίπης (Bl.), ε]ίπης im. ‖ **24** δαφνοσ]τεφές Bl., ἰοστ., περιστ., ἐυστ. sim. ‖ **333** (g) **3** suppl. Sn., cf. fr. 249 a

```
5  ]   [                          (h)   . . .
   ]   [                                ]ενει[
   ]ω[                                  ]ταμιν[
      . . .                            ]μενο[
                                        . . .
```

334

```
(a)  ου[                          (b)  ]αιạ[
     ε . . . λịμηγον[                   ]
     ροαὶ δὲ Μοισαι ῳ[                  ]ω[
     πεδόθεν ἔφυγ[                      ]ι . τọ . . [
  5  πότμοιο λιπα[                  5   ] . ọγ . [
     ανήνικοντελε[                      ]ον . . [
     το βιọτω⟨ι⟩ φάοσ[                  ] . ᾱσ . . . . . νυ[
     νιφόεντα . σε[                     ]ọς χạδεῖν αφ[
     Κρον{ε}ίων                         ]χειρọς ἀκμᾱͅ
 10  Ζεὺς ἐρατὸν ε[                 10  ]τεων [
     ἐπεὶ πᾴγτᾳ . [                     ]ινελεων φέρων
     κενθεα[                            ] . . μẹ . αιας
     νε̣[. .]ọ . [
     με[
```

335

```
         . . .
. . . .] . ελ[
. . . .] . σεπ[
. . . . .]γει[
 . . .]ẹγοι . [
 5  . ]μεπρωγ[
```

334 Π[15] (a) recto (b) verso ‖ **335** Π[16]

334 (a) 2 HNON pot. qu. HΛION ‖ 3 ῥοαὶ δὲ Μοίσᾳ vel Μοίσαις ? ‖ 6 NI ab altera manu supra ANHKON scriptum; fort. ἴκοντ᾽ ex ἤκοντ᾽ correctum? ‖ 7 βροτῶ⟨ι⟩ Lodi, βιότω⟨ι⟩ Wil., cf. Ol. 10, 23 ‖ 8 scil. Olympum? (Sn.) ‖ 9 de fine versus dubitari non potest ‖ (b) fort. nullus versus deest inter 1 et 3 ‖ 5 P vel I ‖ 8 ΔΕ͡ΙΝ ‖ 10 Ε suprascr. ‖ 12 IAC vel IAI ‖ **335** 1 ΕΛ[vel ΕΑ[‖ 2 Π[, vix Γ[‖ 4]A vel]Δ ? ‖ 5 ΠΡΩΤ legi non potest; Γ[vel Π[?

PINDARVS

. .]ητε ποθε[
ὀπαδὸν ως[
πατρὸς ἑοῖο[
θειόδαμον[
10   πέφνε Δρυ[

336 = Bacchyl. c. 24

337

. . .

]υσ[
]φο[
]ατ[
] . [   ] . . [
5   ]ν ἀμφιβαλ[
]ως ὁ τάχι[στος?
]αρτοισ᾿ υπτ[
]ιστοισι το . [
]αι τὸ δ᾿ ἀλαθὲ[ς
10   ]κατέστα φάρς[
]ην μὲν θερ[
]ερειν τερπ[
]ιοκρατ[
]ν εντελ[
15   ]μοῖραν ἐχ[
]ασου πρ[
]ρυ[

. . .

---

337 Π¹⁸

7 ΠΑΔ ‖ 9 ΟΔΑΜ | Θειόδαμος non legitur nisi in orac. ap. Porph. (Euseb. P. E.
5, 8); Θειοδάμαν[τα . . .] πέφνε Δρύ[οπα Wil. cf. Ov. Ib. 487 *tamque cades domitus
quam quisquis ad arma vocantem iuvit inhumanum Thiodamanta Dryops* (cf. Pfeif-
fer, Kallim.-Stud. IV; RE s. v. Theiodamas 1609 sq.); ad fr. 168 pertinere potest,
sed potius cum T. Lodi πέφνε Δρύαντα παῖδα supplendum, nam Dryanta a patre
(cf. v. 8!) Lycurgo vesano necatum esse Pindarum in dithyrambis narravisse con-
icias (cf. fr. 85 sq.) ‖ **337** aut Aeolicum aut Pindaricum vid. esse propter v. 7 ‖ 6]ʆ[
pot. qu. Υ[, suppl. Sn. ‖ 7 ἀμ]αρτοισ᾿ Sn., Σπ[αρτοισ᾿ Körte | Τ[, Ν[, non Ο[‖
8 μεγ], ταχ], κρατ] sim. ‖ 9 Sn. (vel ἀλαθέ[ως) ‖ 10 κατέστα agn. Körte ‖
11 σ]ὺν vel ν]ῦν ‖ 12 Π[vel Γ [

172

338

. . .

]πτᾱλι[
]ωνευω[. . .] . . [
]λοινον · ἐμμεν[
]ένοι Δελφοὶ ναδ[
5   τό τ]ε Παρνασσοῦ θέμε[θλον
πάντ᾽] ἄματ᾽ ἀγλαοῖς · ἰδίοις[
ὕμν]οις τερφθὲν ἱαροῖς[
]ιναπολλο̣[. .] . [
]ας · τοὶ δ᾽ αὐτ[
10   ]ορφ[. . .]κ[
]τ̣ον[

. . .

339

νιν ⟨ ⟩ κεῖνον [ ]πος ⟨ ⟩ οὐδὲ
πελέκεις οὐδὲ Σειρήν

339a

πελεκυφ[ό]ρας ἵππος

340

μελικτὰς ὁδοιπόρους θαλάσσας

---

338 Π[19] ‖ **339** schol. Pind. (?) P. Berol. 13875 (Zuntz, Class. Rev. 49, 1935, 4)]πος · ἐξήρκει ἡ ἑτέρα ἀντωνυμία, ἢ ἡ νιν ἢ ἡ ἐκεῖνον · οὐδὲ πελέκεις οὐδὲ Σηρήν · ταῦτα πρὸς Σιμωνίδην, ἐπεὶ ἐκεῖνος ἐν ἑνὶ ᾄσματι ἐπόησεν Σειρῆνα τὸν Πεισίστρα- τον ‖ **339a** schol. Pind. (?) P. Berol. 13875 (post fr. 339) ἐν ἰδίοις δὲ ἅισμασι καὶ τὸν πελεκυφ[ό]ραν ἵππον ὀνομάζε[ι, τ]ὸν χελιδόνα ἐπίσημον ἔχοντα · χελιδόνας γὰρ ἵππους [ἔστιζον] ‖ **340** Hesych. μ 695 μέλιγγας ὄλοιτο παῖς θαλάσσας · παρὰ τὴν μελίαν τὸ ξύλον · ἀκούει δὲ ἐκ τούτου τὴν ναῦν · τινὲς δὲ τὸν αὐλόν · ἢ τὸν δι᾽ αὐλοῦ μελισμόν

338 1 fort. schol. ‖ 2]ων ευω[vel]ωνευω[, fort. εὐώ[δεα] . . . οἶνον ‖ 4 ΝΑΔ[, ΝΙΕΔ[, ΝΙΣΔ[sim. ‖ 5−7 suppl. Sn. ‖ 7 ad ἱαρός cf. Sapph. 55, 6 D. et σκιαρός Pind. Ol. 3, 14 et 18 | ΙΔΙΟΙΣ schol. vid. esse ‖ 8 ΛΩ[Π[ac], ΛΟ[Π[pc] |]ἵνα πολλο[vel pot. (propter ἰδίοις) σ]ιν Ἀπολλο[ν ‖ **339** οὔτε − οὔτε Zuntz | σηρην : Turyn ‖ **340** μέ- λιγγας : Meineke | ὄλοιτο παῖς : Alberti | Pindaro dubitanter attrib. Latte

341

μνα⟨μο⟩νόοι sc. Μοῦσαι

342

οὐκ ἄναλκις, ὡς τόσον ἀγῶνα δῦναι

343 = Bacchyl. c. 25

344 = 169a

345 secludendum

346

metrum: dactyloepitr.

(a) κ]ρέσσονα[.] . [
σο]φὸν ἀγη[τ]ῆρα λ[
* * *

(b) ἐν και]ρῶι κτεάν[ων
]αμοσύνας[
]ϊα λατερπέι φιλο . [

341 Hesych. μ 1488 μνα⟨μο⟩νόοι· Μοῦσαι· μνηστῆρες ‖ 342 Nicet. Eugen. (?)
Ἐπιθαλαμ. cod. Laur. acqu. 341 (Gallavotti, Riv. fil. 9, 1931, 377) καὶ τίς τοσοῦτον,
ὡς ὁ Πίνδαρος λέγει ἐν διθυράμβοις, οὐκ – δῦναι ‖ 345 P. Oxy. 26, 2443 a Pindaro
abiudicandam esse perspexit Lobel qui eosdem versus in carmine quodam 'laconico'
in P. Oxy. 45, 3213 conservato repperit ‖ 346 (a) Π³⁶ fr. B col. 1 scholia ad auc-
toris incerti carmen continet quae ed. Bartoletti ‖ (b) 1–15 Π⁴⁴ fr. 1a, 1–15 ‖
3 Π³⁶ fr. B col. 1, 14

341 suppl. Meineke, Pindaro attrib. Latte ‖ 342 potius ad Ol. 1,81 referendum ‖
346 (a) scholia fortasse sic restituenda [κ]ρέσσονα [κ]τ[εάνων καὶ | ˙ σο]φὸν ἀγη-
[τ]ῆρα λ[έγει τὸν | κατ]ὰ καιρὸν. [.]ρσ . [ ] | μενον τῶν κτ[ημάτων,] | ἐν καιρῶι δὲ
καὶ [ ] | κρείσσονα δὲ κατα[ ] | οντα καὶ ὑπεράν[ω τοῦ δι]|αφόρου ὄντα· (suppl.
Bartoletti, Maehler) ‖ (b) 1 suppl. Lobel | κρέσσον' ἐν καιρῶι κτεάνων Sn.,
cf. verba commentatoris supra allata ‖ 2 μν]αμ. vel τλ]αμ. Lobel ‖ 3 εὐνο]ία⟨ι⟩
dubitanter Lobel coll. Π³⁶ πιθα[νῶς τὴν] | εὔνοιαν (εὐνο⟨μ⟩ίαν Lloyd-Jones)
κατὰ σύν[θεσιν] | εἴρηκεν λατερπ[έα διὰ]‖ τὸ τοὺς λαοὺς τέρπ[ειν, δηλον]|ότι ὅπη[ν]-
ίκα εὐνο⟨ι⟩α [ἔγκα]|θεστήκη (vel εὐνομ[ία κα]θεστήκη?), κρείσσονα [δὲ τὸν | ὑπερ]-
άνω τῶν χρημ[άτων | ὄντ]α καὶ τοῦτ' ἐν καιρο[ῶι | πρά]ττοντα, οὐκ εἰκῆι[|] . ναι
ἐστὶ προσεκτικόν (suppl. Bartoletti, Barns, Sn., Maehler) | ΦΙΛ . . [Lobel, ΦΥΛΟ . [
Lloyd-Jones

174

]Ἐλευσίνοθε₁ Φερσεφόναι ματρί ₁τε χρυσοθρόνωι
5 θῆ[κέ τ᾿ ἀστ]οῖσι₁ν τελετάν, ἵν᾿ ἐσεν[
] διδύμαις εἶδον εὐμο[
]αραι
]πορεν Ἡρακλέι πρώτω[ι
]ντι κέλευθον ἐπισπήσει . [
10 Ἀμφιτρυ]ωνιάδας ἄλοχος
]αλλε γε μάν
αὐ]τίκα μιν φθιμένων
]τρέφεται καὶ ὅσ᾿ ἐν πόντωι [
]μενος
15]α μ[έγα]ν Διὸς υἱόν

· · ·

(e)   ] . . . [
                              ] μιν ἀντιάσ[
                              Με]λέαγρον ἄτερθ[ε
                              ]να λευ

· · ·

(d)   · · ·   (e)   · · ·
        εγ[   ]   [
        θα[   ] . ει . . ι[
        θ . [   ]   [
        τρ[   ]υμνρ[
5   φρ[5   ]ισερε[
        νυ[   ]   [
        ει[· · ·
        · · ·

4–5 Π³⁶ fr. B col. 1, 22–24 ‖ (e) Π⁴⁴ fr. 1 b quod sub (b) ponendum esse vidit
Lobel : sed quot versus inter (b) 15 et (e) 1 interciderint non constat ‖ (d) Π⁴⁴
fr. 2 ‖ (e) Π⁴⁴ fr. 3 ‖ cf. H. Lloyd-Jones, Maia 19, 1967, 206 sqq.

4 ὅς τ᾿]? ‖ CΕΙΝΟ : ΘΕ Πˢ (agn. Barns) ‖ 5 θῆ[κέν τε λα]οῖσιν Bartoletti, θῆ[κεν
ἀστ]οῖσιν Lloyd-Jones ‖ ΤΕΛΕΥΤΑΝ Π⁴⁴, ΤΕΛΟC Π³⁶ : Sn., cf. scholia quae hoc
lemma in Π³⁶ sequuntur: φησὶν [ὅτι . . . . .] . . τῶν κρατίστω[ν ‖ ἀν]άκ[των τ]ῆς ἐν
τῆι Ἀτ|[τι|]κῆι Ἐλευσῖνος τοῖς αὐ|[το]ῦ ἀστοῖς τελετὴν κατέ|[στη]σε τ[ῆι] τε Φερ-
σεφό|[νηι καὶ τ]ῆι Δήμητρι, του|[τέστ]ι κατέστησεν αὐτοῖς ‖ [ἑορτὰς μεγίσ]τας τῶν
θεῶν (suppl. Bartoletti, Lloyd-Jones) ‖ 6 ΕΔΟΝ : l Πˢ ‖ Εὐμο[λπ- Lloyd-Jones ‖
9 ἐπισπήσετα[ι poss. sec. Lobel ‖ 10 suppl. Lobel ‖ fort. σ᾿ ἄλοχος? ‖ 12 suppl.
Lobel ‖ 13 ΚΑΙCΟΝ : Ο et Ε Πˢ ‖ 15 suppl. Lobel ‖ (e) 1]ΛΕΥ[,]ΧΟΤ[vel sim. ‖
2 ἀντιάσ[αις ? ‖ 3 suppl. Lobel ‖ (d) 3 ΘΟ[pot. qu. ΘΕ[‖ (e) 5 ΡΙ[Πᵃᶜ

347

Ὅμηρον Φρυγίας κοσμήτορα μάχας

348

(a)   ]εναλκανεοις φιλ[
(b)   χορδαί

349

φοινικ . [   ] . κοθωράκων χ[. . . .] ὑπέροπλοι π[   ]γνηται-
γιαλ[. . . . .]οντες

350

Δᾶλον ἀμφιρύταν

351

πόντον ἐρίβρομον

352

poetae θρέμματα Μουσῶν

353

ἄμαχοί τινες εἰς σοφίαν

---

347 Plut. de exilio 605 A τὸ δ᾽ ἱερὸν καὶ δαιμόνιον ἐν μούσαις πνεῦμα, Φρυγίας —
μάχας, Ὅμηρον οὐ τοῦτο πεποίηκε πολλαῖς ἀμφισβητήσιμον πόλεσιν, ὅτι μὴ μιᾶς
ἐστιν ἐγκωμιαστής ‖ **348** Π³⁷ scholia ad incerti auctoris carmen; v. 4 sq. afferre vid.
fr. 215, 6 sq.; v. 9 novum lemma supra allatum (a) : (b) in marg. inf.]]χορδὰς εἶπεν
τοὺς φθ[όγγους καὶ τὰς ἁρ]μονίας? (suppl. Lobel) ‖ **349** P. Berol. 11521, 1–3 =
schol. ad Callim. fr. 7, 23 Pf. ‖ **350–353** Aristid. or. 45, 3 (2, 353, 10–16 K.) (de
poetis hymnorum vel paeanum auctoribus) καὶ Δᾶλον ἀμφιρύταν (fr. 350) εἰπόντες
ἢ Δία τερπικέραυνον (Hom. A 419 et saepius) ἢ πόντον ἐρίβρομον (fr. 351), καὶ παρ-
ελθόντες ὡς Ἡρακλῆς εἰς Ὑπερβορέους ἀφίκετο (cf. Pind. O. 3, 11 sqq.) καὶ ὡς Ἴα-
μος ἦν μάντις παλαιὸς ἢ ὡς τὸν Ἀνταῖον Ἡρακλῆς, ἢ Μίνωα ἢ Ῥαδάμανθυν προσ-
θέντες ἢ Φᾶσιν ἢ Ἴστρον, ἢ ὡς αὐτοὶ θρέμματα Μουσῶν εἰσι (fr. 352) καὶ ἄμαχοί
τινες εἰς σοφίαν ἀναφθεγξάμενοι (fr. 353), αὐτάρκως σφίσιν ὑμνῆσθαι νομίζουσιν

347 cf. epigr. apud Aristot. fr. 76 R. = [Plut.] vit. Hom. 1, 5 = A. P. 7, 3 ἡρώων
κοσμήτορα θεῖον Ὅμηρον, cf. Skiadas, Hom. in gr. Epigr. (1965) 92 sq. ‖ **348** (a) ἀλκὰ
νέοις Sn. ‖ **349** 1]A vel]Λ, χα]λκοθ. Pfeiffer ‖ **352** siquidem Pindari *Μοισᾶν* scri-
bendum

354

ἀνοῖξαι πίθον ὕμνων

355

ὁλκάδα μυριοφόρον

356

Ἥλιος ἱππεύει πυρσῷ
κατάκομος λάμποντι

357

πολλοῖς μὲν ἐνάλου,
ὁρείου δὲ πολλοῖς ἄγρας ἀκροθινίοις
ἀγλαΐσας τὴν Ἀγροτέραν ἅμα θεὸν καὶ Δίκτυνναν (sc. Ἄρτεμιν)

358

τοῦ δελφῖνος, ᾧ

στῆναι μὲν οὐ θέμις οὐδὲ παύσασθαι φορᾶς

359

ἐπαγορίαν ἔχει

354–355 Aristid. or. 45, 13 (2, 356, 8–14) (de poetis) πολλὰ γὰρ αὐτοῖς ὑπάρχει πλεονεκτήματα καί εἰσιν αὐτοκράτορες ὅ τι ἂν βούλωνται ποιεῖν· ἡμῖν δὲ οὔτε ἀνοῖξαι πίθον ὕμνων (fr. 354) οὔθ᾽ ἅρμα μουσαῖον (cf. pae. 7 b, 13 sq.) οὔθ᾽ ὁλκάδα μυριοφόρον (fr. 355) οὔτε νεφέλας … (lacunam statuit Keil) οὐ γοῦπας οὐδὲ τῶν τοιούτων οὐδὲν ἔξεστιν εἰπεῖν οὔτε θρασύνασθαι οὔτ᾽ ἐπεμβαλεῖν λόγον ἔξω τοῦ πράγματος, ἀλλ᾽ ὡς ἀληθῶς δεῖ μένειν ἐῷ τῷ μέτρῳ κτλ. ‖ **356** Him. or. 68, 61 Col. τιμῶμεν δὲ αὐτὸν (τὸν θεὸν) νῦν μὲν ὡς ἥλιον, ὅταν ἐξ ὠκεανοῦ λουσάμενος ὑπὲρ γῆς ἱππεύῃ πυρσῷ κατάκομος λάμποντι, νῦν δὲ ὡς εὐχαίτην Διόνυσον κτλ. ‖ **357** Plut. soll. anim. 8 p. 965 C τουτονὶ τὸν ἡμέτερον Ὀππᾶτον, ὃς πολλοῖς — ἀγλαΐσας τὴν Ἀγροτέραν ἅμα θεὸν καὶ Δίκτυνναν ἐνταῦθα δῆλός ἐστι πρὸς ἡμᾶς βαδίζων ‖ **358** Plut. soll. anim. 29 p. 979 D καὶ πόσῳ σοφώτερον … τὸ τοῦ δελφῖνος, ᾧ στῆναι — φορᾶς· ἀεικίνητος γάρ ἐστιν ἡ φύσις αὐτοῦ (= TrGF 2 adesp. F 416 a) ‖ **359** Hesych. ε 4065 ἐπαγορίαν ἔχει· ἐπίμωμός ἐστιν

357 2 πολλάκις : δὲ πολλοῖς Duebner ‖ **358** στᾶμεν scribendum siquidem Pindari, sed fort. tragicum ‖ **359** poetae chorico attr. van Groningen, Pind. au Banquet 33

METRORVM CONSPECTVS

A B. SNELL CONSCRIPTVS

Duobus praecipue Pindarus usus est generibus metrorum: 'dactyloepitritis' qui nunc vocantur et metris aeolicis vel ex aeolicis ortis. accedunt pauca carmina 'iambos dissolutos' praebentia.

In singulis carminibus semper idem genus metrorum servatur; in uno solo carmine anno 464 confecto (O. 13) Pindarus tragoediam Atticam secutus diversa genera coniungens ex aeolicis transit ad dactyloepitritos (v. Hermes 113, 1985, 392 sqq.).

Ad carmina et metra dividenda his signis usus sum:

⊗   finis aut initium carminis
||| finis strophae
|| .   finis periodi ('pausa')
| finis verbi per totum carmen
    finis verbi paucis locis exceptis

⁞_⁞ vel ⁞_⁞ : finis verbi nisi priore loco
est, secundo invenitur
‿ elementa nunquam fine verbi
dirempta

A. DACTYLOEPITRITI

E = _∪_∪_∪ _   e = _∪ _   d² = ∪∪ _
D = _∪∪_∪∪ _   d¹ = _∪∪ _

Dactyloepitriti praecipuum metrum carminum εἰς ἀνθρώπους est: epiniciorum, encomiorum, threnorum.

E Bacchylidis carminibus apparet metrum dactyloepitriticum originem duxisse ab asynartetis Archilochi (ab encomiologico velut χαῖρετ᾽ ἀελλοπόδων θύγατρες ἵππων, cf. ed. Bacch.¹⁰ p. XXVIII, Griech. Metr.⁴ 52). Pindarus autem iam inde a prima iuventute hoc metrum liberius variavit, quamquam primum carmen dactyloepitriticum (P. 12 anni 490) haec signa antiquae simplicitatis praefert: desunt membra d¹ et d², desunt responsiones minus accuratae (∪ vel ∾), nunquam desunt 'ancipitia interposita' intra periodos, semper antecedunt membra D membris E.

schemata dactyloepitritorum hic repeto et ad ordinem temporis quantum fieri pot-
est dispono, ut clarius appareat, quo tempore Pindarus singulis variationibus usus sit.

(490) **P. 12:** _D_D ‖ D_D │ _D_E ‖ D⋮_D ‖ _D_E ‖ _D_E ‖ D_e ‖
E_e_ ‖‖

(brevi post 490?) **fr. 124:** D⌣e⌣ │ e_D_e_ │ e_d¹E_ ‖‖

(483?) **N. 5:** _EE_D_e ‖ D_⋮D │ ⌣e_ ‖ E_e ‖ _E⏜ │ _e ‖ _e⌣D ‖ _e⌣_e_ │
E_ ‖‖ ⌣D⌣ │ E_ ‖ D_ │ e⌣ │ E ‖ _D_ │ E │ _e_d¹⋮D⌣e │ _D_e ‖ e_Dd² _e_‖‖

(480?) **I. 6:** _e_D │ E_d¹ ‖ E_Dd²_e_ │ e⌣⌣D ‖ _E ‖ D_e_d¹ ‖ ⏜E_
⏝e │ _e_D_e ‖ _E_ ‖‖ e_D │ e_D_ │ E_ │ D │ E │ _D⌣e_ │ E_ │ D │
_e_D_e ‖ e_DeE ‖‖

(478?) **I. 5:** e⌣D_ ‖ ⏜E⌣d¹ ‖ e_D⌣ │ D ‖ e_D_ │ ⏜E_ │ e_d¹E_ ‖‖ e_D
_ ‖ E_e │ e_D ‖ ed¹? ‖ E_d¹ │ ⏜e_D_ │ e⌣D │ D │ d²_e │ D_e_‖‖

(476) **O. 11:** e_D_ │ e_D │ e_d¹ ‖ E_D_ ‖ E │ E⌣D ‖‖ D_e_ │ D_ │ ⏜e_D │
E⌣e ‖ E_e │ E │ D_e_D_e_ │ EE_ ‖‖

(476) **O. 3:** D_e⋮_D │ _D_e ‖ _D_ │ e_D ‖ _e_ │ E_D_e ‖ ?⏜E⏜? _e_ ‖‖
E_⋮D │ e_D⋮_⋮E ‖ D │ _D_ │ e ‖ D │ _e⌣ │ D ‖ E_?⏜e_ ‖‖

(476?) **N. 1:** _E ‖ _e_⋮D ‖ D ‖ _e_D ‖ E ‖ Dd²_E ‖ e_DE_E ‖‖ ⏜E _D │ e ‖
D │ d² │ _E ‖ e_Dd² _ E ‖ _ed¹ (vel _e_ │ d²) │ E ‖‖

(474) **P. 9:** d² × D_ │ E__ ‖ d²⌣D_ ‖ D⋮_D_ ‖ e_D⋮_e_D ‖ D_⋮D ‖ _D⌣ │
D⋮E ‖ E⋮_e⌣e_ ‖‖ _D_e │ D_⋮E_D ‖ e_D_e ‖ E_ │ e⌣D⌣e ‖ e_D │
e_D_ │ E ‖ D ‖ ⏜e_D_ ‖‖

(474/3) **I. 3/4:** E⌣E⌣ │ e_D⌣e ‖ D⌣e⌣ │ D⌣e_ ‖ E_Dd²e _ ‖ E_e_ ‖‖ _D_d¹ │
D_ ‖ E ‖ _E │ _D⌣e │ _E⌣e ‖ _DE │ _E⏜_e ‖‖

(474?) **N. 9:** D_D_ │ E_⋮D⋮_E │ D⋮⌣D_e │ e_D_⋮D_E ‖ _E_e_ ‖‖

(474?) **P. 3:** e_D ‖ e_D_E ‖ _D ‖ Dd²d² │ _E_d¹ ‖ e_D_e ‖ De_E ‖ D_e_ ‖‖
e_D ‖ E_e ‖ e_D_ │ e ‖ e⌣D_ ‖ D_E ‖ D_E ‖ D_D ‖ e_D_e_ ‖ d²d²_E ‖‖

(470) **P. 1:** E_D ‖ e_d¹e_D__ ‖ __E ‖ _D⋮⌣e⌣_D │ E_e ‖ De_D⌣De_ ‖‖
D⋮_⋮E ‖ D⌣⋮e_D ‖ e_⋮E⏜e ‖ _D_e ‖ ⏜e_D_e │ e_D_ │ ⏜E_ │ E_D ‖
d²_d¹ │ ⏜E_ ⋅ ‖‖

(470?) **O. 12:** e_D ‖ e_D │ _d¹ │ E_e │ E_d¹ ‖ e_D_ │ E │ _D_E ‖‖ D_e⌣ │
D_ │ E ‖ e_Dd² │ _D_? │ E_ │ e⌣D ‖ E_d¹ ‖ E_eE_ ‖‖

(470?) **I. 2:** _D⌣E ‖ Ee_D │ E⌣D× │ D⌣e× │ E_e_ ‖‖ D │ _D⌣e ‖ D_e_ │
E_ ‖ E⌣d¹ ‖ e_D │ e⏜_e_ ‖‖

(468) **O. 6:** _E_D ‖ D_d¹ ‖ D_e_ ‖ E_D_ ‖ _e_D⌣_ ‖ ⌣__E_D_ ‖
D_e⋮_E_ ‖‖ D_e_D ‖ E_d¹ │ d²d²_d¹ ‖ d¹_d¹_E ‖ E │ ⌣D ‖ D⋮_D │
D_D ‖ ee_E_ ‖‖

(464) **O. 7:** d²_e_D ‖ e⌣E ‖ _e ‖ ⌣E_D_D ‖ D_e_D ‖ d²_e_D_ ‖‖ D_D_e ‖
E_D_ │ ⌣ │ _⌣_⌣ ⋮⌣ │ ⌣D⋮___ │ ⌣_⌣ ‖E⌣ │ D⌣⏜e_D ‖ d²D_e ‖ E_e_‖‖

(464) **fr. 122:** ⌣e⌣D ‖ _e⏜_e_ ‖ e_d¹e_ │ e⌣D_D │ ⌣E_ ‖‖

(464) **O. 13:** *** _De ‖ × D_D× │ ee_d¹ ‖‖ _DD_e_ ‖ e_D │ e⌣d¹e_ ‖ ⏜e_E ‖
E_D ‖ d²e_⏜e ‖ E │ e_⏜e_ ‖‖

(462) **P. 4:** e_D ‖ e_D⋮_⋮e_D ‖ e_D_E_ ‖ Dd²⌣e_ ‖ D_E ‖ E_Dd² ‖
E_ee ‖ ⏜E_ ‖‖ e_D_E ‖ D_e_D ‖ E_D ‖ d¹_E_D ‖ _Dd²_e⌣ │ E_d¹ │
e⌣De⏜_e_ ‖!

(460) **O. 8:** e_D_e ‖ _e_D⌣ │ e⌣D_D_ ‖ D_e ‖ D ‖ d²_e │ E ‖‖ _D_e ‖
D⌣D ‖ D⌣e ‖ D_ ‖ D_D_ ‖ D │ ⌣D⌣e ‖ eD ‖ ⌣E ‖‖

(459?) **N. 8:** __D_e_ │ D_ ‖ e⌣E_d¹ ‖ e⌣E_D ‖ d²d²_eD_ ‖ EE_ ‖‖ _DE ‖
e__D ‖ d²e │ _D⌣e ‖ _E⌣_ ‖ e_De ‖ e_d¹e⌣D⌣ │ E_ │ E⌣e ‖‖

(458?) **I. 1:** D__e× | D⌣e ‖ e__D__ ‖ D ‖ ⌣e__D ‖ e__Dd¹E ‖| __e__D__e ‖ D__D__e ‖
D__e__d¹ ‖ __e⌣d¹E× | __E⌣D__E__ ‖|

(446?) **N. 11:** e__D⌣e ‖ E__D__ ‖ D__D ‖ E__e ‖ d¹ee__d¹ ‖| D__D | e__D⌣e ‖
D__D__ ‖ D__d¹e | E__e ‖ ee__ | D ‖|

(444?) **N. 10:** d²⌣e⌣e__D ‖ e__D__D ‖ e__D ‖ e⌣D⌣e ‖ e__D⌣D ‖ E__ee⌣E ‖|
e__D__e ‖ e__D__e ‖ D__D ‖ D__e⌣ | E__D⌣ | ⌣eeD__E ‖|

incerti temporis

I. 9: E | __e__d¹ed¹(?)__ ‖ __D | E ‖ __D__e__ ‖ D | __Ed¹ | __e__D | __E__[***

hy. 1: __e__D | __e__D__ ‖ __D__e__D ‖ __e__D×e__D__D__ | __e__d¹ | E | __D__|
D__D__ | [***]×e×D__e__ | [***] | ⌣E__D | [***

pae. 5: ⌣D__ | D× | e__D__ ‖ D__ | DD__ ‖|

dith. 2: e×D__e__ | E__D | d²__E__De ‖ __D | e__D ‖ d¹ | __E__ | D__d¹ |
e×D× ⌣?E__ | E__d¹ | d²d²×E ‖ e ‖ E⌣e | e__D ‖ e__D__ | E__e__ ‖| (deest
epodus)

fr. 37: D__e | [***

fr. 42: ***]d¹ (vel__e)__e__d¹ | e__D | ⌣E__ | E__ | D__D__... | E | __e__ |

fr. 43: ***] | e | E__ | D | e__D__ | D__e | E |

fr. 51: ***]__e__ | e⟨__⟩e__ | D?d²d²?__ | e__D__e__ |

fr. 72: ***]D__D ‖ e?[***]D?De | [***

fr. 89a: ⌣D(⌣) | D⌣ | E__ | e | __D__ | [***

fr. 92: ***] | __e__D | e__[***

fr. 93: ***] | __e__D | __e__D__ | e ‖⌣e⌣[***

fr. 118: E___[***] | __E__D__ | e__D⌣ | D__e | [***

fr. 120: e⌣D | D__ | [***]⌣___e___[***]___e__ | D__E | __e__D[***

fr. 123: __De__D ‖ D__e__ | E | __e__D× | ee×E ‖| __e__D | __D__ | D | __E ‖
ee ‖| ?

fr. 124a: D⌣e⌣ | e__D__e__ | e__d¹E__ ‖|

fr. 124c: ***] | __e__D | __E | [***   **fr. 124d:** ***] | E⌣E__ | [***

fr. 125: ***] | e__D__ | E__ | E__E | [***] | E⌣d¹ | ⌣E__ | [***

thren. 3: e__D | __e__ ‖ e__D | __e__D__ | [*] ──D? | __eD | e__D__ ‖ D⌣D |
e__D__ ‖ e?⌣D | __E ‖ e___⌣[*] | e___⌣...

thren. 6: __e?] __D | E__e ‖ __(vel E__d² |)

thren. 7: *** | e__D | __D | __D__D__ | D | [*?] | __E×[e] | __e__ | D__? | e__ |
E__D__E__ ‖ __D__e ‖ __d¹__D | __D__ | [***

fr. 131b: ***]e__D | ⌣e | __De__D ‖ E__D__E__ | ee__D | [***

fr. 133: ***] | D__E | D⌣ | e__D ‖ e__d¹D __| e__D__ ‖ E__DE__ | [***

fr. 137: ***] | D__e⌣E__ ‖ __D__ | [***

fr. 140c: ***] | ⌣D__e__ | e__d¹[***

fr. 150: ***] | __D__e | [***   **fr. 152:** ***] | ⌣E | ⌣D__ | [***

fr. 157: ***] | e⌣D__ | D__ | [***

fr. 158: ***] | D__ | e? | [***   **fr. 159:** ***] | __eE__ | [***

fr. 165: ***] | E__E__ | [***

fr. 166: ***] | D__e | __D__ ‖ D__D__ | D__D | __e___⌣ [***

180

fr. 168: ∗∗∗] d¹ | D | _d¹_? | D | _D_ee || D∪E (vel E∪E) | [∗∗∗

fr. 171: ∗∗∗] D?d² | _e_ | e__∪[∗∗∗

fr. 172: ∗∗∗] | D | _D_ | e | _E_ | D | e_D_ | D_D | eE | [∗∗∗

fr. 179: ∗∗∗]∪_D_e || __∪[∗∗∗

fr. 180: ∗∗∗] | D_E || D | _e | _D_e | [∗∗∗

fr. 181: ∗∗∗]∪∪__D_e? | [∗∗∗   fr. 182: ∗∗∗] | D_ | D | e[∗∗∗

fr. 188: ∗∗∗] | E_e_D_ | [∗∗∗

fr. 193: ∗∗∗] | D_ || _d¹e_De | [∗∗∗

fr. 194: ∗∗∗] | E_D_ | E_ | e | e_d¹[∗∗∗] | e_D | _D_e | E_ | [∗∗∗

fr. 195: _D_e || ?∪e_[∗∗∗

fr. 198a: ∗∗∗]__e | DE | __[∗∗∗

fr. 199: ∗∗∗] | ee_ | E_e_ | e_D | [∗∗∗

fr. 201: ∗∗∗] | _E_e_ | e_D || ∪e (vel⌣e)∪e__[∗∗∗

fr. 205: ∗∗∗?] | _D | _eE | E__[∗∗∗

fr. 215: ∗∗∗] | e_D_E_ | ∗ | e | e_D | E_[e?]_

fr. 221: ∗∗∗]DE_ | __D | _e_D | e∪D | D_? | [∗∗∗

fr. 227: ∗∗∗] D?_ | e_d¹ | E_e || D?_[∗∗∗

fr. 234: ∗∗∗]D?∪ | e_d¹E_ || _e_D | _e__[∗∗∗

1. Deest 'anceps interpositum' intra periodos

a) ee

α) ante finem stropharum aliis 'epitritis' sequentibus
   I. 6 (480?) || e_DeE ||| **O. 11** (476) | EE_ |||
   O. 12 (470) | e_EE_ |||
   O. 6 (468) || eE_e_ ||| **O. 13** (464) | E | E_ |||
   P. 4 (462) || E_ee || E_ |||
   N. 8 (459?) D_ || EE_ ||| **N. 10** (444?) || E_eE_e ||| ...⌣eeD_E |||
   fr. 123 | eE_e ||| ... | _E || ee [?] |||

β) ante finem stropharum in d¹ vel D exeuntium (v. p. 183)
   O. 11 (476) || E | E∪D ||| **O. 13** (464) D × | ee_d¹ |||
   N. 11 (446?) || d¹ee_d¹ ||| ...e || ee_D |||

γ) paucis aliis locis (sed fragmenta pleraque ad finem strophae pertinere possunt):
   N. 5 (483) ⊗ _EE_D_e || **P. 1** (470) || _D: × ee _D | ... || e_:E⌣e ||
   I. 2 (470?) || Ee_D | **fr. 131b** | _ee_D | [
   fr. 159 | _eE_ | [**fr. 168** | _Dee || D
   fr. 172 _D | eE | [**fr. 199**] | ee_ | E_e_ | e_D | [
   fr. 205 ⊗ ?_D | _eE | E

   Non hic attuli eos locos ubi 'fine verbi' haec membra seiunguntur (e | e et E | E), nam 'pausam' statuas (cf. O. 11 bis, P. 1, I. 5, dith. 2, fr. 194, 205).

b) **De, d²e (d¹e afferuntur infra)**

 α) ad finem stropharum 'epitritis' solis insequentibus
   I. 6 (480?) || e_DeE ||| **N. 1** (476) || e_DE_E ||| ... || _e_ | d²E |||
   I. 3 (474) || E_Dd²e_ || E_e_ ||| ... || _DE | _E_e |||
   P. 9 (474) || _D × | D:E || E_E_ ||| **I. 2** (470) || e_D | e^⌣_e_ |||
   P. 1 (470) || De_D_De_ ||| **P. 4** (462) || e × DE_ |||

 β) aliis locis (de fragmentis cf. a γ)
   P. 3 (473) || De_E | D_e_ ||| **dith. 2** | d²_E_De || _D |
   O. 13 (464) post aeolica _De || **N. 8** (459?) ||| _DE || e_D || d²e | ... ||
   e_De || ...
   fr. 123 et **131b** _De_D || **fr. 133** E_DE_ | [
   fr. 198a _e || DE | [**fr. 221** DE_ | _D |

   'fine verbi' haec membra dirimuntur (D | E vel D | e) I. 6 (ter), N. 1,
   dith. 2, fr. 172, fr. 182

c) **eD** ante finem stropharum nullo alio membro dactylico sequente
   I. 5 (478?) _e | D_e_ ||| **O. 8** (460) || eD || × E |||
   N. 8 (459?) _eD_ || EE_ ||| **N. 10** (444?) | eeD_E ||| accedit **P. 9** (474) |||
   _D_e | D_ ubi finis periodi inter e et D videtur esse.

d) **DD** perraro apud Pindarum invenitur
   O. 13 (ubi aeolica dactyloepitritis antecedunt) ||| _DD_e_ ||
   pae. 5 (ubi dactylica praevalent) D_ | DD_ |||

   finis periodi statui potest inter haec membra: fr. 89a ∪D | D∪ | et fr. 120
   ∪D | D_
   ad d²d² (P. 3) et d²D (O. 7) v. p. 183 sub 3d et 3a

2. **d¹** = _∪∪_

a) **e_d¹e** in multis carminibus Pindari dactyloepitriticis apparet (O. 11, 12 bis,
   13, P. 1, 3, 4, N. 8 bis, I. 1, 2, 5 ter, 6 bis, 9, hy. 1, fr. 42, 93, 122, 124, 193, 227),
   deest in antiquissimo (P. 12), simplicioribus (N. 9, pae. 5, fr. 123), nonnullis
   aliis (O. 3, 6, 7, 8, P. 9, N. 1, 5, 10, 11); saepe invenitur in fine periodi.

b) **e_d¹D**: N. 5 (483?), fr. 133
   ee_d¹ ||||: O. 13, N. 11 (cf. supra 1aβ et infra p. 183 fin.)
   D | _d¹ | e: O. 12, N. 11, dith. 2
   D_d¹ || D: O. 6, I. 3
   d²_d¹ | ⌣E |||: P. 1

   Omnibus his locis sub a) et b) allatis pro _∪'∪'_ expectaveris _∪'_'_
   (i. e. e_ pro d¹), ut dactyloepitriti vulgares evadant. tamen responsiones li-
   beriores _∪∪_ in dactyloepitritis non agnovi sed emendandas esse putavi
   (cf. Maas, Responsionsfreiheiten 1, 8 sqq.; Theiler, Die zwei Zeitstufen 274;
   H. Höhl, Responsionsfreiheiten bei Pindar, Diss. Köln 1950).

c) multo rarius apparet d¹ ubi pro _'∪'∪_ expectes _'_'∪_ (i. e. d¹ pro _e)
   D || d¹:_E: P. 4
   Ed¹ | _e: I. 9

d) accedunt haec exempla:

E__d¹ | d²d²: O. 6, dith. 2 (ubi membrum D 'fine verbi' dirimitur)

d¹ | d²d²__d¹ ||: O. 6   e || __d¹__D |: fr. 129
ed¹? || E: I. 5   __D__e | __d¹ | __D?: fr. 130
Dd¹E ||||: I. 1   D | __d¹__? | D |: fr. 168
|| d¹ | __E__ |: dith. 2 || d¹ | __d¹__E: O. 6
__ed¹ | E: N. 1   E∪d¹ | ∪E: fr. 126

     Cum appareat d¹ in initio periodi, finem verbi appeti post d¹, evitari autem post longum interpositum hoc membrum insequens (|| d¹⋮..⌒_) me docet W. Henseleit.

3. **d²** = ∪∪__

a) Dd²: O. 12, P. 4 ter, N. 1 ter, 5, I. 3, 5, 6, dith. 2
     Dd²d²: P. 3   d¹ | d²d²: O. 6, dith. 2
     D || d²: O. 7 bis, 8, 13, P. 1, N. 8   D | d²d²: N. 8   d²D__e: O. 7

b) ⊗ d² × D: P. 9; ⊗d² __e: O. 7 (464)

c) __e__ | d² | E (= __ed¹ | E): N. 1 (476)

d) __e__ || d²d²__E ||||: P. 3

4. cola usitata dirimuntur 'pausa' (cf. supra 3a: D || d²(d²)):

E__d¹∪D = E____ || ∪∪__∪D: P. 9 (474)
eD__E = e__ || ∪__∪____E: P. 3 (474?)
Dê__E = D__∪ || ____E: P. 1 (470)
D∪e__E = D∪__ || ∪____E: O. 6 (468)

dirimuntur 'fine verbi' (cf. supra 2d: d¹ | d²d²):
__D || E = ____ | ∪__∪__ || E: O. 7 (464)

5. alia

D__ | ∪∪ | __∪∪__⋮∪∪ | ∪D: O. 7 (464)
|| __E∪__ |: N. 8 (459?)   ⊗∪__∪E__D ||: N. 10 (444)

6. duo brevia pro longo et longum pro duobus brevibus:

a) ∪∪e: O. 7, O. 11 nom. prop., P. 1 ter, N. 1 n. pr. A', I. 5 ter, I. 6
     ∪∪e: O. 13 ter, P. 1 (v. 17 nom. pr.), 4, 9, I. 6
     e∪∪: I. 2? (e∪∪__e__ || an __∪∪ee__ ||?)
     e∪∪: O. 3?, N. 1?, 5 bis, I. 3, 6, fr. 122

b) ____D: N. 8, fr. 221   D = __∪∪∪∪∪∪__: I. 3₆₃ n. pr.

c) D∪∪D: P. 1₉₂?

7. fines stropharum:

     strophae dactyloepitriticae Pindari exeunt in ...e(__) |||| (Zuntz ap. Maas, Metrik² 35 ad § 55) his exceptis:

...D ||||: O. 11 str. (476), N. 11 ep. (446?)
...D__ ||||: pae. 5, P. 9 ep. (474)
...ee__d¹ ||||: O. 13 str. (464), N. 11 str. (446?)

B. METRA EX IAMBIS ORTA

Metra carminis O. 2, fragmentorum 75, 105, 108 eo differunt ab iambis veris, quod non κατὰ μέτρον iambi dividi possunt. nam cum incipiens ab initio metra iambica seiungis, saepe in fine nonnulla elementa metrum excedunt, cum a fine, in initio (cf. ed. Bacchyl.[10] p. XXXIsq.).

C. AEOLICA

1. metra principalia

∪ — _ _ _ ᴗ _ ∪ _ gl _ ∪	∪ — _ ∪ _ ᴗ _ _ pher _ _
ᴗ _ ꞋꞋ _ ∪ _ ∧gl (teles) ◡	ᴗ _ ᴗ _ _ ∧pher (reiz) ◡
∪ — _ ∪ _ ᴗ _ ∪ _ _ hipp _ _	ᷓ _ ᴗ _ ∪ _ _ ∧hipp (oct) ◡

2. eadem aucta amplificatione 'exteriore'

(×) _ ∪ _ oo _ ᴗ _ ∪ _   ia vel cr + gl
oo _ ᴗ _ ∪ _ × _ (∪) _   gl + ia vel ba

Simili modo accedunt vel ante vel post cola aeolica spondei, choriambi, complures iambi, alia cola aeolica (saepissime coniunguntur (∧) gl (∧) pher similia); accedunt etiam cola pseudo-iambica, i. e. iambi non κατὰ μέτρον constructi (v. supra sub B); raro alia metra aeolicis intermiscentur: trochaei (O. 1, I. 8), ionici (I. 7, pae. 6), dactyli (N. 6, pae. 7b, 12, fr. 76).

3. eadem aucta amplificatione 'interiore'

a) 'dactylo' repetito

(×)× _ ∪∪ _ ∪∪ _ ∪ _   (∧)gl^d
(×)× _ ∪∪ _ ∪∪ _ ∪∪ _ ∪ _   (∧)gl^{2d}
(×)× _ ∪∪ _ ∪∪ _ _   (∧)pher^d
(×)× _ ∪∪ _ ∪∪ _ ∪∪ _ _   (∧)pher^{2d}
× _ ∪∪ _ ∪∪ _ ∪ _ _   ∧hipp^d(oct^d)
× _ ∪∪ _ ∪∪ _ ∪∪ _ ∪ _ _   ∧hipp^{2d}
oo _ ∪∪ _ ∪∪ _ ∪∪ _ ∪∪ _ ∪ _   gl^{3d} et similia

b) 'choriambo' repetito

(×)× _ ∪∪ _ _ ∪∪ _ ∪ _   (∧)gl^c
(×)× _ ∪∪ _ _ ∪∪ _ _ ∪∪ _ ∪ _   (∧)gl^{2c}
(×)× _ ∪∪ _ _ ∪∪ _ _   (∧)pher^c
(×)× _ ∪∪ _ _ ∪∪ _ _ ∪∪ _ _   (∧)pher^{2c}
oo _ ∪∪ _ _ ∪∪ _ _ ∪∪ _ _ ∪∪ _ ∪ _ gl^{3c} et similia

4. dimetra (trimetra) choriambica = chodim, chotrim.

Saepe cum metris aeolicis a Pindaro coniunguntur choriambica quae a Wila-
mowitzio vocata sunt dimetra vel etiam trimetra. in uno solo carmine haec
metra choriambica non cum aeolicis coniuncta apparent:

parth. 1: ia sp chodim | ∧chodim ba || chotrim 2 cr ba ||| chodim 4 cr ba | ∧chotrim
3 cr ba |||

Sequuntur indices carminum aeolicorum ad ordinem temporis dispositorum,
sed praemitto nonnulla carmina leviora. haud sine consilio hic non semper eodem
modo atque in explicationibus metrorum singulis carminibus praemissis metra
conatus sum enodare. nam singula membra non semper certis nominibus nomi-
nari posse et rationem qua periodi inter se coniungantur maioris momenti esse
pro certo habeo, sed haec alio loco fusius disputavi (Gr. Metr.⁴ 54 sq.). velim ob-
serves quomodo in schematis metricis cola sub colis posita sint: quo appareat
Pindarum singulis elementis vel additis vel omissis periodos variare. cola autem
variatione exigua e praecedentibus orta uncis significavi, ita ut (gl) significet colon
inusitatius e glyconeo praecedente ortum elemento vel addito vel omisso vel
transposito (paucis quidem locis usus sum his uncis ad variationes usitatas gly-
conei notandas, etiamsi glyconeus verus non praecedit).

parth. 2: gl ia ⦙ gl ia || ∧gl gl || ∧pher ||| 2 gl ∧pher || gl ∧pher |||
fr. 95: gl | gl | [***] | ∧hipp || ∧hipp || [***
N. 2: gl || ∧gl ba || gl ∧pher || 2 gl pher || cho ∧pher |||

(498) **P. 10:** pher || ¹/₂ ia ∧gl cho cr || chodim ∧pher || ¹/₂ ia cho 2 ∧pher ia || ¹/₂ ia
cr ∧hipp || ∧gl (∧gl) ||| ∧pher ⦙ ∧gl || ∧∧pher ∧chodim cho cr || ∧chodim cr || ∧chodim
ba || ia ∧gl cr |||

(490) **P. 6:** ia gl chodim || gl cr || ¹/₂ ia chodim || cho ba ∧chodim | gl ia || ia sp pher ||
ba 2 ia |||

(488?) **O. 14:** ∧chodim | ia ∧gl ba | cho ¹/₂ ia ∧pher || 2 ∧chodim ia | cho ba gl || cho
¹/₂ ia cho || ∧chodim ∧pher || cr gl | (∧chodim) cr ia cho || ia ba gl || ia sp gl ∧gl
ba |||

(486) **P. 7:** 2 ia | ba || ia cr ia | ba cr pher || ia cho gl || cr ¹/₂ ia || ¹/₂ ia ba ||| ia ||
∧chodim | ba cr ∧gl || ∧∧chodim | chodim | chodim | ia cho | ∧pher |||

(485?) **N. 7:** hipp ia || 2 cho hipp ia || cho ba 1¹/₂ ia || ia 2 cho ba || ∧pher 1¹/₂ ia ||
∧gl cr ia || ∧hipp ia || 2 ∧hipp ||| ia cho cr || ¹/₂ ia cho cr | gl cr || gl cr || 2 gl ba |||

(478) **I. 8:** chodim chotrim || chodim ∧∧chodim || ∧gl || gl chodim || chodim 2 ∧∧cho-
dim | 2 ∧∧chodim | gl tro || gl cho || ∧∧chodim gl cr || cr ia cr || chodim || ia ba
chodim |||

(476) **O. 1:** gl pher || cr pher²ᵈ || cr ia || pher || cr ia || cr 2 ia ∧pher ia || cr ia ∧pher
¹/₂ ia || 3 ia || ¹/₂ ia 2 cr || ba ia cr || ia cr ¹/₂ ia ||| ia cr cho ba ia || pher | ¹/₂ ia |
ia || tro pher ¹/₂ ia || ba gl ∧pher || ¹/₂ ia ∧pher ia || ∧hipp ia || ∧chodim cr ||
ba gl cho ba |||

(475?) **P. 2:** cr 2¹/₂ ia || pher 2 ∧gl || (gl)ᵈ cr || ∧glᵈ ∧gl || ia ∧chodim || ia ∧chotrim ||
∧chodim 2 cr || ∧hipp ia ∧hipp ||| hipp (ia) | hipp (ia) || gl ∧chodim || gl pher ia |
gl cr || ia gl cr || ¹/₂ ia cho cr | ∧chodim || chodim ba ∧hipp |||

(474) **N. 3:** ∧gl ∧pher ¹/₂ ia || cr 2 ia cr || gl cr ¹/₂ ia || ia gl cr || 3 ia || ia ∧pher || cr
∧gl cr || ∧gl ia ba ||| cho (ia) (∧pher) | 2 ia ∧gl ¹/₂ ia cr || pher ∧pher || cho ¹/₂ ia
2 ∧pher ia || 2 ∧gl cr |||

(474?) **O. 10:** ∧pher ¹/₂ ia cr || ¹/₂ ia gl || ia cr ia sp | ba (gl) || ba 2 cr || ia cr || gl |||
ia cho sp cr || (gl) || 2 ia cho ia || ∧pher | ia | sp | ∧gl || sp ia || (ia) || ∧glᵈ || ∧pher 2 cr
cho |||

(474?) **P. 11:** ∧chodim ∧gl sp || ∧chodim | gl cr || cr ∧chodim | pher ∧chodim || ∧cho-
dim ba ia ||| cho ba | pher || ∧gl cr ¹/₂ ia || gl cr || ia ba cr || ia ∧pher |||

(473?) **N. 4:** ∧chodim $^1/_2$ ia cho ‖ ∧chodim ‖ ∧chodim chodim ‖ gl ∧pher ‖ chodim ∧gl ‖ chodim ∧pher ‖ gl ‖ ∧gl ba ‖‖

(466) **O. 9:** ∧gl ‖ ∧gl gl ba ‖ gl ∧pher ‖ gl ∧pher ‖ gl ∧pher ‖ chodim | ∧pher ‖ gl ‖ ∧pher ‖ ∧gl cr ‖ ∧pher $^1/_2$ ia ∧pher ‖‖ 2 ia | $^1/_2$ ia | ia ba ‖ ∧pher ‖ sp ∧gl sp ‖ cho sp | chotrim ‖ sp chodim | sp | ia 2 ∧chodim ba ‖‖

(465?) **N. 6:** ba | gl cr ‖ gl chodim ‖ gl 4 da | ∪∪ 3 da (gl) ‖ ∪∪__ 3 da | 3 da ∧gl sp ‖ tr ‖ ∧chodim ia ‖‖ cho ∧chodim cr | gl | __ 4 da cho | gl^d | chotrim (= __2 da 3 da) | ia | $^1/_2$ ia ba | sp? ∧gl ‖ chotrim ‖‖

(464) **O. 13:** ∧pher ‖ ia pher ‖ ia ba cr ‖ ia (∧gl) ‖ ia pher ‖ (pher) cr (∧gl) cr ‖ dactyloepitr. (v. supra p. 179)

(463) **pae. 9:** gl^{2d} ‖ ia gl ‖ $^1/_2$ ia gl^{2d} ‖ gl^d ‖ (∧gl^d) ‖ gl^d ‖ gl^d ‖ ∧gl ‖ sp ia ba | ∧pher cr ‖‖ ∧pher gl (vel 2 ∧gl) | [***

(462) **P. 5:** ia cr ‖ ia chodim ‖ ia gl cr ‖ $^1/_2$ ia cr ‖ cr cho ‖ $^1/_2$ ia cr ‖ sp gl ‖ $^1/_2$ ia gl ‖ ia 2 cr ‖ cr cho 2 cr ‖ ba cr ia ‖‖ ba cr ∧chodim ‖ gl $^1/_2$ ia chodim | gl cho | ia pher | pher $^1/_2$ ia | cho ∧chodim cr | ba ia ba | 2 cr ‖ gl cho ia cr ‖‖

(454) **I. 7:** ∧gl ba ‖ ∧gl ia cr ‖ ∧ia ∧hipp | ∧gl ba ‖ gl ∧gl ∧chodim | sp ia ‖‖ gl ia ‖ ∧hipp ion ‖ ∧gl | ∧gl | ba ‖ gl ∧gl ‖ cho sp ‖ ∧pher ia ‖‖

(452) **O. 4:** chodim ∧chodim | cr ba ‖ ∧pher^c | ∧hipp ‖ ∧pher^c | 3 sp | ia (ia) | ia ba ‖ ∧chodim cr | gl cho | sp ia ‖ ∧pher | ∧gl $^1/_2$ ia ba ‖‖ ∧hipp ‖ cho ba | 2 ia | chodim cr ‖ ∧chodim cr ia | pher ‖ chodim | ba ia | ∧chodim | chodim | 1$^1/_2$ ia ‖‖

(446) **P. 8:** gl ‖ gl ‖ ∧chodim ‖ $^1/_2$ ia gl ‖ cho chodim $^1/_2$ ia ‖ ∧chodim (gl) ‖ ia (∧gl) ‖‖ ∧chodim ba ia ‖ sp 2 ∧pher ‖ gl pher ‖ ∧gl^c $^1/_2$ ia | gl gl ‖ sp $^1/_2$ ia ∧gl ba ‖‖

incerti temporis

pae. 1: *] cr 2 ia ? | 2 cr ia | 2 ia ? | ∧chodim ‖‖ ? ia cr ∧pher ‖ 1$^1/_2$ ia | ia 2 ba | ba ∧pher $^1/_2$ ia ba | $^1/_2$ tro pher^c | ∧chotrim ‖‖

pae. 2: ∧∧chodim | ia ba | (∧gl) | gl pher ‖ 2 ∧pher $^1/_2$ ia ‖ pher ∧pher | ∧gl | pher | ∧pher ∧hipp ‖‖ hipp^{2c} ‖ cho pher $^1/_2$ ia ‖ sp pher | ∧gl^d ‖ ia ba ∧pher ba ‖ pher ∧pher $^1/_2$ ia ‖ sp ∧hipp ‖ gl ∧pher ‖ 3 ∧pher ‖‖

pae. 4: ∧gl^d | sp gl ‖ 4 ia ba $^1/_2$ ia | ia gl^d ‖ (gl^d) | 2 chodim 2 cho ∧gl^d ‖‖ chodim ∧pher chodim | ia sp ia ∧gl ‖ (∧gl^c) | ∧gl^d ‖ ia gl^d ‖ 3 cr | ia ba sp | $^1/_2$ ia ∧gl ‖ $^1/_2$ ia pher ‖‖

pae. 6: 2 ia ∧hipp | pher ia ba | cho ba $^1/_2$ ia ‖ ia cho ba | 5 cho pher ‖ $^1/_2$ ia 2 ∧hipp ‖ cr pher^d (gl) (pher^d) ∧chodim 2 cr ‖ 1$^1/_2$ ia chodim ‖ 2$^1/_2$ ia cho ‖ chodim ‖ cho ba ‖‖ cho 1$^1/_2$ ia ‖ sp ∧hipp | gl io | sp cho | cho pher | 2 ∧pher ‖ sp ∧hipp ‖ gl^{3d} | ∧chodim | ba ∧gl^d ia io | cho (∧pher) cho $^1/_2$ ia ∧pher | gl ‖ pher ∧pher ia ∧pher ∧chodim ‖‖

pae. 7: ia ∧hipp ‖ ∧∧chodim ? [***

pae. 7b: ia cho ∧gl | [***]^{11} $^1/_2$ ia cr ∧gl ‖ ? [***] | ^{15} ia cr ∧∧chodim cho ia ∧chodim |^{18} ia cr ‖ 4 da | ia sp gl ‖‖ [***]^7 sp pher ba ? | ∧pher^d cr ? | ^{9}∧pher cr ‖ 4 da | 3 da$^{∪}$ | [*] ‖‖ (sed omnia fere dubia)

pae. 8: ba cr sp ‖ ? ∧gl ‖ ? ∧∧chodim | ? [***]^9 chodim? | ∧gl | [ ] gl | ? io $^{⌣}$cr? ‖‖

pae. 12: *] |^6 gl [*] | ∧hipp | gl [*] | ∧hipp [*] | 6 da ba | [* | *] | ∧pher$^{⌣}$? ba | ∧pher [***

pae. 15: pher ‖ ∧chodim | [***

pae. 18: chodim | ∧pher^d | ? [***

fr. 5: *] cho ia ba ‖ sp ia ba | ∧pher^d | ?[***

fr. 57: gl | ∧chodim ? [***

fr. 61: *] ∧chodim | pher ‖ ∧hipp ‖ chodim | ∧pher cho $^1/_2$ ia | chodim | [***

fr. 76: ∧gl³ᵈ ‖ ia _ 5 da | [***] | ⌣⌣ 5 da | ∧chodim? | [***

fr. 94a: ia sp chodim | ∧chodim ba ‖ chotrim 2cr ba ‖| chodim 4 cr ba | ∧chotrim 3 cr [ba ?] | chodim? sp? 3 cr ba ‖|

fr. 96: ***] | cho cr | chodim ‖ ∧gl | [***

fr. 104b: ***] ⌣⌣__ | pher ‖? cho ∧pher | 2 ∧gl | gl | 1¹/₂ ia | gl | ∧pher? [***

fr. 106: ∧gl ba ‖ ∧gl | ∧gl | ∧∧chodim? 2 cr ia ‖ gl pherᶜ | tro? hipp | [***

fr. 109: ***] ia 2 ba cr | ∧gl | cr ba | [***] | 2 ba ia | ia gl²ᵈ cr | 2 cr ia | [***

fr. 111: ***] ∧glᵈ ‖ cr ∧pher? | ∧gl ba | [**] ∧gl ba? | ∧gl ba | [***

fr. 116: ba ∧hipp | [***

fr. 140b: ⌣_ [***] | chodim | ∧chodim | 2 cr cho | ia ba | ∧glᵈ | [***

fr. 143: ***] | glᵈ | 2 ia | 2 ia [***

fr. 146: ***] | cr ∧pher ‖ ia ∧hipp (vel ia wil) |

fr. 153: ***] gl ∧pher | cr ‖ pher | [***

fr. 169a: cr ‖ ? cr cho chodim | ia ∧chodim ‖ ia (∧chodim) ‖ ia gl | [***

fr. 189: ***] | ia 3 io | [***   **fr. 195:** ∧gl²ᵈ ‖ ia _ ?[***

spurium:

0. 5: glᶜ cr | (glᵈ) cr ba ‖ ∧gl 2 cr ba ‖| (glᵈ) ia ba ‖ (glᵈ) 3 cr ba ‖|

1. cola 'dirempta':

Ut in dactyloepitritis (v. p. 183, A 4) sic etiam in aeolicis aliquando cola inter se cohaerentia 'pausa' dirimi videntur, sed cum in aeolicis metris explicandis omnia incertiora sint, hanc rem hic movere nolo. sed affero duo exempla:

pae. 6 str. 9sq. 2 ia _⌣_⌣⌣_‖⌣⌣⌣⌣_⌣_ = glᶜ
    11sq.   cr ⌣_⌣⌣_‖_⌣⌣_⌣__‖| = ∧hippᶜ

2. duo brevia pro longo:

Quamquam apud poetas Lesbios numerus syllabarum in metris aeolicis variari non potest, tamen Pindarus dissolutionem quam dicunt elementorum longorum in glyconeis, pherecrateis, metris similibus usurpat:

(∧) gl _ × _⌣_⌣⏾_⌣__‖	I. 8 str. 7
⌣⌣_⌣_⌣⏾_⌣_‖	P. 6 str. 2
⌣⌣_⌣_⌣⌣_⌣...	N. 6 str. 3
__⌣_⌣⌣__‖	N. 6 str. 6
⏌⌣_⌣_⌣⌣_⌣_‖	N. 7 ep. 3 et 4
_⌣_⌣⌣⌣___⌣_‖	P. 11 str. 2
_⌣_⌣⌣⌣_‖	P. 8 str. 2 (vel chodim?)
_⌣⌣⌣_⌣_|	N. 6 ep. 2
(∧) pher _ ×⏌⌣__ _ chodim	P. 11 str. 3
_⌣⌣⌣___ ∧pher	pae. 6 ep. 13
⌣_⌣⏾__ _⌣⌣...	O. 10, 105 (n. pr.)
_⌣_⌣⏾_‖	pae. 6 str. 6
cf. _⌣⏾_|	pae. 6 ep. 10
et ⌣_⌣⏾_|	pae. 6 str. 4 (cf. ‖_⌣⏾_‖ N. 6 str. 7)
⌣_⌣_⌣ gl	pae. 9 ep. 1? cf. pae. 2 str. 5 et ep. 5

ʌhipp   _⏑⏑_⏑_⏑⏑ ia   N. 7 str. 7
ʌhipp²ᶜ   _ _⏑_ _⏑_⏑⏑_⏑_ _‖   pae. 2 ep. 1

Longum pro duobus brevibus semel á Pindaro in aeolicis ponitur: pae. 6, 56
× _⏠_⏑_ ; dubium est parth. 1, 3.

3. anceps in 'dactylo' glyconei

(ʌ) gl = (×) × _ × _⏑_   O. 13 str. 4, P. 8 str. 6 et 7, P. 10 str. 6, N. 6 str. 4?,
pae. 2 str. 2

D. AD PROSODIAM

Pauca hic affero quae minus probabiliter fortasse admisisse videbor:

1. Ultima syllaba producta: P. 1, 45 μακρὰ δὲ ῥίψαις, N. 5, 13 ἐπὶ ῥηγμῖνι, N. 5, 50 μηκέτι ῥίγει, N. 8, 29 ἕλκεα ῥῆξαν, fr. 111, 3 τραχὺ ῥόπαλον, sed non producta ca. vicies (cf. O. 6, 83 καλλιρόαισι, O. 9, 91 ὀξυρεπεῖ, O. 10, 70 Ἁλιροθίου, P. 4, 198 ἀπορηγνύμεναι, P. 6, 37 ἀπέριψεν, P. 12, 17 αὐτορύτον, I. 1, 8 ἀμφιρύτᾳ, sed P. 12, 19 ἐρρύσατο, I. 6, 47 ἄρρηκτον, pae. 20, 12 ἔρριψεν, fr. 177b κατερρύη, fr. 180, 1 ἀναρρῆξαι), P. 5, 42 καθέσσαντο ῡονόδ'ροπον. − syllabam finalem in -ον (-ιν) exeuntem produci posse his locis concessi: _⏑⏑_⏑⏑'_' O. 6, 103 ποντόμεδον, εὐθὺν . . ., P. 11, 38 τρίοδον ἐδινάθην, N. 1, 69 χρόνον ⟨ἐν⟩, fr. 169a, 7 πρόθυρον Εὐρυσθέος; '_'⏑⏑_⏑⏑_ I. 6, 42 τοιοῦτον {τι} ἔπος, pae. 6, 136 βαθύκολπον ἀνερέψατο; _⏑'_'_ O. 6, 28 σάμερον ἐλθεῖν, P. 4, 184 πόθον ἔνδαιεν. quocum conferas _⏑'_'_ O. 6, 77 Κυλλάνας ὄροϛ, Ἁγησία, P. 3, 6 γυιαρκέοϛ Ἀσκλαπιόν.

2. Vocalis decurtata: N. 5, 2 ἐστᾰότα (Hom.), N. 10, 74 τεθνᾰότα, N. 7, 93 τετρᾰόροισιν; N. 7, 78 χρῡσόν.

3. Syllaba 'positione' non producta: N. 7, 61 . . εἰμι· σ̄κοτεινὸν . . .

4. 'Pausa' post ἐξ I. 3, 18, post ἐν O. 6, 53, post ἤ P. 3, 50? et 9, 99, post ὡς O. 10, 18, post καί O. 9, 65 (τε καί), pae. 2, 25 (τε καί), O. 14, 5?

INDEX NOMINVM PROPRIORVM PINDARI¹)

1) a W. Christ primum confectus.

INDEX NOMINVM PROPRIORVM

Ἀσία O. 7. 18
Ἀσκλαπιός P. 3. 6 N. 3. 54
Ἀστερία Delos (hy. 1 fr. 33 c. 4) pae. 5. 42 cf. ad 7 b. 42
Ἀστυδάμεια mater Tlepolemi O. 7. 23
Ἀσώπιχος Orchomenius Olympionica O. 14. 17
Ἀσωπόδωρος Thebanus I. 1. 34
Ἀσωπός fluvius Sicyonius N. 9. 9 pae. 6. 134 Aeginae N. 3. 4 Boeotiae I. 8. 17, cf. fr. 290; Ἀσώπιος N. 3. 4; Ἀσωπίδες I. 8. 17
Ἀταβύριον mons Rhodi O. 7. 87
(Ἀταλάντη) dith. 4 (g). 5
Ἄτλας Titan P. 4. 289
Ἀτρέκεια dea O. 10. 13
Ἀτρεύς O. 13. 58; Ἀτρείδας O. 9. 70 P. 11. 31 I. 5. 38; 8. 51
Αὐγέας rex Epeorum O. 10. 28, (41)
Αὐλιδ[pae. POxy. 1792 fr. 49. 2
Αὐσονία ἅλς fr. 140 b. 6
Ἀφαία dea fr. 89 b
Ἅφαιστος O. 7. 35 pae. 8. 66 (fr. 283) metonymice P. 1. 25; 3. 40
Ἀφαρητίδαι Lynceus et Idas N. 10. 65
Ἀφροδίτα O. 7. 14 P. 2. 17; 4. 88; 5. 24; 6. 1; 9. 9 N. 8. 1 I. 2. 4 pae. 2. 5; 6. 4 fr. 90. 4; 122. 5; 123. 6 metonymice O. 6. 35; Ἀφροδίσια ἄνθεα N. 7. 53 ἔρωτες fr. 128; Ἀφρ. ἀργυρόπεζα P. 9. 9 ἑλικογλέφαρος fr. 123. 6 ἑλικῶπις P. 6. 1 εὔθρονος I. 2. 5 ἰογλέφαρος fr. 307 οὐρανία μάτηρ Ἐρώτων fr. 122. 4 πότνια βελέων P. 4. 213 cf. Κυπρία Κυπρογένεια
Ἀχαιοί Peloponnesi N. 10. 47 I. 1. 31 Thessaliae I. 1. 58 Epiri N. 7. 64 Graeciae omnis pae. 6. 85 fr. 259
Ἀχάρναι vicus Atticus N. 2. 16
Ἀχελώιος fluvius pae. 13 (c). 11 fr. 70 fr. 249 (= dith. 2)
Ἀχέρων fluvius Orci P. 11. 21 N. 4. 85 pae. 22 c. 9 fr. 143
Ἀχιλλεύς (Ἀχιλεύς) O. 2. 79; 9. 71; 10. 19 P. 8. 100 N. 3. 43; 4. 49; 6. 51; 7. 27; 8. 30 I. 8 (36), 48, 55 pae. 6. 74 ? 13 (g). 2
Ἀχώ O. 14. 21 cf. Ἀγγελία
Ἀώς Aurora O. 2. 83 N. 6. 52 fr. 21; Ἀοσφόρος I. 3. 42

Βαβυλών pae. 4. 15 dith. 4 (c). 9
Βάκχιαι ὀργαί dith. 2. 21
Βασσίδαι gens Aeginetica N. 6. 31

Βάττος conditor Cyrenarum P. 4. 6, 280; 5. 55, 124; Βαττίδαι P. 5. 28
Βελλεροφόντας Glauci fil. O. 13. 84 I. 7. 46 Αἰολίδας O. 13. 67
Βιστονὶς λίμνα fr. 169a. 11
Βλεψιάδαι gens Aeginetica O. 8. 75
Βοιβιάς palus Thessalica P. 3. 34
Βοιωτία ὗς O. 6. 90 fr. 83 ludi Boeotorum O. 7. 85
Βορέας Aquilo O. 3. 31 P. 4. 182 parth. 2. 18 βασιλεὺς ἀνέμων P. 4. 181
Βρόμιος thren. 3. 4 ?; v. Διόνυσος

Γᾶ (Γαῖα) dea O. 7. 38 P. 9. 17, 60, 102 fr. 55 Γᾶς βαθυκόλπου ἄεθλα P. 9. 102
Γάδειρα N. 4. 69 cf. fr. 256
Γαιάοχος v. Ποσειδάων
Γανυμήδης O. 1. 44; 10. 105
Γηρυόνας gigas I. 1. 13 fr. 81 (= dith. 2); 169a. 4
Γίγαντες P. 8. 17 N. 1. 67; 7. 90 cf. Ἀλκυονεύς et Πορφυρίων
Γλαῦκος Lycius O. 13. 60 fr. 263 (Γλαῦκος ? schol. ad pae. 8. 100)
Γλαυκῶπις v. Ἀθάνα
Γοργών O. 13. 63 P. 10. 46 N. 10. 4 POx. 2442 fr. 34 (a). 2 Γοργόνες P. 12. 7 dith. 1. 5 cf. Μέδοισα

Δαϊάνειρα uxor Herculis fr. 249 (= dith. 2)
Δαίδαλος (= Ἥφαιστος ?) N. 4. 59
Δαίφαντος Pindari fil. fr. 94 c
Δᾶλος O. 6. 59 P. 1. 39 N. 1. 4 I. 1. 4 hy. 1 fr. 33 c. 5 pae. 2. 97 ?; 4. 12; 5. 40 fr. 104 a. 58; 350 cf. Ἀστερία; Δάλιος Apollo P. 9. 10 pae. 5. 1, 19, 37, 43 POxy. 841 fr. 47
Δαμάγητος Rhodius O. 7. 17
Δαμαίνα Thebana parth. 2. 66
Δαμαῖος πατήρ Neptunus O. 13. 69
Δαμάτηρ O. 6. 95 I. 1. 57; 7. 4 Δαμ. φοινικόπεζα O. 6. 95 χαλκόκροτος I. 7. 3 cf. fr. 158
Δαμοδίκα noverca Phrixi fr. 49
Δαμόφιλος Cyrenaeus P. 4. 281
Δαμοφῶν Thesei filius fr. 176
Δανάα mater Persei P. 10. 45; 12. 17 N. 10. 11 (fr. 284 ?)
Δαναός P. 9. 112 N. 10. 1
Δαναοί O. 9. 72; 13. 60 P. 1. 54; 3. 103 4. 48; 8. 52 N. 7. 36; 8. 26; 9. 17 fr. 60 (b). 12 ?; 183
Δαρδανία ? pae. 19. 7

192

INDEX NOMINVM PROPRIORVM

Ἐρίτιμος Corinthius O. 13. 42

Ἐριφύλα uxor Amphiarai N. 9. 16 (fr. 182)

Ἐριχθόνιος fr. 253

Ἑρμᾶς O. 6. 79; 8. 81 P. 2. 10; 4. 178; 9. 59 N. 10. 53 I. 1. 60 (fr. 6a(b)) fr. 100; Ἑρμ. ἐναγώνιος P. 2. 10 I. 1. 60 cf. O. 6. 79 κλυτός P. 9. 59 χρυσόρ(ρ)απις P. 4. 178 dith. 4. 37 θεῶν κᾶρυξ O. 6. 78

Ἔρυτος Mercurii fil. P. 4. 179

Ἐρχομενός urbs Minyea O. 14. 4 I. 1. 35 fr. 333 (a). 8

Ἔρωτες ποιμένες Κυπρίας δώρων N. 8. 5 μᾶτερ Ἐρώτων Ἀφροδίτα fr. 122. 4

Ἑστία dea N. 11. 1

Εὐάδνα Neptuni fil. O. 6. 30, 49

Εὔβοια O. 13. 112 I. 1. 57 pae. 5. 35 thren. 4. 19

Εὐθυμένης Aegineta N. 5. 41 I. 6. 58

Εὐθυμία dea fr. 155

Εὔμητις Pindari filia fr. 94c

Εὐμο[λπ- fr. 346 (b). 6

Εὐνομία dea O. 9. 16; 13. 6

Εὐξάντιος ἄναξ pae. 4. 35

Εὔξεινον πέλαγος N. 4. 49 (v. Ἄξεινος)

Εὐξενίδας Sogenes Aegineta N. 7. 70

Εὔριπος P. 11. 22 pae. 9. 49

Εὐρυάλα Gorgo P. 12. 20

Εὐρύπυλος Neptuni fil. P. 4. 33

Εὐρυσθεύς rex Argivorum O. 3. 28 P. 9. 80 fr. 169a. 7

Εὐρυτίων Iri filius fr. 48

Εὔρυτος Molionides O. 10. 28

Εὐρώπα Tityi fil. P. 4. 46 terra N. 4. 70

Εὐρώτας fluvius O. 6. 28 I. 1. 29; 5. 33

Εὐτρίαινα v. Ποσειδάων

Εὔφαμος Neptuni fil. Argonauta P. 4. 22, 44, 175, 256

Εὐφάνης Aegineta N. 4. 89

Εὐφροσύνα Gratia O. 14. 14

Ἐφάρμοστος Opuntius Olympionica O. 9. 4, 87

Ἐφιάλτας v. Ἐπιάλτας

Ἐφύρα urbs Thesprotiae N. 7. 37; Ἐφυραῖοι P. 10. 55

Ἐχεκράτης Orchomenius fr. 333 (a). 5; (d). 11 ?

Ἔχεμος Tegeata O. 10. 66

Ἐχίων Mercurii fil. P. 4. 179

Ζέαθος Antiopae fil. pae. 9. 44

Ζευξίππα Ptoi mater fr. 51c

Ζεύς, gen. Ζηνός Διός Διόθεν O. 1. 42,

45; 2. 3, 79, 88; 3. 17; 6. 5, 70; 7. 23, 55, 61; 8. 44, 83; 9. 52; 10. 4, 44, 96; 13. 92, 106 P. 1. 6, 13. 29; 2. 27, 34, 40; 3. 12, 95; 4. 4, 107, 167, 171; 5. 122; 7. 15; 8. 99; 9. 53, 64, 84 N. 1. 35, 72; 2. 3, 24; 3. 65; 4. 9, 61; 5. 7, 25, 35; 6. 13; 7. 50, 80, 105; 8. 6; 9. 25; 10. 8, 11, 48, 56, 65, 71, 79; 11. 43 I. 3. 4; 5. 14, 29, 49, 52, 53; 6. 3; 7. 47; 8. 18, 27, 35, 35 a hy. 1 fr. 30. 5; 34 — 35 a pae. 4. 41; 6. 1, 94, 145, 155; 7 b. 43; 9. 7; 12. 10 dith. 2. 7, 29 parth. 2. 33, 91 fr. 54; 60 a. 5; 75. 7; 85a; 91; 222; 243 (266); 346 b. 15; Ζεὺς πατήρ O. 2. 28; 7. 87; 13. 26 P. 3. 98; 4. 23, 194 N. 8. 35; 9. 31, 53; 10. 29, (76) I. 6. 42 fr. 93. 2 cf. N. 5. 10; Αἰγίοχος I. 3. 76; Ζεὺς Κρονίδας O. 8. 44 P. 4. 171 N. 1. 72; 4. 9 I. 2. 24; Κρόνιος παῖς O. 2. 12 pae. 6. 68; Ζεὺς Κρονίων P. 1. 71; 3. 57; 4. 23 N. 1. 16; 9. 19, 28; 10. 76 fr. 334 (a). 9; Κρόνου παῖς O. 1. 10; 4. 6; 7. 67 pae. 6. 134; Ζεὺς Ἄμμων P. 4. 16 fr. 36; Ὀλύμπιος O. 14. 12 N. 1. 14 I. 2. 27; 6. 8 pae. 6. 1 fr. 90 cf. O. 13. 24 Αἰτναῖος O. 6. 96 N. 1. 6 Ἀταβύριον μεδέων O. 7. 87 Δωδωναῖος fr. 57 Λυκαῖος O. 9. 96 N. 10. 48 Ἑλλάνιος N. 5. 10 pae. 6. 125 Νεμέαιος N. 2. 5; Ζεὺς αἰολοβρέντας O. 9. 42 ἀργιβρέντας pae. 12. 9 ἀργικέραυνος O. 8. 3 P. 4. 194 ἀριστοτέχνας fr. 57 ἄφθιτος P. 4. 291 βαρύδουπος O. 8. 44 βαρύγδουπος πατήρ O. 6. 81 βαρυόπας (vel -οψ ?) P. 6. 24 βαρυσφάραγος (I. 8. 22) βασιλεὺς ἀθανάτων N. 5. 35 (10. 16) I. 8. 18 γενέθλιος O. 8. 16 P. 4. 167 δεσπότας Ὀλύμπου N. 1. 14 cf. O. 13. 12 ἐγχεικέραυνος O. 13. 77 P. 4. 194 ἐλασίβροντα παῖ Ῥέας fr. 144 ἐλατήρ ὑπέρτατε βροντᾶς O. 4. 1 ἐλευθέριος O. 12. 1 ἐρισφάραγος fr. 15 εὐὺ ἀνάσσων O. 13. 24 εὐρύζυγος fr. 1 εὐρύτιμος O. 1. 42 καρτεροβρέντας fr. 155 P. 6. 23 κελαινεφής pae. 6. 55 ξένιος O. 8. 21 N. 11. 8 cf. ξείνιος πατήρ N. 5. 33 ὀρσίκτυπος O. 10. 81 ὀρσινεφής N. 5. 35 οὐράνιος pae. 20. 9 στεροπᾶν πρύτανις P. 6. 24 θεῶν σκοπός pae. 6. 94 σωτήρ O. 5. 17 I. 6. 8 fr. 30. 5 τέλειος O. 13. 115 P. 1. 67 ὕπατος O. 13. 24 ὑπέρτατος O. 4. 1 ὕψιστος N. 1. 60; 11. 2 (cf.

194

INDEX NOMINVM PROPRIORVM

Λαμπρόμαχος Opuntius O. 9. 84
Λάμπων Aegineta N. 5. 4 I. 5. 21; 6.
3, 66
Λαοί O. 9. 46
Λαομέδων pater Priami N. 3. 36 fr.
140 a. 66; Λαομεδόντιος I. 6. 29
Λᾶος pater Oedipi O. 2. 38 fr. 68
Λαπίθαι P. 9. 14
Λατώ Latona O. 3. 26; 8. 31 N. 6, 37;
9. 4 hy. 1 fr. 33 c. 2 pae. 5. 44 fr. 89a;
94 c. 3. thren. 3. 1 βαθύζωνος fr.
89 a; Κοιογενής hy. 1 fr. 33 d. 3; Λα-
τοΐδας (Λατοίδας) Apollo P. 1. 12; 3.
67; 4. 259; 9. 5 N. 9. 53 pae. 6. 15
7 c (d). 4 ? 12 (a). 4 ? fr. 169 b. 3
Λατοῖδαι Apollo et Diana P. 4. 3 cf.
N. 9. 4 fr. 87
Λάχεσις Parca O. 7. 64 pae. 12. 17
Λερναία ἀκτά O. 7. 33
Λέσβιος Τέρπανδρος fr. 125
Λευκοθέα Cadmi filia P. 11. 2 thren.
5 (c). 7
Λήδα uxor Tyndarei O. 3. 35 P. 4. 172
N. 10. 66
Λιβύα terra P. 4. 6, 42, 259; 5. 52; 9.
69 I. 3. 72 fr. 58; dea P. 9. 55, 69;
Λίβυς P. 9. 117 Λίβυσσα P. 9. 105
Λικύμνιος Electryonis fil. O. 7. 29; 10.
65
Λίνδος Rhodius O. 7. 74
Λίνος thren. 3. 6
Λοκρός Amphictionis nepos, Iovis et
Protogeneae (Ἰαπ. φύτλ. κορ.) pro-
nepos O. 9. 60; Λοκροί (Ὀπούντιοι)
O. 9. 20 (Ζεφύριοι) O. 10. 13, 98;
11. 15 fr. 140 b. 4; Λοκρίς P. 2. 19
Λοξίας v. Ἀπόλλων
Λυαῖος fr. 248 v. Διόνυσος
Λυγκεύς frater Idae N. 10. 61, 70;
Aegypti fil. N. 10. 12
Λυδός O. 1. 24; 9. 9; 14. 17 fr. 125. 2;
Λύδιοι αὐλοί O. 5. 19 Λυδὸς τρόπος
O. 14. 17 Λυδία ἁρμονία N. 4. 45
Λυδία μίτρα N. 8. 15 Λύδιον ἅρμα fr.
206
Λύκαιος Ζεύς O. 9. 96 Λύκαιον scil.
ὄρος O. 13. 108 N. 10. 48 fr. 100
Λυκία O. 13. 60; Λύκιοι N. 3. 60
Λύκιος Φοῖβος P. 1. 39; Λύκιος Σαρπη-
δών P. 3. 112
Λυσίθεος Thebanus fr. 94 c

Μάγνης P. 4. 80; Μάγνης Κένταυρος
Chiron P. 3. 45; Μαγνήτων σκοπός

Acastus N. 5. 27; Μαγνήτιδες ἵπποι
P. 2. 45
Μαινάλιαι δειραί Arcad. O. 9. 59
Μαλέα nympha fr. 156
Μαντινέα urbs Arcadiae O. 10. 70
Μαραθών O. 9. 89; 13. 110 P. 8. 79
Μάτηρ (Γαῖα) O. 7. 38, (Κυβέλα) P. 3.
78 dith. 2. 9 fr. 95 (96)
Μεγάκλεια Lysithei et Callinae filia,
Pindari uxor fr. 94 c
Μεγακλέης Atheniensis Pythionica
P. 7. 17
Μεγάρα Creontis Thebani filia I. 3. 82
Μέγαρα urbs O. 7. 86; 13. 109 P. 8.
78 N. 3. 84
Μέγας Aegineta N. 8. 16, 44
Μέδοισα Gorgo P. 12. 16 N. 10. 4
Μειδίας Aegineta fr. 4
Μείδυλος Aegineta fr. 190; Μειδυλίδαι
P. 8. 38
Μέλαμπος Amythaonis fil. P. 4. 126
pae. 4. 28 (ΜΕΛΑΜΠΟΣ pap.)
Μελάμφυλλον (ὄρος) pae. 2. 69
Μελάνιππος Thebanus N. 11. 37
Μέλας ποταμός Boeotiae fr. 70
Μελέαγρος Oenei fil. I. 7. 32 fr. 249
(= dith. 2); 333 g. 3 ?; 346 c. 3
Μελησίας Atheniensis alipta O. 8. 54
N. 4. 93; 6. 65
Μελία nympha P. 11.4 hy. 1 fr. 29. 1 pae.
7. 4; 9. 35, 43
Μελικέρτας Inus fil. fr. 5. 3
Μέλισσος Thebanus Isthmionica Ne-
meonica I. 3. 9; 3. 20, 62
Μέμνων Aethiops P. 6. 32 N. 3. 63; 6.
50 I. 5. 41; 8. 54 Ἀοῦς παῖς O. 2. 83
N. 6. 52
Μένανδρος Atheniensis alipta N. 5. 48
Μένδης urbs Aegypti fr. 201
Μενέλας frater Agamemnonis N. 7. 28
Μενοίτιος pater Patrocli O. 9. 70
Μερόπα Oenopionis uxor (?) fr. 72
Μέροπες ab Hercule et Telamone fusi
N. 4. 26 I. 6. 31 fr. 33a
Μεσσάνα Messene P. 4. 126; Μεσσάνιος
γέρων Nestor P. 6. 53
Μετώπα Ladonis Arcadici filia, mater
Thebae O. 6. 84
Μήδεια Aeetis filia, uxor Iasonis O. 13.
53 P. 4. 9, 57, 218, 250 fr. 172. 7
Αἰήτα παῖς P. 4. 10
Μήδειοι Medi tamquam a Medea orti
P. 1. 78
Μήνα Luna O. 3. 20

198

INDEX VERBORVM

Hoc indice continentur ea tantum verba vel verborum fragmenta quae W. J. Slater in lexicon Pindaricum (Lexicon to Pindar, Berlin 1969) non recepit. stellula notavi verba coniectura restituta. 'POxy. 941 fr. . . .', 'POxy. 1792 fr. . . .' et similia ad fragmenta minora papyrorum Π⁴ Π⁷ aliarum referunt (cf. p. VI sq.) quae in hac editione non apparent

βαθυ[κο]λπ[...? pae. 17 (a). 8
βαλ[fr. 169 a. 21
βία: βιᾶ[fr. 51f (a). 6 βια[pae. 20. 3
βλώσκω: μολ[pae. 15. 5
βολ[pae. 22 (e). 11
βρίζω: -ον pae. 20. 9
βρόμιος: -ι⟨αι⟩? thren. 3. 4
βροτός: β]ροτοί? dith. 4. 22 -ῶν pae.
  8 b. (e) 6?]βροτω[POxy. 2445 fr. 29.
  5
βωμ[pae. 7. 15

γᾶ: γᾶν *pae. 6. 18; fr. 51f (b). 11
γα[μετάν? dith. 2. 27
γάρ? pae. 8 b. (a) 11; 12. 21
γε? fr. 59. 5
γηρα[pae. 8 b. (c) 8
γλυκύς: [γλ]υκείαις POxy. 1792 fr. 97. 2
γόνος: -ον? pae. 22 (k). 16

δαίμων: δαίμο[σιν? dith. 4. 45
Δαλ[pae. 5. 17
Δανα[fr. 60 (b) (2). 12; dith. 1. 1
δαόω: -ώσειν *N. 1. 66
δα]φν[α? pae. 8. 58
δαφν]αφορίαν? POxy. 841 fr. 48 δαφνα]-
  φοριᾶν? pae. 17 (b). 26
δεῖ parth. 1. 3?
δελφίς cf. fr. 358
δή POxy. 2444 fr. 15 (a). 3?
διερκής: -έων? fr. 169 a. 29
δινέω: -ηθείς * fr. 51 a. 1 δινη[fr. 51 f
  (c). 4
δοκέω: ἐδο[ξ... pae. 7 b. 38
δόμος: δό[μοις? pae. 6. 175

ἔ *N. 1. 66
ἐγώ: ἐμοί? POxy. 2445 fr. 9. 7
ἔθνος: ἐθνε[pae. 22 (k). 6
εἰ? pae. 4. 25
εἶδος: -εα? POxy. 841 fr. 35. 1
εἰμί: ἐστίν pae. 13 (g). 3? ἐών dith. 4
  (h). 9? ἐόντα pae. 8. 83 ἐ[οῖ]σ(α)?
  fr. 169 a. 33
εἶμι: ἴτε POxy. 2445 fr. 26. 3?
ἐκ pae. 13 (b). 20
ἔκδι[κος? pae. 6. 66
ἐλεγχο[fr. 260. 1
ἐλικ[pae. 13 (a). 18
ἐμβα[λ... pae. 6. 78
ἐμπατέω: ἐμ[πα]τῶν? pae. 7 b. 20
ἔμπεδος: -ον thren. 4 (a). 15
ἐν Ol. 7. 49: fr. 6 b (e); pae. 13 (e). 4?;
  *fr. 346 (b). 1

ἐνατ[fr. 169 a. 40
ἐπί pae. 22 (k). 6
ἐπιβάτας: -αν pae. 8 b. (a) 12
ἐπιλείπω: ἐπέλιπον* I. 8. 56
ἕπομαι: ἔπε[POxy. 841 fr. 22
ἐπόρνυμι: -όρσαι pae. 8 b. (a) 4
ἐρανιστ[pae. 22. 15
ἐρ]έπτοι? pae. 13 (a). 6
ἔρις* pae. 6. 50
ἕρκος: ἕρκε[pae. 12. 20
ἐρρωμένος: ἐρ[ρ]ω[μ]ένᾳ? parth. 1. 3
ἔρχομαι: ἔρ[χεται? pae. 12. 5
ἐσλός: ἐσ[λῶν]? pae. 2. 102
εὖ pae. 8 b. (b) 5?
εὐα]γορίαις? pae. 13 (a). 8
εὐ]αντέσι? pae. 7. 18
εὐερκής: -έα pae. 4. 45
εὔζοια: -ας * P. 4. 131
εὐ]ηράτου? pae. 13 (b). 2
εὐκλεής: [εὐκλέ]α? parth. 2. 47
εὐμο[fr. 346 (b). 6
εὔ[νοιο? pae. 6. 155
εὐχαίτας: -αν thren. 3. 9
ἐχθρός: -ά? pae. 14. 13
ἔχω: ἐχ[fr. 337. 15

ἥκω: -ει* parth. 2. 3
ἥρως: ἥρω* pae. 4. 58
ἥσυχος: ἡσ[ύχ]ῳ parth. 2. 66?

θεῖος: -αις parth. 1. 3?
θεός: -ῶν? POxy. 2448 fr. 1 A. 2
θεο[fr. 337. 11
θεράπων pae. 8 b. (d) 7?
θεσπεσι[pae. 22 (k). 4
θηλυ[fr. 94 e
θοός: θο]ῷ? pae. 6. 18
θρασυμή]δεα? pae. 6. 76
θρί[αμβε? fr. 333 (b). 10
θ[ύειν? pae. 6. 65

ἱερός: ἱερ[ᾶς? pae. 8 a. 10
ἰῆτε? pac. 22 (k). 18
ἵνα fr. 346 (b). 5
Ἰον.[POxy. 841 fr. 46. 4
ἵππος: ἱπ[dith. 3. 22
ἵσταμαι: σταθῇ thren. 3. 5

καί fr. 346 (b). 13
κακός: κα[κίον]α? pae. 2. 23
καλέω: κ]αλέσῃς? parth. 2. 2
καρδία: -ᾳ parth. 1. 4
καταφθίνω: κα]τεφθιμε[? pae. 22 (k). 14

INDEX FONTIVM

Euseb. praep. ev. 12, 29, 3: fr. 292
− − − 13, 13, 20: fr. 292
− − − 13, 13, 25: fr. 108(b)
− − − 13, 13, 27: N. 6. 1 fr. 57
− − − 13, 13, 55: fr. 140; 141; 61
− − − 15, 5, 2: fr. 213
Eustath. prooem. Pind. 3: O. 2. 83
− − − 10: O. 2. 85
− − − 11: fr. 12 O. 2. 23; 2. 8; 2. 28;
7. 26; 2. 93
− − − 12: P. 6. 47; 10. 29; 10. 41;
8. 99
− − − 16: P. 9. 86 fr. 13 N. 1. 16; 1.
17; 3. 39 fr. 15 O. 10. 81 fr. 14 N. 5.
34 O. 9. 42; 9. 6; 7. 43; 9. 79; 8. 25
fr. 16−18 fr. 123. 5 O. 7. 11 fr. 19
−20 P. 12. 24 N. 1. 16 O. 2. 7 fr.
21 O. 12. 16
− − − 20: I. 7. 44
− − − 21: P. 10. 33 fr. 22−24 P. 11.
37 O. 3. 17 fr. 25−27. fr. 11 N. 5. 5
O. 2. 88 O. 1. 90 fr. 28 N. 11. 40
O. 9. 2 N. 7. 16 fr. 10 N. 3. 54 ?
O. 10. 51 N. 6. 28; 4. 25; 7. 41; 5. 27
− − − 22: O. 2. 86
− − − 24: P. 9. 4
− − − 27: fr. 193; 95; 325 ?; 37
− − − 28: fr. 76
− − − 33: fr. 209
− − − 34: O. 2. 1
− Il. p. 4, 8: N. 2. 1
− − − 6, 29: N. 2. 2
− − − 9, 24: fr. 150
− − − 9, 39: O. 1. 4
− − − 9, 40: fr. 151
− − − 9, 45: fr. 150
− − − 23, 43: O. 9. 44
− − − 25, 4: I. 5. 1 (schol. 2a)
− − − 25, 11: O. 1. 12
− − − 25, 19: O. 8. 51
− − − 36, 30: P. 10. 33
− − − 49, 11: fr. 170
− − − 52, 19: fr. 148
− − − 64, 43: O. 7. 61
− − − 65, 22: I. 6. 28; 8. 52 ?
− − − 97, 2: O. 9. 30
− − − 104, 23: O. 1. 12
− − − 108, 21: P. 1. 15
− − − 128, 38: fr. 297
− − − 138, 9: P. 8. 46
− − − 153, 34: O. 9. 2
− − − 179, 14: fr. 151
− − − 179, 15: P. 6. 11
− − − 264, 44: fr. 73
− − − 277, 24: O. 11, 19

Eustath. Il. p. 287, 23: P. 4. 79
− − − 291, 3: O. 6. 84
− − − 303, 46: O. 2. 3 etc.
− − − 309, 26: P. 4. 206
− − − 311, 22: fr. 183
− − − 314, 37: O. 7. 14
− − − 316, 17: O. 6. 77 etc.
− − − 317, 9: O. 7. 49
− − − 336, 43: P. 2. 72
− − − 338, 19: P. 3. 45; 2. 45
− − − 345, 37: P. 1. 15 O. 4. 8
− − − 346, 2: schol. P. 1. 29a
− − − 351, 45: O. 6. 54
− − − 381, 27: O. 3. 17
− − − 382, 38: O. 1. 22 etc.
− − − 394, 32: O. 1. 93
− − − 400, 30: O. 1. 28
− − − 406, 7: cf. p. 382, 38
− − − 413, 10: O. 1. 115 etc.
− − − 416, 3: P. 1. 59 etc.
− − − 471, 34: P. 6. 11
− − − 479, 11: O. 1. 20
− − − 553, 27: P. 4. 206
− − − 603, 43: O. 1. 1
− − − 604, 22: O. 1. 21
− − − 621, 63: O. 8. 69
− − − 674, 15: O. 8. 25 etc.
− − − 713, 18: O. 10. 23 (schol. 27)
− − − 714, 66: O. 2. 56 ?
− − − 723, 49: O. 9. 2
− − − 757, 32: P. 8. 95
− − − 775, 41: O. 1. 4
− − − 775, 47: O. 2. 83
− − − 790, 16: O. 1. 54
− − − 817, 29: fr. 262
− − − 841, 34: fr. 110
− − − 877, 55: fr. 316; 317
− − − 882, 37: O. 10. 33 ?
− − − 907, 63: O. 3. 17
− − − 916, 38: fr. 166
− − − 917, 32: P. 3. 43
− − − 917, 64: fr. 166
− − − 954, 32: fr. 83
− − − 975, 48: fr. 305
− − − 982, 46: I. 7. 17
− − − 994, 59: fr. 78
− − − 1006, 25: O. 10. 3
− − − 1009, 24: fr. 310
− − − 1057, 57: fr. 59
− − − 1076, 26: O. 4. 19
− − − 1078, 1: O. 6. 101
− − − 1175, 37: O. 7. 27
− − − 1221, 36: fr. 306
− − − 1237, 61: O. 2. 83
− − − 1238, 11: P. 6. 13

Eustath. Il. p. 1240, 52: O. 13. 77
　　P. 4. 194
− − − 1279, 16: O. 6. 45 P. 4. 249
− − − 1286, 3: O. 13. 59
− − − 1334, 3: P. 1. 6
− − − 1339, 7: N. 10. 25
− − − 1350, 31: O. 13. 20
− − − 1363, 49: P. 3. 81
− Od. p. 1383, 37: O. 7. 39
− − − 1390, 19: P. 1. 19
− − − 1390, 48: P. 2. 11 etc.
− − − 1401, 49: fr. 124 c
− − − 1404, 23: O. 2. 86
− − − 1406, 15: fr. 297
− − − 1419, 15: O. 2. 88 etc.
− − − 1426, 48: O. 2. 14
− − − 1427, 9: ?
− − − 1428, 34: O. 1. 23
− − − 1429, 16: O. 1. 15
− − − 1430, 61: O. 13. 69
− − − 1441, 13: O. 3. 42 etc.
− − − 1441, 18: O. 2. 62 '
− − − 1454, 8: O. 13. 69
− − − 1463, 4: O. 2. 89
− − − 1480, 21: P. 1. 4
− − − 1488, 31: O. 6. 104
− − − 1490, 38: fr. 155
− − − 1527, 59: O. 7. 58 etc.
− − − 1535, 50: N. 2. 11
− − − 1554, 43: I. 6. 74 (schol. 108)
− − − 1562, 37: O. 6. 95
− − − 1569, 44: fr. 106
− − − 1577, 45: O. 2. 67 etc.
− − − 1581, 24: P. 2. 72
− − − 1589, 52: P. 10. 22 etc.
− − − 1591, 8: O. 2. 15
− − − 1591, 30: I. 1. 25
− − − 1602, 23: fr. 148
− − − 1605, 8: N. 9. 3 ? O. 1. 8 etc.
− − − 1613, 35: O. 1. 111
− − − 1614, 61: P. 4. 212
− − − 1636, 8: fr. 15
− − − 1639, 11: O. 2. 93
− − − 1644, 54: fr. 88
− − − 1648, 4: O. 6. 22
− − − 1649, 5: fr. 316
− − − 1657, 14: fr. 236
− − − 1668, 8: fr. 198 b
− − − 1681, 50: P. 4. 126; 8. 46
− − − 1684, 23: P. 12. 16 ?
− − − 1687, 37: P. 4. 88
− − − 1689, 9: P. 8. 46
− − − 1689, 37: pae. 11. 8
− − − 1709, 56: pae. 11. 8
− − − 1712, 5: P. 4 etc.

Eustath. Od. p. 1712, 10: P. 4. 209
− − − 1713, 3: N. 2. 11
− − − 1715, 63: fr. 8
− − − 1721, 16: O. 7. 58
− − − 1796, 1: O. 1. 28
− − − 1822, 5: fr. 106
− − − 1867, 23: fr. 239 etc.
− − − 1872, 44: P. 4. 20 etc.
− − − 1919, 19: O. 2. 52 etc.
− − − 1930, 3: O. 11. 20
− − − 1930, 5: O. 2. 87
− − − 1934, 29: O. 6. 22
− ad Dion. Per. ep. p. 67, 6 Bernh:
　　O. 10. 3
− − − − ep. p. 72, 33: O. 2. 85
− − − − ad 64: fr. 256
− − − − ad 66: P. 1. 19
− − − − ad 144: P. 4. 209
− − − − ad 172: O. 2. 94
− − − − ad 211: P. 4. 16
− − − − ad 213: P. 4. 2 etc.
− − − − ad 403: O. 3. 27
− − − − ad 409: I. 6. 74
− − − − ad 426: O. 6. 90; 9. 14
− − − − ad 467: fr. 322
− − − − ad 508: O. 7. 56
− − − − ad 530: P. 4. 20
− − − − ad 805: P. 9. 113
− − − − ad 809: P. 2. 46
− − − − ad 1181: O. 2. 1 etc.

Favorin. π. φυγῆς 6. 32: O. 2. 16
− − − 23, 13: fr. 88
Fulgent. mytholog. 1, 13: fr. 285

Galen. de usu part. 1, 22 (3, 80 K.):
　　P. 2. 72
− − − − 3, 1 (3, 170 K.): P. 2. 45
− in Hipp. de artic. 23 (18, 1, 519 K.):
　　pae. 8. 70
− − − prorrh. CMG 5, 9, 2, 134, 24:
　　N. 3. 41 (fr. 324)
− protr. 1 (1, 2 K.): fr. 292
− − 7 (1, 15 K.): fr. 83 O. 6. 90
− de puls. diff. 3 (8, 682 K.): fr. 326
Gellius n. Att. 17, 10, 9: P. 1. 21
− − − 20, 7, 2: fr. 65
Gorgon FHG 4, 410 fr. 3: O. 7
Greg. Cor. 124 Schaef.: fr. 161
− − 205 Sch.: O. 1. 28 b
− − 207 Sch.: O. 1. 41
− − 207 Sch.: O. 1. 50
− − 208 Sch.: O. 1. 74
− − 210 Sch.: O. 1. 79
− − 212 Sch.: O. 1. 82

---

[1]) Uncis inclusi nomina eorum qui post editionem principem suis locis fragmenta assignaverunt.

Pausan. 9, 23, 4: fr. 37
− 9, 25, 3: cf. P. 3. 78
− 9, 30, 2: fr. 269
− 10, 5, 9: pae. 8. 59, 61
− 10, 5, 12: pae. 8. 70
− 10, 16, 3: fr. 54 P. 4. 74
− 10, 22, 9: N. 1. 53
Philo Alexandr. de humanit. 24 (5,
320, 8 C.-W.): fr. 280
− − − aetern. mundi 23 (6, 109, 10
C.-W.): fr. 87
− − − leg. ad Gai. 84 (6, 171, 12
C.-W.): N. 10. 76
− − − provid. versio arm. 2, 97
Auch.: pae. 9. 1sqq.
Philodem. π. μουσικ. 18, 30, 43 K.: fr.
109
− − − 76, 12, 1 K.: fr. 124 d
− − − 76, 12, 3 K.: fr. 124 c
− − − 87, 20, 9 K.: fr. 268
− − − 89, 21, 10 K.: fr. 86 a
− de piet. 45 b 1 p. 17 G.: fr. 266
− − − 47 a 14 p. 19 G.: fr. 80
− − − 91, 2 p. 42 G.: fr. 236
− rhet. 2, 74, 2 Sudh.: fr. 43
Philostr. ep. 53 (72) (360, 2 et 4 K.):
pae. 9. 2
− − 53 (72) (360, 3 K.): fr. 123. 2 ?
Philostr. imag. 1, 5, 2: fr. 282
− − 1, 30, 1: O. 1. 80
− − 2, 12, 2: dith. 1. 7
− − 2, 12, 4: fr. 76
− − 2, 24, 2: fr. 168
− vit. Apoll. Tyan. 2, 14 (30, 26 K.):
fr. 276
− − − − 6, 11 (114, 10 K.): pae. 8. 62
− − − − 6, 26 (123, 27 K.): fr. 282
− − − − 7, 13 (134, 27 K.): P. 1. 10
− her. 19, 17 (328, 26 K.): dith. 1. 1
Philostrat. iun. imag. 6. 1: N. 3. 82
Phot. bibl. p. 320a 25: fr. 85 a; 85
− − p. 320a 30: O. 13. 18
− − p. 331a 1: fr. 282
− − p. 337b 17: O. 1. 114
− − p. 435a 27: fr. 38
− lex. s. v. Ἄβαρις: fr. 270
− − − ἄγριος ἔλαιος: fr. 46
− − − Ἀθηναίας: fr. 124 e
− − − ἄμαχον: O. 13. 13
− − − Ἥρας δεσμούς: fr. 283
− − − λευκαὶ φρένες: P. 4. 109
− − − λίβανον: fr. 122. 3
− − − λύει: I. 8. 45
− − − μεγάνορος: O. 1. 2
− − − σμικρός (p. 494): P. 3. 107

Phryn. praep. soph. p. 22, 8 de Borr.:
P. 2. 76 ?
− − − p. 132, 18: fr. 124a
Plato Euthyd. 304B: O. 1. 1
− Gorg. 484 B, 488 B: fr. 169
− Legg. 3, 690 B 4, 715 A 10, 890 A:
fr. 169 a. 1
− Men. 76 D: fr. 105 a
− − 81 B: fr. 133
− Phaedr. 227 B: I. 1. 2
− − 236 D: fr. 105 a
− Prot. 337: fr. 169 a. 1
− Rep. 1, 331 A: fr. 214
− − 2, 365 B: fr. 213
− − 3, 408 B: P. 3. 55
− − 5, 457 B: fr. 209
− Theaet. 173 E: fr. 292
Plaut. Bacch. 114: O. 13. 104
Plin. nat. hist. 2, 54: pae. 9. 1
Plot. Enn. 2, 9, 13, 8: O. 1. 48
Plut. de aud. poet. 2 p. 17 C: fr. 130
− − − − 4 p. 21 A: I. 3/4. 66; 7. 47
− quomodo adul. 24 p. 65 B: fr. 206
− − − 27 p. 68 D: fr. 248
− quom. quis sent. prof. virt. 17
p. 86 A: fr. 194
− inim. utilit. 4 p. 88 B: fr. 229
− − − 9 p. 90 F: fr. 123
− − − 10 p. 91 F: fr. 212
− consol. ad Apoll. 6 p. 104 A: fr. 207
− − − − 6 p. 104 B: P. 8. 99
− − − − 11 p. 107 B: P. 3. 82
− − − − 14 p. 109 A: fr. 3
− − − − 28 p. 116 D: fr. 35 b
− − − − 35 p. 120 C: fr. 129
− − − − 35 p. 120 D: fr. 130 et 131
− de sanit. 20 p. 133 C: fr. 124 c
− − superstit. 5 p. 167 C: P. 1. 13
− − − 6 p. 167 F: fr. 143
− reg. et imp. apophth. 192 C: fr. 78
− apophth. Lac. 6 p. 232 E: fr. 76
− de Rom. fort. 4 p. 318 A: fr. 40
− − − − 10 p. 322 C: fr. 39
− glor. Athen. 4 p. 348 A: fr. 29
− − − 7 p. 349 C: fr. 78
− − − 7 p. 350 A: fr. 76; 77
− de Is. et Osir. 35 p. 365 A: fr. 153
− − − − 80 p. 384 A: O. 1. 6
− − E ap. Delph. 21 p. 394 B: fr. 149
− − Pyth. or. 6 p. 397 B: fr. 32
− − − − 18 p. 403 A: fr. 275
− − − − 23 p. 405 F: I. 2. 3
− − − − 24 p. 406 C: I. 1. 48
− − − − 29 p. 409 A: fr. 104 b

Procl. in Plat. Tim. 1, 190, 1 Diehl:
I. 1. 52
– – – – 1, 287, 28: fr. 105
Procop. de aedif. 1, 1, 19: O. 6. 3
Procop. Gaz. ep. 91: I. 1. 2
– – 98: O. 8. 55
Prov. mantiss. 1, 10: P. 3. 104
Psell. scr. min. 2, 23; 171 Kurtz: fr. 105
– – – 2, 121: fr. 206

Quintil. instit. 8, 6, 71: fr. 33a
– – 10, 1, 109: fr. 274

Schol. Ael. hist. anim. 6, 10: fr. 332
Schol. Aeschyl. Prom. 351: P. 1. 16
– – – 405: P. 1. 5
– – – 549: P. 8. 95
– – – 789: O. 10. 2
– – – 890: P. 2. 34
– – Sept. 390: pae. 9. 2
– – Pers. 49: fr. 78
– – Cho. 325: O. 3. 22
– – – 733: P. 11. 17
– – Eum. 2: fr. 55
– – – 11: fr. 286
– – Suppl. 1071: P. 3. 81
Schol. Alcm. 1 (p. 8, 12 Page): N. 2. 11
Schol. Ap. Rhod. 1, 57/64a: fr. 167
– – – 1, 411: fr. 273
– – – 1, 569: O. 3. 8
– – – 1, 752: O. 1. 79
– – – 1, 1085/87b: fr. 62
– – – 1, 1289/91a: I. 6. 26 N. 4. 25
– – – 2, 476/83a: fr. 165
– – – 2, 498/527a: P. 9. 26
– – – 3, 225: fr. 74
– – – 3, 1244a: P. 4. 138
– – – 4, 257: P. 4. 25
– – – 4, 1091: I. 1. 26
– – – 4, 1552: P. 4. 20
– – – 4, 1562: P. 4. 22
– – – 4, 1750: P. 4. 40
Schol. Arat. 42, 5 Maaß: O. 1. 5 – 6
– – 51, 14M.: O. 1. 3 – 6
– – 82, 3M.: N. 2. 1 – 3
– – 334, 11M.: N. 2. 3
– – 338, 12M.: pae. 9. 2 O. 1. 6
– – 358, 25M.: O. 2. 64sq.
– – 396, 25M.: fr. 282
Schol. Aristid. p. 11, 13 Dind.: O. 1.
13 – 15
– – p. 54, 30Dd.: P. 6. 47
– – p. 317, 31; 36Dd.: (fr. 106)
– – p. 341, 28Dd.: fr. 76

Schol. Aristid. p. 393, 22Dd.: O. 2. 86
– – p. 399, 4Dd.: P. 8. 95
– – p. 408, 10Dd.: fr. 169
– – p. 463, 25Dd.: fr. 48
– – p. 564, 8Dd.: fr. 95
– – p. 600, 3Dd.: fr. 76
– – Herm. 48, 319: fr. 329
Schol. Aristoph. Ach. 61: O. 1. 23
– – – 127: N. 9. 2
– – – 637: fr. 76
– – – 720: fr. 94d
– – av. 515: P. 1. 6
– – – 926/7: fr. 105a
– – – 930: pae. 10. 19
– – – 941: fr. 105b
– – – 1121: N. 1. 1
– – eq. 624: fr. 144
– – – 1263: fr. 89a
– – – 1329: fr. 76
– – nub. 107: P. 10. 51
– – – 223: fr. 157
– – – 299: fr. 76
– – – 740: P. 10. 51
– – – PSI 1171: fr. 325
– – pac. 73: fr. 106
– – – 152: fr. 161
– – – 251: N. 7. 9 fr. 242
– – – 313: P. 4. 102
– – – 697: I. 2. 1, 6
– – – 1298: P. 2. 54
– – Plut. 9 (ed. Ald.): fr. 51e Schr.
– – – 210: N. 10. 61
– – ran. 439: N. 7. 105
– – – 963: O. 2. 82
– – vesp. 306: fr. 189
Schol. Callim. Ait. 1 (fr. 7, 29Pf.): fr. 76
– – hymn. 4, 28: pae. 6. 123 etc.
Schol. Dion. Thr. 443, 6 Hilg.: N. 11.
40 fr. 314
– – – 455, 24H.: O. 1. 1
– – – 514, 25H: O. 7. 86
– – – 540, 27H.: fr. 303
Schol. Eur. Androm. 107: O. 1. 88
– – 796: fr. 172
– – Hec. 555: O. 1. 113
– – Hipp. 264: fr. 35b
– – – 744: N. 4. 69
– – Med. 1196: N. 1. 53
– – – 1224: N. 6. 4
– – Or. 10: O. 1. 62
– – – 364: P. 4. 20
– – – 1621: fr. 313
– – Phoen. 47: O. 1. 81
– – – 683: fr. 313
– – Rhes. 895: thren. 3

Schol. Soph. El. 1026: N. 4. 31
– – Oed. R. 900: O. 8. 2
– – – 1186: P. 8. 95
– – Trach. 172: fr. 58
– – – 742: O. 2. 15
Schol. Theocr. 1 inscr. b: O. 6. 3
– – 1, 2b: fr. 97
– – 2, 10b: fr. 104
– – 2, 17: N. 4. 35
– – 3, 13c: fr. 165
– – 5, 14/16b: fr. 98
– – 7, 103a: fr. 113
– – 16, 76a: P. 1. 73
– – fist. 1/2a: fr. 100
Schol. Thucyd. 1, 80, 1: fr. 110
– – 2, 8, 1: fr. 110
– – 7, 77, 4: P. 1. 85
Schol. Tzetz. alleg. (Cram. Anecd. Ox.
3, 379, 7): I. 5. 41
– – (3, 378, 1): P. 5. 86
– anteh. p. 20 Schirach: I. 5. 41
Schol. Verg. Bern. ad georg. 1, 17: fr.
100
Sen. nat. quaest. 6, 26, 2: fr. 87
Serv. in Verg. Georg. 1, 14: fr. 251
– – – – 1, 17: fr. 100
– – – – 1, 31: fr. 65
– – – Aen. 3, 704: O. 2. 48
– – – – 5, 830: fr. 315
– – – – 8, 293: P. 2. 41
Sext. Empir. Pyrrhon. hypoth. 1, 86:
fr. 221
Simplic. in Aristot. de caelo 1, 2 (42,
17 Heib.): O. 2. 87
– – – categ. 2 (40, 3 H.): fr. 120
– – – – 14 (435, 25 H.): O. 2. 87
Socrat. ep. 1, 7: fr. 108
Solin. 9, 14: fr. 120
Stephan. in Aristot. rhet. 1, 9 (278, 22
Rabe): O. 2. 85
– – – – 1, 6 (295, 8 R.): O. 13. 55
– – – – 1, 12 (296, 20 R.): O. 2. 3
– – – – 2, 24 (304, 5 R.): fr. 96
– – – – 2, 24 (306, 36 R.): O. 2. 30
Steph. Byz. s. v. Αἴτνη: fr. 105
– – – Ἀπέσας: fr. 295
– – – Κρηστών: fr. 309
– – – Κυρήνη: P. 9. 13
– – – Τέλφουσα: fr. 198b
Stob. Ecl. phys. 1, 1, 8 (2, 4 W.-H.):
fr. 61
– – – 2, 1, 21 (2, 7 W.-H.): fr. 209
– – – 2, 7, 13 (2, 121 W.-H.): N. 6. 1
– Flor. 3, 10, 15 (3, 411 W.-H.): P. 3.
54

Stob. Flor. 3, 11, 15 (3, 431 W.-H.):
O. 10. 53
– – 3, 11, 16 (3, 432 W.-H.): N. 5. 16
– – 3, 11, 17 (3, 432 W.-H.): P. 1. 86
– – 3, 11, 18 (3, 432 W.-H.): fr. 205
– – 3, 38, 22 (3, 712 W.-H.): P. 1. 85
– – 4, 1, 114 (4, 59 W.-H.): fr. 133
– – 4, 5, 8 (4, 199 W.-H.): N. 4. 31
– – 4, 5, 77 (4, 223 W.-H.): fr. 169
– – 4, 9, 3 (4, 321 W.-H.): fr. 110
– – 4, 10, 16 (4, 332 W.-H.): O. 1. 81
– – 4, 16, 6 (4, 395 W.-H.): fr. 109
– – 4, 31d, 118 (5, 776 W.-H.): fr. 214
– – 4, 35, 15 (5, 860 W.-H.): O. 7. 30
– – 4, 39, 6 (5, 903 W.-H.): fr. 134
– – 4, 45, 1 (5, 993 W.-H.): fr. 42
– – 4, 47, 12 (5, 1006, 1 W.-H.):
fr. 289
– – 4, 58, 2 (5, 1142 W.-H.): fr. 160
Strabo 3, 3, 7 p. 155: fr. 170
– 3, 5, 5 p. 170: fr. 256
– 3, 5, 6 p. 172: fr. 256
– 5, 4, 9 p. 248: P. 1. 16 (cf. p. 626)
– 6, 2, 3 p. 268: fr. 105
– 6, 2, 4 p. 270: N. 1. 1
– 7, 7, 1 p. 321: fr. 83
– 7, 7, 10 p. 328: fr. 60
– 7, 7, 11 p. 328: fr. 59. 3
– 7 fr. 57: fr. 33a
– 9, 2, 12 p. 404: fr. 73
– 9, 2, 27 p. 411: fr. 198b P. 12. 27
– 9, 2, 33 p. 412: fr. 51a
– 9, 2, 34 p. 413: fr. 51b
– 9, 3, 6 p. 419: P. 4. 4 fr. 54
– 9, 5, 5 p. 431: fr. 183
– 10, 3, 13 p. 469: fr. 70b. 1
– 10, 5, 2 p. 485: fr. 88
– 12, 3, 9 p. 544: fr. 1. 73
– 13, 4, 6 p. 626: P. 1. 16
– 13, 4, 6 p. 627: fr. 92; 93
– 14, 1, 28 p. 643: fr. 188
– 14, 1, 35 p. 645: N. 2. 1
– 14, 2, 10 p. 655: O. 7. 34
– 15, 1, 57 p. 711: P. 10. 41
– 17, 1, 19 p. 802: fr. 201
Su(i)d. 1, 4, 1 Adl.: fr. 270
– 1, 18, 24: N. 10. 67
– 1, 69, 10: fr. 124e
– 1, 135, 30: O. 13. 13
– 1, 174, 16: O. 1. 81
– 1, 251, 7: P. 8. 95
– 1, 337, 6: O. 1. 52
– 1, 338, 23: fr. 296
– 1, 456, 24: P. 10. 67
– 1, 457, 20: O. 1. 23

Su(i)d. 1, 477, 1: fr. 245
— 1, 530, 24: fr. 110
— 2, 3, 25: O. 13. 78
— 2, 165, 14: O. 1. 6
— 2, 239, 8: fr. 144
— 2, 340, 25: fr. 300
— 2, 522, 15: P. 8. 95
— 2, 525, 7: N. 4. 31
— 2, 585, 1: fr. 283
— 2, 640, 21: fr. 76
— 2, 675, 6: P. 2. 50
— 2, 682, 18: O. 1. 5
— 2, 699, 12: P. 2. 50
— 3, 78, 27: P. 4. 102
— 3, 79, 2: fr. 161
— 3, 253, 18: P. 4. 109
— 3, 282, 10: O. 8. 55
— 3, 292, 2: N. 10. 61
— 3, 293, 13: I. 8. 45
— 3, 344, 11: O. 1. 2
— 3, 376, 5: I. 7. 7
— 3, 630, 25: fr. 157
— 4, 11, 18: fr. 84
— 4, 378, 18: P. 8. 95
— 4, 389, 18: fr. 203
— 4, 482, 19: O. 1. 20
— 4, 489, 18: P. 10. 51
— 4, 743, 6: N. 8. 21
— 4, 758, 18: O. 1. 81
— 8, 822, 14: I. 2. 8
Synes. laud. calv. p. 77 a: Bacch. 1, 167
— de insomn. p. 149 a: fr. 214
Syrian. in Hermog. 1, 5, 1 Rabe: O. 9.
  100
— — — 1, 41, 8 Rabe: O. 1. 6
— — — 1, 41, 9 R.: O. 7. 2
— — — 1, 41, 11 R.: O. 2. 7
— — — 1, 41, 12 R.: O. 1. 13

Tertullian. de cor. mil. 7: fr. 249 a
— apol. 14, 5: P. 3. 77
Theodoret. gr. aff. cur. 1, 115 p. 19,
  21: fr. 180
— — — — 6, 25 p. 89, 27: fr. 142
— — — — 8, 35 p. 117, 2: fr. 132
— — — — 10, 8 p. 137, 6: dith. 2. 13
— — — — 12, 25 p. 169, 11: fr. 292
Theod. Metoch. p. 282: fr. 223
— — p. 350: fr. 214
— — p. 493: fr. 223
— — p. 562: fr. 223
— — p. 569: fr. 223
— — p. 695: fr. 214

Theophil. ad Autol. 2, 37: N. 4. 32
Theophr. fr. 118 W.: fr. 128
— Doxogr. p. 486 sq. Diels: fr. 87
Theophyl. Bulg. ep. 6 p. 12 Meurs.:
  O. 2. 86
Theosoph. Gr. Fr. 200, 25 Erbse: fr.
  233
Timaeus FGrHist 566 F 21 etc.: N.
  1. 1
Trophon. prolegom. p. 7, 23 Rabe:
  fr. 57
Tryphon. π. τρόπων 3, 202, 30 Sp.:
  fr. 243
Tzetz. chil. 1, 663: P. 1. 95
— — 1, 688: O. 9. 1
— — 2, 617: P. 4. 22
— — 2, 705: N. 10. 55
— — 3, 253: O. 1. 66
— — 4, 774: P. 8. 95
— — 5, 446: O. 1. 63
— — 6, 900: O. 1. 53
— — 6, 907: O. 1. 35
— — 7, 19: P. 2. 36
— — 7, 76: N. 4. 4
— — 9, 402: P. 2. 45
— — 9, 483: P. 2. 45
— — 10, 731: O. 6. 13
— exeg. in Iliad. p. 7, 15 Herm.: fr. 264
— — — — p. 100, 3: O. 2. 83
— — — — p. 132, 7: O. 6. 84
— — — — p. 145, 19: O. 6. 85

Veget. epit. rei milit. 3, 12: fr. 110

Zenob. 2, 18: fr. 106
— 3, 23: fr. 203
— 5, 20: N. 4. 59
— 5, 59: fr. 203
— 6, 43: I. 2. 11
Zonaras ed. Tittm. 153: O. 13. 13
— — — 374: P. 10. 67
— — — 379: ?
— — — 391: fr. 130
— — — 393: fr. 245
— — — 464: O. 13. 78
— — — 466: fr. 321
— — — 469: P. 2. 52
— — — 809: fr. 300 (?)
— — — 1114: fr. 76
— — — 1185: fr. 325
— — — 1189: P. 1. 15
— — — 1307: fr. 122. 3
— — — 1415: fr. 311

FALSO PINDARVS LAVDATVR

Apollod. 2, 38 W. (fr. 254): Hes. Sc.
   223 sq.?
Clem. Alex. strom. 6, 640: fr. 132 spu-
   rium
Fav. π. φυγ. col. 4, 49: Bacchyl. 7. 2
Greg. Nyss. ep. 11: Eur. fr. 324
Philo de provid. 2, 120 (fr. 281): Simo-
   nid. PMG 582

Schol. Pind. N. 7, 103 (= fr. 255): Si-
   monidi tribuendum ci. Bgk.
Stob. fl. 111, 12 (= fr. 289): dictum
   Platoni tribuit Aelian. v. h. 13, 29,
   Aristoteli Diog. L. 5, 18
Synes. laud. calv. 13: Bacchyl. 1. 167